"十三五"普通高等教育本科规划教材

（第二版）

土木工程制图

主　编　纪　花　邵文明
副主编　于春艳　刘玉杰
编　写　陈　光　顾正伟　戚志涵
主　审　郎宝敏

U0231682

中国电力出版社
CHINA ELECTRIC POWER PRESS

内 容 提 要

本书为"十三五"普通高等教育本科规划教材。

本书是根据教育部工程图学教学指导委员会 2010 年 5 月制定的《普通高等院校工程图学课程教学基本要求》、最新国家标准和规范，在总结多年来教学和教改实践经验的基础上编写而成的。全书共 12 章，主要内容包括制图的基本知识，点、直线和平面的投影，立体及其表面交线，轴测投影图，组合体及构型设计，工程形体的表达方法，阴影、透视投影，标高投影，建筑施工图，结构施工图，路桥工程图，水利工程图等。与本书配套的《土木工程制图习题集》由中国电力出版社同时出版，可供选用。

本书通过列举大量的工程实例图并辅以简洁、明晰的解读，以使读者能在较短的时间内掌握绘图和识图的基本知识和技能。在编写中贯彻以图为主、以文为辅，用语简洁、精练、通俗易懂的编写思路。

本书可作为高等学校工科应用型本科土木类、水利类及相关各专业工程制图课程的教材，亦可供其他类型院校相关专业师生、工程技术人员及自学者参考。

图书在版编目（CIP）数据

土木工程制图/纪花，邵文明主编 .—2 版 .—北京：中国电力出版社，2016.12（2019.6 重印）
"十三五"普通高等教育本科规划教材
ISBN 978 - 7 - 5123 - 9763 - 7

Ⅰ.①土… Ⅱ.①纪… ②邵… Ⅲ.①土木工程－建筑制图－高等学校－教材 Ⅳ.①TU204

中国版本图书馆 CIP 数据核字（2016）第 220004 号

中国电力出版社出版、发行

（北京市东城区北京站西街 19 号 100005 http://www.cepp.sgcc.com.cn）
北京雁林吉兆印刷有限公司印刷
各地新华书店经售

＊

2012 年 9 月第一版
2016 年 12 月第二版 2019 年 6 月北京第七次印刷
787 毫米×1092 毫米 16 开本 20 印张 488 千字
定价 **55.00** 元

前　言

　　为进一步提高教材质量，本书在 2012 年出版的《土木工程制图》（第一版）的基础上，通过总结近几年教学改革的经验以及有关方面的反馈意见修订而成。与此同时，修订了与其配套的《土木工程制图习题集》（第二版），由中国电力出版社同时出版。

　　本次修订的指导思想是：根据教育部工程图学教学指导委员会《普通高等院校工程图学课程教学基本要求》，结合应用型本科院校的人才培养目标和教学特点，保持原书的基本结构和风格，从培养学生工程图学基本能力和基本技能要求出发，适当增删、调整和更新内容，力求体现工程图学的基础性、工程性和应用性等特点。本次修订主要考虑以下几个方面：

　　1. 删去了部分应用面不多的内容，如画法几何部分的内容与第一版相比，减少了占比，降低了难度，删去了点、直线、平面的综合题，投影变换，以及透视图中的阴影与虚像等内容。

　　2. 充实了组合体读图等内容，增加了相关工程实例背景的图片以及三维立体图，使理论分析与教学更加贴近工程应用和生产实际。

　　3. 本教材采用套色印刷，便于读图和分析。

　　4. 对第一版中文字和图例存在的一些错误，进行了修订和改正。

　　本书由长春工程学院纪花、邵文明主编，于春艳、刘玉杰任副主编。其中，第 1、2 章由长春工程学院陈光编写，第 3、6、10 章由长春工程学院纪花编写，第 4、8、12 章由长春工程学院刘玉杰编写，第 5 章由长春工程学院于春艳编写，第 7、9 章由长春工程学院邵文明编写，第 11 章由吉林大学顾正伟和吉林森林工业股份有限公司戚志涵共同编写。

　　本书由长春工程学院郎宝敏教授主审。郎教授对本书初稿进行了详尽的审阅和修改，提出了许多宝贵意见，在此表示衷心的感谢。

　　本书在编写和修订过程中得到长春工程学院和督导组老师的诸多帮助和大力支持，在此表示诚挚的谢意。限于编者水平，对书中存在的缺点和疏漏，敬请读者批评指正。

编　者

2016 年 9 月

第一版前言

为贯彻落实教育部《关于进一步加强高等学校本科教学工作的若干意见》以及高等学校工科制图课程教学指导委员会制定的《普通高等院校工程图学课程教学基本要求》，适应现代土木工程的发展，我们从培养应用型人才这一总目标出发，在认真总结多年来工程图学教学和教改的实践经验，广泛吸取各兄弟院校同类教材精华的基础上编写了本书。

本书突出应用性，紧密结合各高校应用型人才培养工作的需要，在保证教学质量的前提下，力求提高教材的科学性、实践性、先进性和实用性。本书有以下主要特点：

1. 注重综合性。本书共 12 章，主要包括画法几何、阴影透视、建筑工程制图、路桥工程制图、水利工程制图等内容。画法几何是各专业学习的基础，随后的章节可供不同的专业选用。

2. 注重先进性。本书所有标准全部采用国家颁布的最新标准，充分体现工程图学学科的发展。

3. 体系结构新颖。本书调整了传统的结构体系，在一开始就建立三面投影图的概念，并将轴测图一章放在组合体视图前面讲，这样既符合教学规律，又可提高教学效果。同时，本书以立体表达方式为主干，将传统的点、线、面融入立体的投影中，以提高学生的三维空间分析能力。

4. 图例典型、丰富。本书选用了大量著名建筑和富有时代感的工程实例，并配置了许多三维立体图，使理论分析与教学更加贴近工程应用和生产实际。

5. 加强构型设计。本书介绍了构型设计的基本理论和方法，有助于拓展和提高学生的空间想象和创新思维能力，为工程设计奠定了良好的基础。

6. 增强了徒手绘图的训练。徒手绘图是进行现代工程技术设计，尤其是创意设计的一种必需的能力。与本书配套的习题集增加了徒手绘图的练习。

7. 加强实践环节训练。与本书配套的《土木工程制图习题集》题型多、类型丰富，从多视角分析或论述所需要表达的内容。

本书由长春工程学院纪花、邵文明主编，于春艳、刘玉杰任副主编。具体编写分工为：第 1 章由长春工程学院陈光编写，第 2、3、6、10 章由长春工程学院纪花编写，第 4、12 章由长春工程学院刘玉杰编写，第 5 章由长春工程学院于春艳编写，第 7、9 章由长春工程学院邵文明编写，第 8 章由吉林建筑工程学院赵嵩颖编写，吉林大学的顾正伟和吉林森林工业股份有限公司的戚志涵共同完成了第 11 章的编写工作。

本书由长春工程学院郎宝敏老师主审，他对本书初稿进行了详尽的审阅和修改，提出了许多宝贵意见，在此表示衷心的感谢！

本书在编写过程中得到长春工程学院机电学院和督导组老师的诸多帮助和大力支持，在此表示诚挚的谢意。限于编者水平，书中缺点和疏漏在所难免，恳请读者批评指正。

编　者

2012 年 6 月

目　　录

前言

第一版前言

绪论 ……………………………………………………………………………… 1

第1章　制图的基本知识 ………………………………………………………… 3

　1.1　制图标准 …………………………………………………………………… 3

　1.2　常用绘图工具及其使用 …………………………………………………… 11

　1.3　平面图形的画法 …………………………………………………………… 13

　1.4　绘图的一般方法和步骤 …………………………………………………… 18

第2章　点、直线和平面的投影 ………………………………………………… 22

　2.1　投影的基本知识 …………………………………………………………… 22

　2.2　点的投影 …………………………………………………………………… 27

　2.3　直线的投影 ………………………………………………………………… 33

　2.4　平面的投影 ………………………………………………………………… 45

　2.5　直线与平面、平面与平面的相对位置 …………………………………… 53

第3章　立体及其表面交线 ……………………………………………………… 61

　3.1　立体的投影 ………………………………………………………………… 61

　3.2　平面与立体相交 …………………………………………………………… 69

　3.3　两立体相贯 ………………………………………………………………… 79

　3.4　同坡屋面交线 ……………………………………………………………… 90

　3.5　工程曲面 …………………………………………………………………… 92

第4章　轴测投影图 ……………………………………………………………… 103

　4.1　轴测投影的基本知识 ……………………………………………………… 103

　4.2　正等轴测图 ………………………………………………………………… 104

　4.3　斜轴测图 …………………………………………………………………… 111

第5章　组合体及构型设计 ……………………………………………………… 116

　5.1　组合体的形体分析 ………………………………………………………… 116

　5.2　组合体视图的画法 ………………………………………………………… 118

　5.3　组合体的尺寸标注 ………………………………………………………… 122

　5.4　组合体视图的识读 ………………………………………………………… 125

　5.5　组合体的构型设计 ………………………………………………………… 133

第6章　工程形体的表达方法 …………………………………………………… 139

　6.1　视图 ………………………………………………………………………… 139

　6.2　剖视图 ……………………………………………………………………… 144

　6.3　断面图 ……………………………………………………………………… 152

6.4 简化画法和简化标注 …………………………………………………… 154

6.5 综合运用举例 ……………………………………………………………… 157

第7章 阴影、透视投影 ……………………………………………………… 164

7.1 阴影概述 …………………………………………………………………… 164

7.2 点和直线的落影 …………………………………………………………… 165

7.3 平面立体与建筑形体的阴影 …………………………………………… 172

7.4 曲面立体的阴影 …………………………………………………………… 177

7.5 透视投影的基本知识 …………………………………………………… 179

7.6 建筑形体透视图的画法 ………………………………………………… 189

7.7 圆和曲面体的透视 ……………………………………………………… 194

第8章 标高投影 ……………………………………………………………… 197

8.1 点、直线和平面的标高投影 …………………………………………… 197

8.2 曲面的标高投影 …………………………………………………………… 206

8.3 工程实例 …………………………………………………………………… 210

第9章 建筑施工图 …………………………………………………………… 216

9.1 概述 ………………………………………………………………………… 216

9.2 总平面图 …………………………………………………………………… 221

9.3 建筑平面图 ………………………………………………………………… 223

9.4 建筑立面图 ………………………………………………………………… 231

9.5 建筑剖面图 ………………………………………………………………… 234

9.6 建筑详图 …………………………………………………………………… 237

第10章 结构施工图 ………………………………………………………… 245

10.1 概述 ……………………………………………………………………… 245

10.2 钢筋混凝土构件详图 …………………………………………………… 249

10.3 钢筋混凝土构件的平面整体表示法 ………………………………… 253

10.4 基础施工图 ……………………………………………………………… 257

10.5 楼层结构平面布置图 …………………………………………………… 259

10.6 钢结构图 ………………………………………………………………… 263

第11章 路桥工程图 ………………………………………………………… 267

11.1 道路工程图 ……………………………………………………………… 267

11.2 桥梁工程图 ……………………………………………………………… 276

11.3 涵洞工程图 ……………………………………………………………… 286

11.4 隧道工程图 ……………………………………………………………… 289

第12章 水利工程图 ………………………………………………………… 293

12.1 概述 ……………………………………………………………………… 293

12.2 水利工程图的表达方法 ………………………………………………… 295

12.3 水利工程图的尺寸标注 ………………………………………………… 300

12.4 阅读和绘制水利工程图 ………………………………………………… 303

参考文献 …………………………………………………………………………… 311

绪　　论

一、本课程的性质和任务

在各种工程（如房屋、路桥、水利、机械等）中，从表达设计思想、施工方案以及施工过程中技术人员的交流沟通到方案的修改、后期的维护，都是以图样为依据。通常将工程中使用的图称为工程图样。工程图样被喻为"工程界的技术语言"，它是按照国家或部门有关标准的统一规定而绘制的。不会读图，就无法理解别人的设计意图；不会画图，就无法表达自己的设计构思。因此，为了培养获得卓越工程师初步训练的高级工程技术应用型人才，在高等学校土建、水利等各工科专业的教学计划中，都开设了土木工程制图这门实践性较强的专业技术基础课。

本课程的主要任务是：

（1）学习投影法（主要是正投影法）的基本理论及其应用。

（2）培养尺规绘图、徒手绘图和阅读本专业工程图样的基本能力。

（3）培养空间逻辑思维能力和创造性构型设计能力。

（4）培养工程意识，贯彻、执行国家制图标准和有关规定。

（5）培养认真负责的工作态度和严谨治学的工作作风。

二、本课程的内容和要求

本课程包括画法几何、制图基础和专业图三部分，具体内容和要求如下：

（1）画法几何。画法几何部分主要学习投影法，掌握表达空间几何形体（点、线、面、体）和图解空间几何问题的基本理论和方法。要求深刻领会基本概念，掌握基本理论，借助直观手段，逐步培养空间思维能力。

（2）制图基础。制图基础部分主要学习绘图工具和仪器的使用方法，国家标准中有关土木工程制图的基本规定，工程形体投影图的画法、读法和尺寸标注。要求自觉培养正确使用绘图工具仪器的习惯，严格遵守国家颁布的制图标准，逐步培养工程意识，尺规绘图、徒手绘图的能力以及图形表达和构型设计的能力。

（3）专业图。专业图部分主要学习有关专业图（房屋、路桥、水利）的内容和图示特点，以及有关专业制图标准的规定。要求通过本部分内容的学习，初步掌握绘制和阅读专业图样的方法，为后续课程的学习打下良好的基础。

三、本课程的学习方法

土木工程制图是一门实践性很强的技术基础课。本课程自始至终研究的是空间几何元素及形体与其投影之间的对应关系，绘图和读图是反映这一对应关系的具体形式，因此，在学习过程中应注意如下几点：

（1）应掌握基本概念、基本理论和基本方法，由浅入深地进行绘图和读图的实践，多画、多读、多想，不断地由物到图、由图想物，逐步提高空间逻辑思维能力和形象思维能力。

（2）因本课程的实践性极强，所以在学习过程中必须认真地完成一定数量的习题和作业，才能学会和掌握运用理论去分析和解决实际问题的正确方法和步骤，才能掌握尺规绘图和徒手绘图的正确方法、步骤和操作技能。

（3）在学习过程中，应树立"严格遵守标准"的观念，养成正确使用绘图工具和仪器准确作图的习惯，不断提高绘图效率。

（4）工程图样是重要的技术文件，是施工和建造的依据，不能有丝毫的差错。图中多画或少画一条线，写错或遗漏一个数字，都会给生产带来不应有的损失。因此，作图时要具备高度的责任心，养成实事求是的科学态度和一丝不苟的工作作风。

第1章 制图的基本知识

工程图样是工程界的共同语言。为了使工程图样达到基本统一，便于生产、管理和技术交流，绘制的工程图样必须遵守统一的规定。由国家有关部门制定和颁布实施的这些统一的规定就称为国家标准（简称"国标"，代号"GB"）。

目前，国内执行的制图标准有普遍适用于工程界各种专业技术图样的《技术制图》《总图制图标准》（GB/T 50103—2010）、《建筑制图标准》（GB/T 50104—2010）、《房屋建筑制图统一标准》（GB/T 50001—2010）、《建筑结构制图标准》（GB/T 50105—2010）、《建筑给水排水制图标准》（GB/T 50106—2010）、《道路工程制图标准》（GB/T 50162—1992）、《水电水利工程基础制图标准》（DL/T 5347—2006）、《水电水利工程水工建筑制图标准》（DL/T 5348—2006）等。绘制工程图样时，必须严格遵守和认真贯彻国家标准。

1.1 制 图 标 准

1.1.1 图纸幅面和格式（GB/T 14689—2008）

1. 图纸幅面

图纸幅面是指图纸本身的大小规格，图框是图纸上限定绘图范围的边线。图纸基本幅面和图框尺寸如表 1-1 所示。同一项工程的图纸，不宜多于两种幅面。必要时可按规定加长幅面，短边一般不应加长，长边可加长，但加长的尺寸应符合国标的规定。

表 1-1　　　　　　　　　　　　　　图纸基本幅面和图框尺寸　　　　　　　　　　　　　　单位：mm

幅面代号	A0	A1	A2	A3	A4
$b \times l$	841×1189	594×841	420×594	297×420	210×297
c		10			5
a			25		

2. 格式

图纸以短边作为垂直边称为横式，以短边作为水平边称为立式。一般 A0～A3 图纸宜采用横式，必要时也可采用立式，如图 1-1 所示。

标题栏绘制在图框的下方或右侧，用于填写工程名称、图名、设计单位、注册师、日期等，简称图标。在学习阶段，标题栏可采用简化的格式，如图 1-2 所示。

1.1.2 图线（GB/T 17450—1998）

图纸上的图形由各种图线绘成。不同粗细、不同类型的图线表示不同的意义和用途。

1. 线宽

图线有粗、中粗、中、细之分，其宽度比率为 4∶3∶2∶1。绘图时，粗线宽度 b 应根据图样的复杂程度与比例大小，在下列数系中选取：0.13、0.18、0.25、0.35、0.5、0.7、

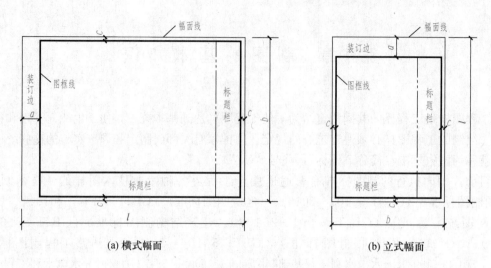

图 1-1　图纸幅面和图框格式

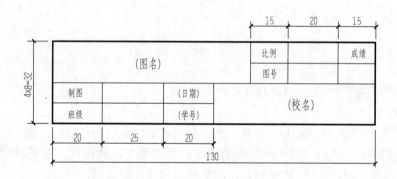

图 1-2　学校用标题栏格式

注：1. 图中尺寸单位为 mm；
　　2. 标题栏内的字号：图名用 10 号或 7 号字，校名用 7 号字，其余用 5
　　　 号字（见字体部分）。

1.0、1.4mm，通常优先采用 1.0、0.7、0.5mm。在同一张图纸上，同类图线的宽度应一致。

图框和标题栏的线宽如表 1-2 所示。

表 1-2　　　　　　　　　　　图框和标题栏的线宽　　　　　　　　　　　单位：mm

幅面代号	图框线	标题栏外框线	标题栏分格线
A0、A1	b	$0.5b$	$0.25b$
A2、A3、A4	b	$0.7b$	$0.35b$

2. 线型

《技术制图　图线》（GB/T 17450—1998）中规定了 15 种基本线型，供工程各专业选用。表 1-3 列出了常用图线的一般用途，具体用途见各专业图。

表 1 - 3　　　　　　　　　　　**常用图线的线型及用途**　　　　　　　　　单位：mm

名称	线型	线宽	一般用途
粗实线		b	主要可见轮廓线、图名下方横线、图框线
中粗实线		$0.7b$	可见轮廓线
中实线		$0.5b$	可见轮廓线、变更云线
细实线		$0.25b$	尺寸线、尺寸界线、引出线、剖面线、图例线、较小图形的中心线等
虚线	≈1　3~6	$0.5b$	不可见轮廓线
细点画线	≈3　10~30	$0.25b$	轴线、中心线、对称线、分水线
双点画线	≈5　10~30	$0.25b$	假想轮廓线、成型前原始轮廓线
折断线	3~5　6~10	$0.25b$	断开界线
波浪线		$0.25b$	断开界线

注　本书中仍按习惯将单点长画线和双点长画线分别称为点画线和双点画线。

3. 图线画法

图样中的图线应做到清晰整齐、均匀一致、粗细分明、交接正确，如图 1 - 3 所示。具体画图时应注意：

（1）虚线、点画线、双点画线的线段长度和间隔，宜各自相等。

（2）各种图线彼此相交处，都应以"画（线段）"相交，而不应是"间隔"或"点"；当虚线在实线的延长线上时，两者不得相接，交接处应留有空隙。

（3）在较小图形中绘制点画线或双点画线有困难时，可用细实线代替。

（4）点画线、折断线的两端应超出图形轮廓线 2~5mm。

（5）当相同线宽、不同线型的图线重合时，应按实线、虚线、点画线的次序绘制。

（6）图线不得与文字、数字或符号重叠、混淆，不可避免时，应断开图线，以保证文字等清晰。

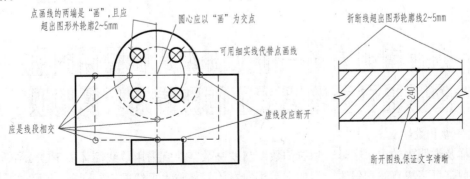

图 1 - 3　图线画法

1.1.3 字体（GB/T 14691—1993）

图样中书写的文字、数字、字母和符号应做到字体端正、笔画清晰、排列整齐、间隔均匀，标点符号应清楚、正确。

字体的大小用字号表示，字号就是字体的高度。制图标准规定，图样中的字号分为 2.5、3.5、5、7、10、14、20mm 七种。

1. 汉字

图样及说明中的汉字应采用国家正式公布的简化汉字，宜采用长仿宋体（也称"工程字"）或黑体，其高度不应小于 3.5mm。长仿宋字体的高宽比约为 1∶0.7，见表 1-4；黑体字的宽度与高度应相同。

表 1-4 　　　　　　　　　　　　长仿宋体字的高宽关系　　　　　　　　　　　单位：mm

字高	20	14	10	7	5	3.5
字宽	14	10	7	5	3.5	2.5

长仿宋体字的书写要领是横平竖直、注意起落、结构均匀、填满方格，其基本笔画——横、竖、撇、捺、挑、点、勾、折的书写见表 1-5。

表 1-5 　　　　　　　　　　　长仿宋字体基本笔画书写示例

名称	横	竖	撇	捺	挑	点	钩	折
形状	 一	丨	丿	㇏	㇀	八	丁 乚 亅	乛
笔法	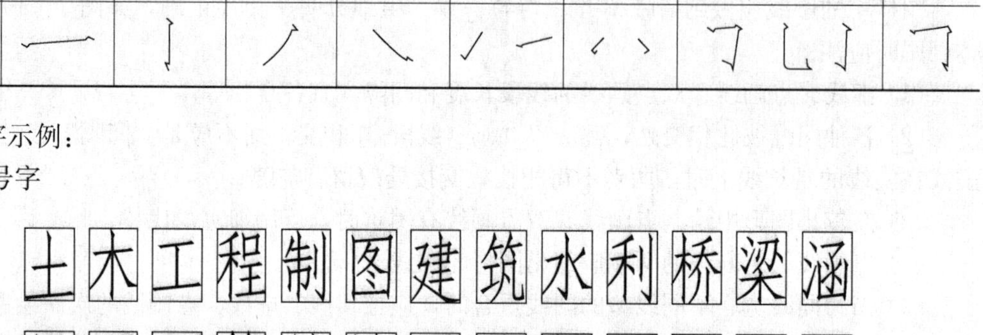 一	丨	丿	㇏	㇀	八	丁 乚 亅	乛

汉字示例：

10 号字

土木工程制图建筑水利桥梁涵

屋顶雨篷护坡码头船闸溢洪槽

7 号字

东西南北方向平面立剖纵断面视详说明

钢筋混凝砂浆岩石油毡沥青廊墩翼墙坝

2. 字母和数字

图样及说明中的拉丁字母、阿拉伯数字与罗马数字，宜采用单线简体或 ROMAN 字体。字母和数字可写成直体和斜体。斜体字字头向右倾斜，与水平线成 75°；与汉字写在一起时，宜写成直体。字母和数字的字高应不小于 2.5mm，如图 1-4 所示。

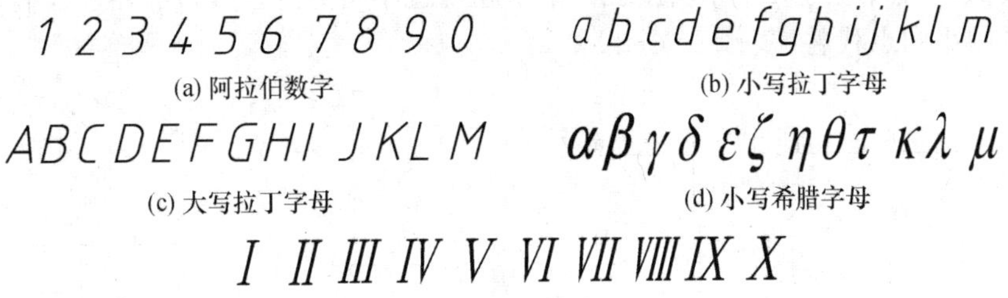

$$1\ 2\ 3\ 4\ 5\ 6\ 7\ 8\ 9\ 0$$

(a) 阿拉伯数字

$$a\ b\ c\ d\ e\ f\ g\ h\ i\ j\ k\ l\ m$$

(b) 小写拉丁字母

$$A\ B\ C\ D\ E\ F\ G\ H\ I\ J\ K\ L\ M$$

(c) 大写拉丁字母

$$\alpha\ \beta\ \gamma\ \delta\ \varepsilon\ \zeta\ \eta\ \theta\ \tau\ \kappa\ \lambda\ \mu$$

(d) 小写希腊字母

$$I\ II\ III\ IV\ V\ VI\ VII\ VIII\ IX\ X$$

(e) 罗马数字

图 1-4　字母和数字书写示例

1.1.4　比例

图样的比例是指图形与实物相应要素的线性尺寸之比。比例应用符号"："表示，如 1∶1、1∶500、2∶1 等。绘图所用比例，应根据图样的用途与被绘对象的复杂程度，从表 1-6 中选用，并优先选用表中的常用比例。

表 1-6	绘 图 比 例
常用比例	1∶1、1∶2、1∶5、1∶10、1∶20、1∶50、1∶100、1∶150、1∶200、1∶500、1∶1000、1∶2000、1∶5000、1∶10000、1∶20000、1∶50000、1∶100000、1∶200000
可用比例	1∶3、1∶4、1∶6、1∶15、1∶25、1∶30、1∶40、1∶60、1∶80、1∶250、1∶300、1∶400、1∶600

比例宜注写在图名的右侧，字的基准线应取平，比例的字高宜比图名的字高小一号或两号，如 <u>平 面 图</u> 1:100。

1.1.5　尺寸标注

图形只能表达形体的形状，而形体各部分的大小和相对位置则必须依据图样上标注的尺寸来确定。尺寸是施工的重要依据，必须正确、完整、清晰。

1. 尺寸的组成

一个完整的尺寸由尺寸界线、尺寸线、尺寸起止符号和尺寸数字组成，如图 1-5所示。

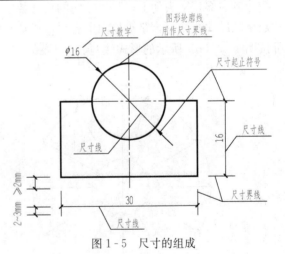

图 1-5　尺寸的组成

（1）尺寸界线：表示尺寸度量的范围。如图 1-5 所示，尺寸界线应用细实线绘制，并与被注长度垂直，其一端应离开图样轮廓线不小于 2mm，另一端宜超出尺寸线 2～3mm。必要时，图样轮廓线、轴线或对称中心线可用作尺寸界线。

（2）尺寸线：表示尺寸度量的方向。如图 1-5 所示，尺寸线应用细实线单独绘制，并与被注长度平行。图样本身的任何图线均不得用作尺寸线。

（3）尺寸起止符号：表示尺寸的起、止位置。如图 1-6 所示，尺寸起止符号有两种常用形式：斜短线和箭头。斜短线的倾斜方向应与尺寸界线成顺时针 45°角，长度宜为 2～3mm，建筑工程图采用中粗斜短线，水工图采用细短线。半径、直径、角度、弧长的尺寸起止符号宜用箭头表示，箭头应与尺寸界线接触，不得超出也不得分开。在没有足够位置时，尺寸线起止符号可用小圆点代替。

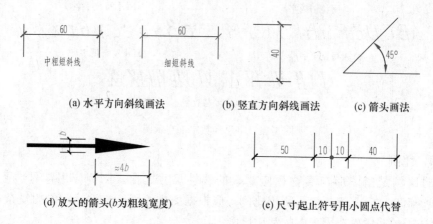

(a) 水平方向斜线画法　　　　(b) 竖直方向斜线画法　　　(c) 箭头画法

(d) 放大的箭头(b为粗线宽度)　　　(e) 尺寸起止符号用小圆点代替

图 1-6　尺寸起止符号的画法

（4）尺寸数字：表示被注长度的实际大小，与画图采用的比例、图形的大小及准确度无关。当尺寸以 mm 为单位时，一律不需注明。尺寸数字一般采用 3.5 号或 2.5 号字，且全图应保持一致。

线性尺寸的尺寸数字应按图 1-7（a）所示的方向注写，即水平方向的尺寸数字写在尺寸线上方中部，字头朝上；竖直方向的尺寸数字写在尺寸线左方，字头朝左；倾斜方向的尺寸数字顺尺寸线注写，字头趋向上。尽量避免在图中 30°阴影范围内注写尺寸，无法避免时，可按图 1-7（b）所示的形式注写。

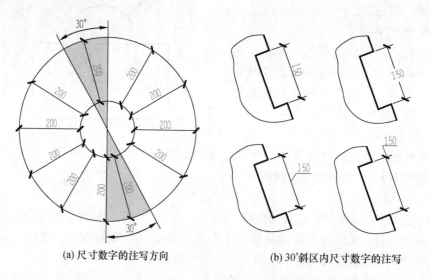

(a) 尺寸数字的注写方向　　　　　(b) 30°斜区内尺寸数字的注写

图 1-7　尺寸数字的注写

2. 尺寸的排列与布置

如图 1-8 所示，画在图样外围的尺寸线，与图样最外轮廓线的距离不宜小于 10mm；标注相互平行的尺寸时，应使小尺寸在里、大尺寸在外，且两平行排列的尺寸线之间的距离宜为7～10mm，并保持一致；若尺寸界线较密，以致注写尺寸数字的空隙不够时，最外边的尺寸数字可写在尺寸界线外侧，中间相邻的可上下错开或用引出线引出注写。

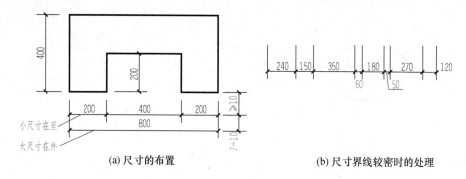

(a) 尺寸的布置　　　　　　　　(b) 尺寸界线较密时的处理

图1-8　尺寸的排列与布置

3. 尺寸标注示例

常见的尺寸标注形式见表1-7。

表1-7　　　　　　　　　常见的尺寸标注形式

标注内容	注法示例	说明
直径		圆及大于半圆的圆弧应标注直径，并在直径数字前加注直径符号"ϕ"。在圆内标注的尺寸线应为通过圆心的倾斜直径（但不能与中心线重合），两端画成箭头指至圆弧
半径		半圆及小于半圆的圆弧应标注半径，并在半径数字前加注半径符号"R"。尺寸线应通过圆心，另一端画成箭头指至圆弧。圆弧半径较大或在图纸范围内无法标出其圆心位置时，可按最后一种方法标注

标注内容	注法示例	说明
弦长 弧长	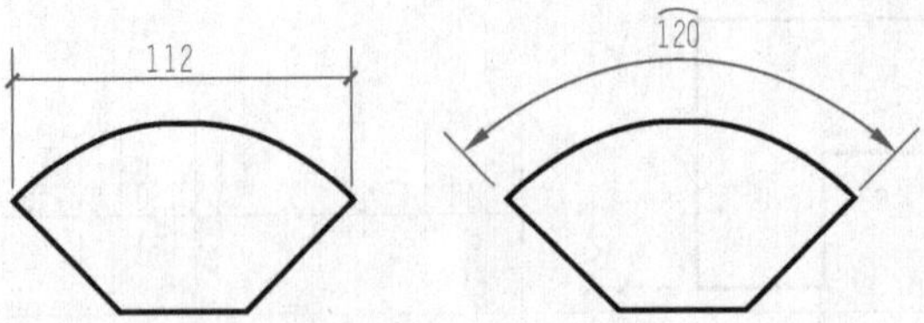	标注弦长尺寸的尺寸线为平行于该圆弧弦的细直线，起止符号画成斜短线。 标注弧长尺寸的尺寸线为圆弧，起止符号画成箭头，弧长数字上方加注圆弧符号"⌒"
角度 球径	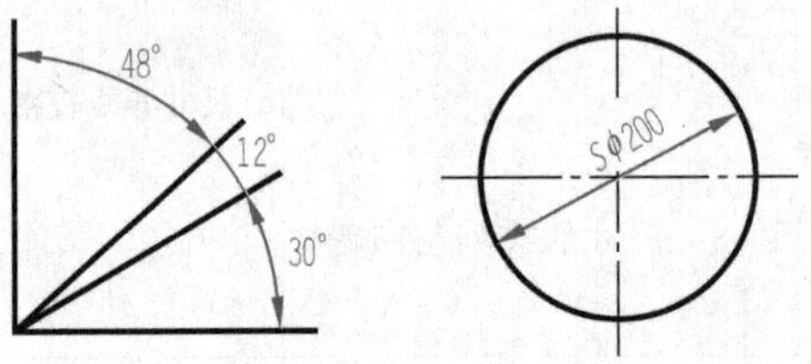	角度的尺寸线画成圆弧，圆心应是角的顶点，起止符号画成箭头，角度数字应沿尺寸线方向水平注写。 标注球的直径或半径时，应在符号"φ"或"R"前加注符号"S"
坡度	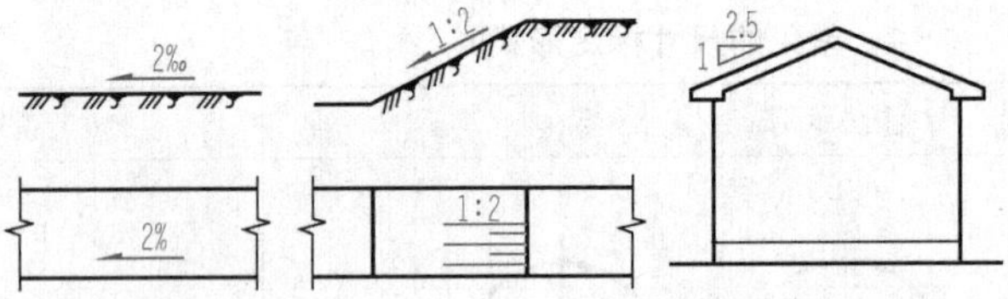	坡度的标注可采用 1∶n 的比例形式；当坡度较缓时，可用百分数或千分数、小数表示。可用指向下坡方向的箭头指明坡度方向，也可用直角三角形形式标注

1.1.6　建筑材料图例

工程中所使用的建筑材料多种多样。为了在图上明显地把它们表现出来，在构件的断面区域（详见第 6 章）应画上相应的建筑材料图例。常用建筑材料图例见表 1-8。

表 1-8　　　　　　　　　　　　常用建筑材料图例

名称	图例	说明	名称	图例	说明
自然土壤		徒手绘制	钢筋混凝土	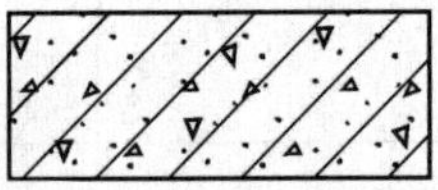	斜线为 45°细实线，用尺画
夯实土壤		斜线为 45°细实线，用尺画	岩基		徒手绘制
砂、灰土	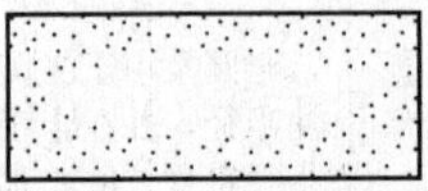	靠近轮廓线绘制较密不均匀的点	玻璃、透明材料	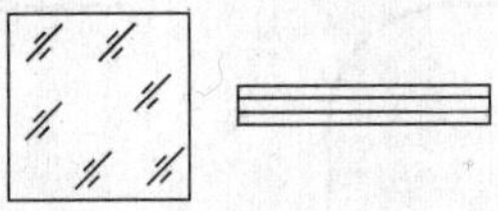	包括平板玻璃、钢化玻璃、夹层玻璃等各种玻璃
普通砖	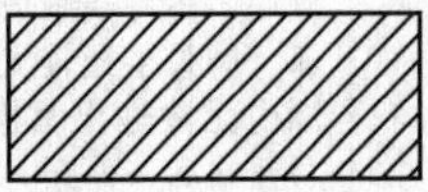	包括实心砖、多孔砖、砌块等砌体。斜线为 45°细实线，用尺画	防水材料		构造层次多或比例较大时采用上面的图例
混凝土	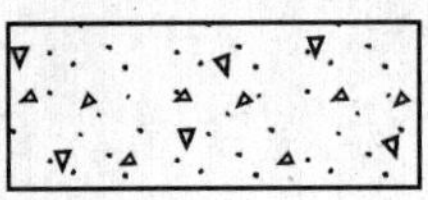	石子为封闭三角形。断面较小时可涂黑	耐火砖	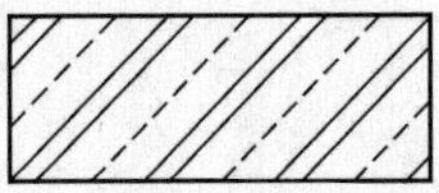	斜线为 45°细实线，用尺画

名称	图例	说明	名称	图例	说明
空心砖	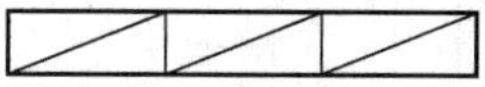	指非承重砖砌体	木材	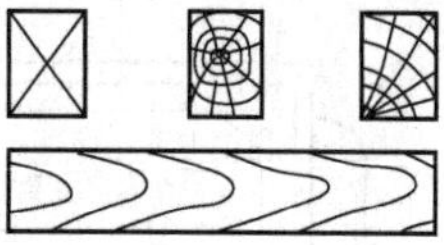	上图为横断面，左上图为垫木、木砖或木龙骨；下图为纵断面
饰面砖	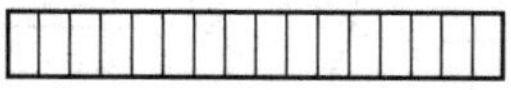	包括铺地砖、马赛克、陶瓷锦砖、人造大理石等	干砌块石	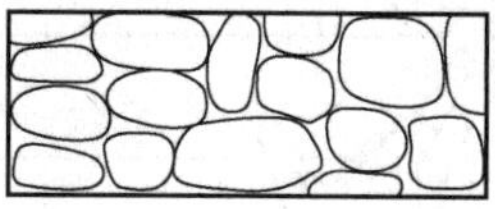	石缝要错开，空隙不涂黑
金属	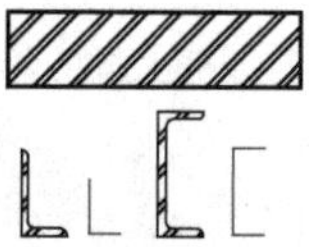	包括各种金属。斜线为45°细实线，用尺画（水工图中金属用普通砖的图例来表示）	浆砌块石	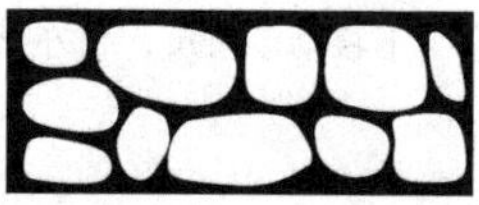	石块之间空隙要涂黑
多孔材料	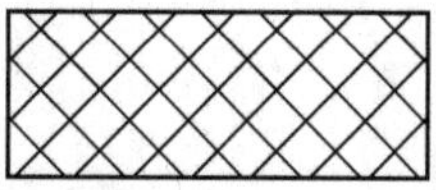	包括水泥珍珠岩、泡沫混凝土、蛭石制品等。斜线为45°细实线，用尺画	纤维材料		包括矿棉、岩棉麻丝、纤维板等

1.2 常用绘图工具及其使用

绘制图样按所使用的工具不同，可分为尺规绘图、徒手绘图和计算机绘图。尺规绘图是借助丁字尺、三角板、圆规、铅笔等绘图工具和仪器在图板上进行手工操作的一种绘图方法。虽然目前工程图样已使用计算机绘制，但尺规绘图既是工程技术人员必备的基本技能，又是学习和巩固图学理论知识不可缺少的方法，必须熟练掌握。正确使用绘图工具和仪器不仅能保证绘图质量、提高绘图速度，而且能为计算机绘图奠定基础。以下简要介绍常用绘图工具和仪器的使用方法。

1. 图板和丁字尺

（1）图板：用于铺放、固定图纸。板面应平整、光洁，左边是丁字尺的导边，需平、直、硬。

（2）丁字尺：用于画水平线。它由相互垂直的尺头和尺身组成，尺身带有刻度的一边为工作边。作图时，用左手将尺头内侧紧靠图板导边，上下移动，由左至右画出不同位置的水平线，如图1-9所示。需注意的是，不能用尺身的下边画线，也不能调头靠在图板的其他边缘画线。

2. 三角板

一副三角板有45°和30°-60°两块，主要与丁字尺配合画竖直线及15°倍角的斜线，如图1-9（b）和图1-10所示。

3. 圆规和分规

（1）圆规：用于画圆和圆弧。使用时，应先调整针脚，使针尖（用有台肩的一端）略长

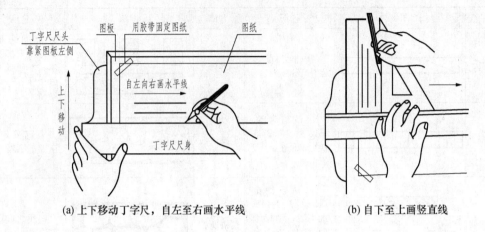

(a) 上下移动丁字尺，自左至右画水平线　　(b) 自下至上画竖直线

图 1-9　丁字尺的用法

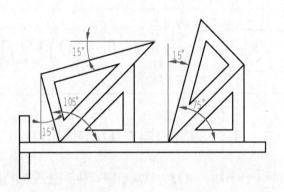

图 1-10　三角板与丁字尺配合画 15°倍角线

于铅芯，按顺时针方向、略向前倾斜，用力均匀地一笔画出圆或圆弧。画大圆弧时，可加上延伸杆，如图 1-11 所示。

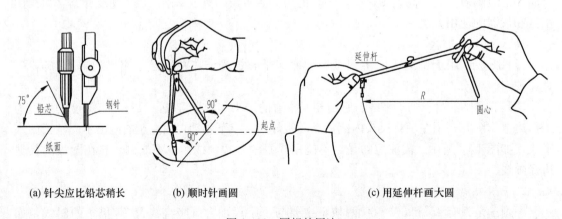

(a) 针尖应比铅芯稍长　　　(b) 顺时针画圆　　　　(c) 用延伸杆画大圆

图 1-11　圆规的用法

（2）分规：用于量取尺寸和等分线段。为了准确地度量尺寸，分规的两针尖应调整到平齐。采用试分法等分直线段或圆弧时分规的用法如图 1-12 所示。

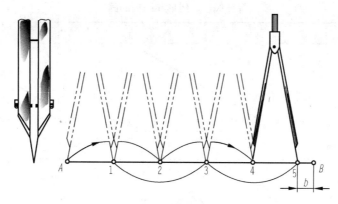

图 1-12 分规的用法

4. 铅笔

制图用的铅笔有普通木制铅笔和活动铅笔两种。铅笔铅芯的软硬用字母"B"（软）及"H"（硬）表示。B 前数字越大，表示铅芯越软，画出的线条越黑；H 前数字越大，表示铅芯越硬，画出的线条越淡；HB 表示铅芯软硬适中。建议绘图时准备以下几种铅笔：

（1）B 或 HB：用于描黑粗实线。

（2）HB 或 H：用于绘制细实线、虚线、箭头和写字。

（3）2H 或 3H：用于画底稿和细线。

铅芯安装在圆规上使用时，应比画直线的铅芯软一号；画底稿和描细线圆时，用 H 或 HB 铅芯；描黑粗实线圆和圆弧时，用 2B 或 B 铅芯。

削铅笔时，应从没有标号的一端削起，以保留铅芯硬度的标号。铅笔常用的削制形状有圆锥形和矩形，圆锥形用于画细线和写字，矩形用于画粗实线，如图 1-13 所示。

(a) 铅笔的削法   (b) 圆锥形   (c) 矩形

图 1-13 铅笔铅芯的削制形状

除了上述工具之外，绘图时还需准备削铅笔用的刀片、磨铅芯用的细砂纸、擦图用的橡皮、固定图纸用的透明胶带、扫除橡皮屑用的软毛刷、包含常用符号的模板及擦图片、比例尺等。

1.3 平面图形的画法

1.3.1 几何作图

工程图样中的图形都是由直线、圆和其他曲线组成的几何图形。因此，熟练掌握几何图形的作图方法，是提高绘图速度、保证图面质量的基本技能之一。

1. 等分

等分线段、矩形和圆周的画法见表 1-9。

表 1 - 9   **等分线段、矩形和圆周的画法**

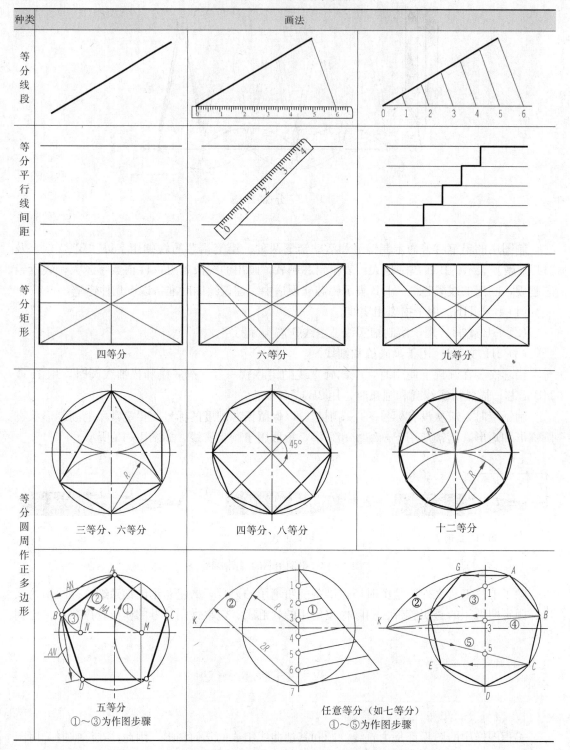

种类	画法
等分线段	
等分平行线间距	
等分矩形	四等分　　六等分　　九等分
等分圆周作正多边形	三等分、六等分　　四等分、八等分　　十二等分　　五等分 ①～③为作图步骤　　任意等分（如七等分）①～⑤为作图步骤

2. 椭圆的画法

椭圆的画法有四心圆法、同心圆法等，作图过程如图 1 - 14 所示。

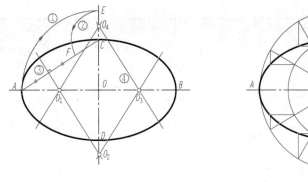 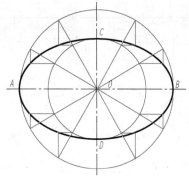

(a) 四心圆法(其中①~④为作图步骤)   (b) 同心圆法

图1-14 椭圆的画法

3. 圆弧连接

用已知半径的圆弧光滑连接两已知线段（直线或圆弧）的作图问题称为圆弧连接。光滑连接是指连接圆弧应与已知直线或圆弧相切，因此，作图的关键是要准确地求出连接圆弧的圆心和连接点（切点）。圆弧连接的基本作图原理是：

（1）作半径为 R 的圆与已知直线 AB 相切，其圆心的轨迹是与直线 AB 相距 R 的一条平行线。切点 T 是自圆心向直线 AB 所作垂线的垂足，如图1-15（a）所示。

（2）作半径为 R 的圆与半径为 R_1 的已知圆弧 AB 相切，其圆心的轨迹是已知圆弧的同心弧。外切时，其半径为两半径之和，即 $L=R+R_1$，切点 T 是两圆的连心线与圆弧的交点；外切时，其半径为两半径之差，$L=|R-R_1|$，切点 T 是两圆的连心线的延长线与圆弧的交点，如图1-15（b）、图1-15（c）所示。

(a) 圆与直线相切   (b) 圆与圆弧外切   (c) 圆与圆弧内切

图1-15 圆弧连接的作图原理

表1-10列出了几种圆弧连接的作图方法和步骤。

表1-10   等分线段、矩形和圆周的画法

种类	已知条件	作图步骤		
		求连接圆心	求切点	画连接圆弧
圆弧连接两直线				

种类	已知条件	作图步骤		
		求连接圆心	求切点	画连接圆弧
圆弧外连接两圆弧	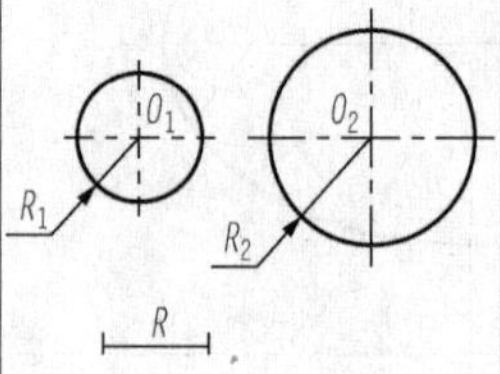 R_1 R_2 R	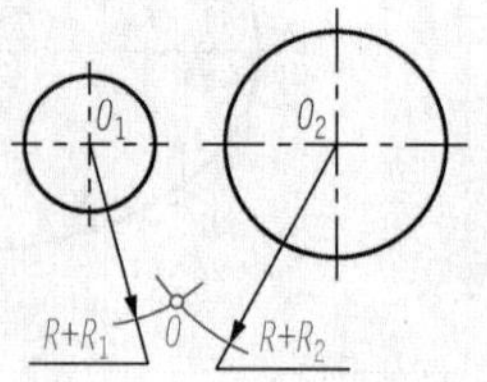 $R+R_1$ $R+R_2$ O	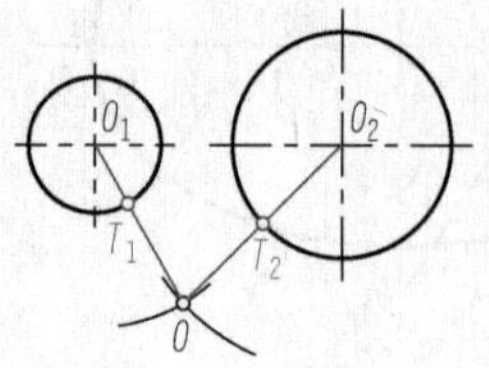 T_1 T_2 O	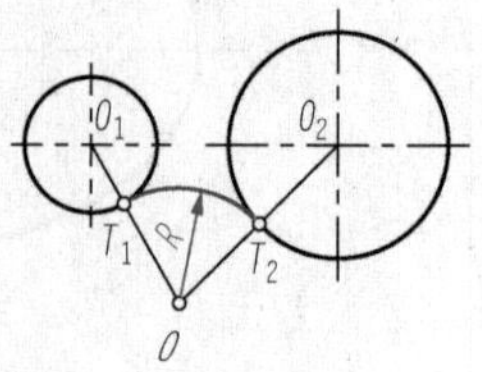 T_1 R T_2 O
圆弧内连接两圆弧	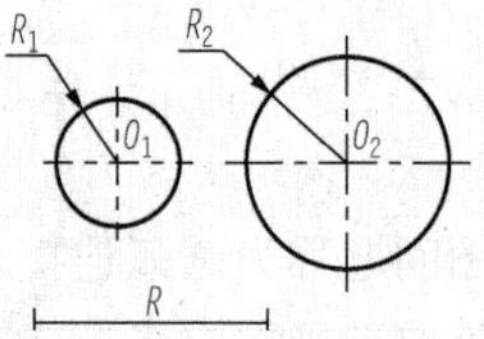 R_1 R_2 R	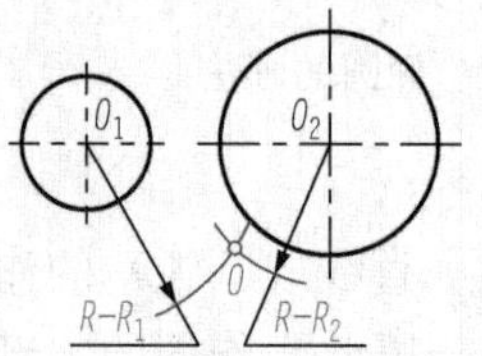 $R-R_1$ $R-R_2$ O	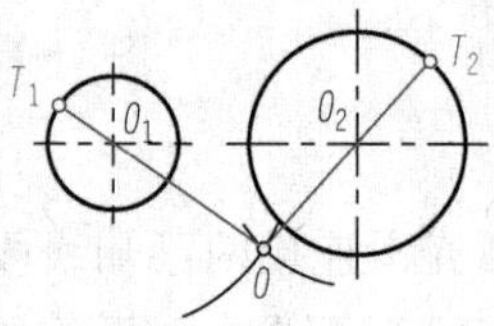 T_1 T_2 O	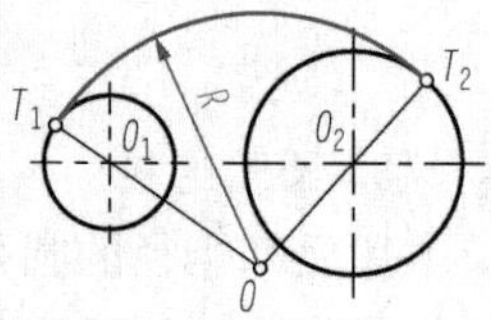 T_1 R T_2 O
圆弧内连接直线和圆弧	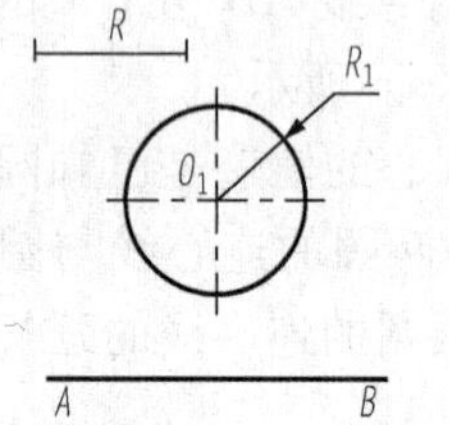 R R_1 A B	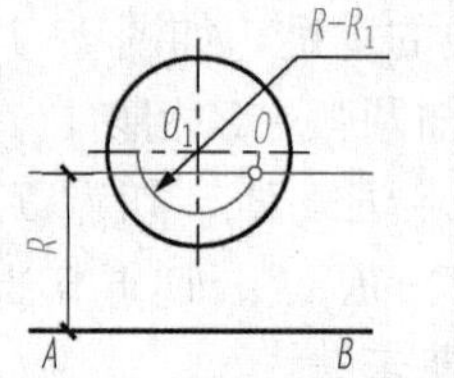 $R-R_1$ R O A B	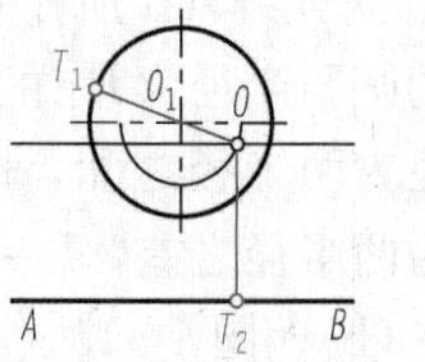 T_1 O A T_2 B	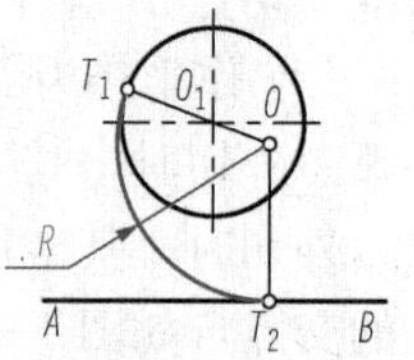 T_1 O R A T_2 B
圆弧分别内外连接两圆弧	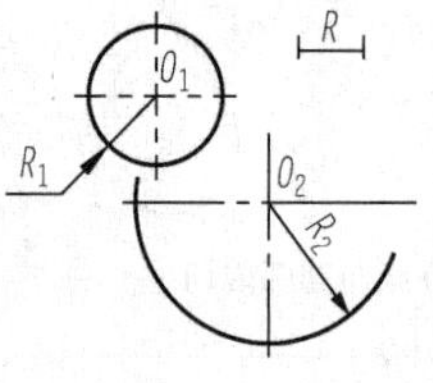 R R_1 O_2 R_2	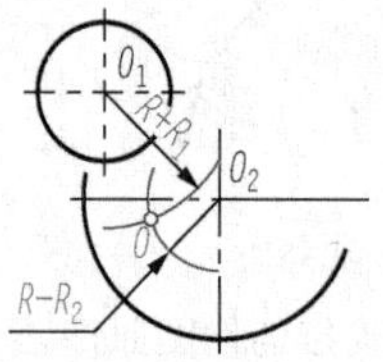 $R+R_1$ $R-R_2$ O	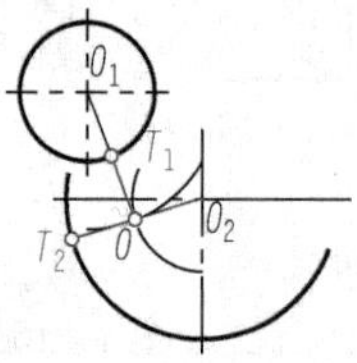 T_1 T_2 O	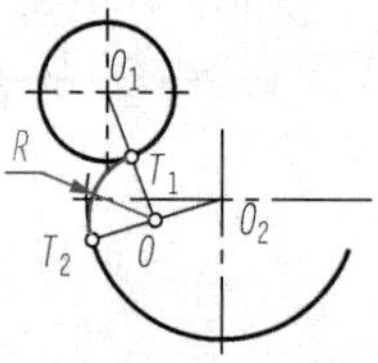 R T_1 T_2 O

1.3.2 平面图形的分析与画法

平面图形都是根据图形所注的尺寸，按一定比例绘制出来的。因此，为了正确绘制平面图形，必须对平面图形进行尺寸分析和线段分析，从而确定平面图形的绘图步骤。现以图 1-16 所示扶手为例予以说明。

（一）平面图形的尺寸分析

1. 定形尺寸

用来确定平面图形各部分形状大小的尺寸称为定形尺寸，如直线的长度、角度的大小、圆及圆弧的直径或半径等。图 1-16（b）中的 $R98$、$R16$、6 均为定形尺寸。

(a) 楼梯扶手示例

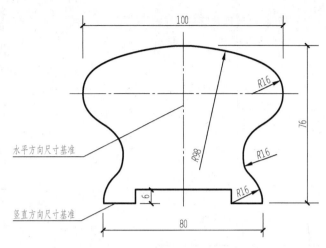

(b) 扶手断面轮廓图形

图 1 - 16　平面图形的尺寸分析

2. 定位尺寸

用来确定平面图形各部分之间相对位置的尺寸称为定位尺寸。图 1 - 16（b）中的 80、76、100 均为定位尺寸。

3. 尺寸基准

标注定位尺寸的起点称为尺寸基准。平面图形的水平、竖直两个方向都应有一个尺寸基准，通常以图形的对称线、较大圆的中心线、较长的直轮廓边线作为尺寸基准。图 1 - 16（b）所示是以竖直对称线、图形的底边分别为水平方向、竖直方向的尺寸基准。

（二）平面图形的线段分析

平面图形的线段，通常根据其尺寸完整与否，分为以下三类。

1. 已知线段

定形尺寸和定位尺寸齐全的线段，即根据给出的尺寸可以直接画出的线段称为已知线段。如图 1 - 16（b）中的 $R98$ 圆弧，作图时只要在图形对称线上定出圆心，即可绘制出该圆弧。此外，图 1 - 16（b）中下部分的 $R16$ 圆弧也是已知线段。

2. 中间线段

已知定形尺寸和一个方向定位尺寸的线段，或只有定位尺寸，无定形尺寸的线段称为中间线段。如图 1 - 16（b）上方的 $R16$ 圆弧只有一个水平方向 100 的定位尺寸，另一个方向的定位尺寸需根据其与 $R98$ 圆弧内切来确定。

3. 连接线段

只有定形尺寸，且两个方向定位尺寸均未给出的线段称为连接线段。如图 1 - 16（b）中间部分的 $R16$ 圆弧，其圆心的位置需根据其与两个 $R16$ 圆弧均外切来确定。

由以上分析可知，对于一个有圆弧连接的图形，其画图顺序为：基准线→已知线段→中间线段→连接线段，如图 1 - 17 所示。

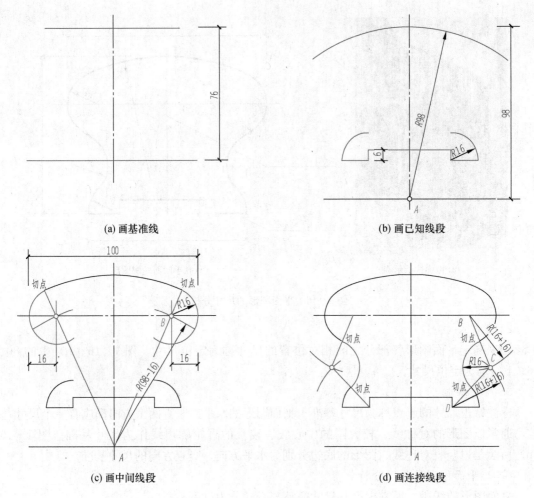

图 1-17 平面图形的画图顺序

1.4 绘图的一般方法和步骤

1.4.1 尺规绘图

（一）准备工作

准备绘图工具和仪器，首先将铅笔及圆规上的铅芯按线型削好，然后将丁字尺、图板、三角板等擦干净。根据图形的复杂程度，确定绘图比例及图纸幅面大小，将选好的图纸按图 1-18 所示铺在图板的左下方。固定图纸时，应使图纸的上、下边与丁字尺的尺身平行，图纸与图板边应留有适当空隙，然后用透明胶带固定。

（二）画底稿

（1）画图框和标题栏。

（2）确定比例，布置图形，使图形在图纸上的位置大小适中，各图形间应留有适当空隙及标注尺寸的位置。

（3）先画图形的基准线、对称线、中心线及主要轮廓线，然后按照由整体到局部、先大

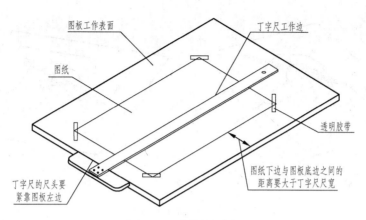

图 1-18　图纸的固定

后小、先实后虚（挖去的孔、槽等）、先外（轮廓）后内（细部），先下后上，先曲后直的顺序画出其他所有图线。

用 H 以上较硬的铅笔（如 3H、2H 等）画底稿，要求轻、细、准、洁。"轻"指画线要轻，能分辨即可，擦去后应不留痕迹；"细"指画出的线条要细，区分线型类别，但不分粗细；"准"指图线位置、尺寸要准确；"洁"指图面应保持整洁，对绘制底稿图中出现的错误，不要急于擦除，待底稿完成后一并擦除。值得一提的是，为提高绘图速度和加深后的图面质量，可用极淡的细实线代替点画线和虚线。

（三）加深

在加深前必须仔细校核底稿，并进行修正，直至确认无误。图线加深应做到线型正确、粗细分明、连接光滑、接头准确、图面整洁。

用 HB 或 B 的铅笔进行加深。加深的顺序一般是先粗后细、先曲后直、先图形后尺寸、先图线后符号和文字，自上而下、由左至右进行，提倡细线一次画成。

（四）标注尺寸、注写文字

图形完成后，遵照制图标准标注尺寸，书写图名，标出各种符号，注写文字说明，填写标题栏，完成图样。

1.4.2　徒手绘图

徒手绘图是不用绘图仪器，凭目测比例、徒手画出的图样，这种图样称为草图或徒手图。这种图主要用于现场测绘、设计方案讨论、技术交流、构思创作，是工程技术人员必备的基本技能之一。

徒手绘图的基本要求是快、准、好，即画图速度要快，目测比例要准，图线要清晰，图面质量要好。徒手绘图最好用较软的铅笔，如 HB、B、2B，笔杆要长，笔尖要圆，不要太尖锐。

（一）直线的画法

画直线时，眼睛看着图线的终点，从左向右画水平线，自上而下画铅垂线，如图 1-19 所示。画短线时常用手腕运笔，画长线则以手臂动作，且肘部不宜接触纸面，否则不易画直。当直线较长时，也可通过目测在直线中间定出几个点，然后分几段画出。画长斜线时，也可将图纸旋转一适当角度，转成水平线来画。

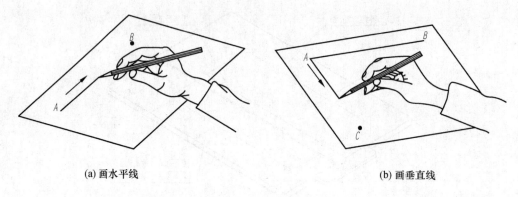

(a) 画水平线　　　　　　　　　　　　　　(b) 画垂直线

图 1-19　徒手画直线

（二）圆的画法

画小圆时，应先定出圆心及画中心线，并在中心线上按半径目测定出四点，然后徒手连成圆，如图 1-20（a）所示。画较大圆时，可过圆心增画两条 45°斜线，在斜线上再定四个等半径点，然后过这八点画圆，如图 1-21（b）所示。画更大的圆时，可先画出圆的外切正方形，并将任一对角线的一半三等分，在 2/3 点处定出圆周上的另外四点，再将这八点连成圆，如图 1-20（c）所示。

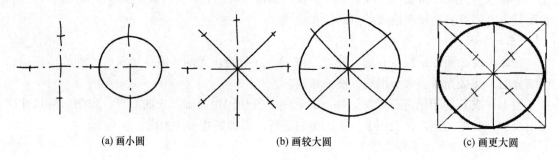

(a) 画小圆　　　　　　　　(b) 画较大圆　　　　　　　(c) 画更大圆

图 1-20　徒手画圆

（三）椭圆的画法

如图 1-21 所示，先画出椭圆的长、短轴，并目测定出其端点的位置，过这四点画一矩形或外切平行四边形，然后根据椭圆轴对称和中心对称的特点，以顶点为基础就势光滑地画出，同时控制不在顶点处出现尖点。

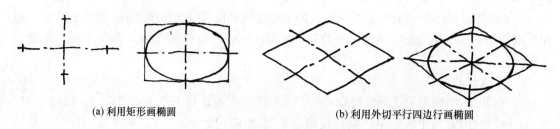

(a) 利用矩形画椭圆　　　　　　　　　　(b) 利用外切平行四边行画椭圆

图 1-21　徒手画椭圆

（四）常见角度的画法

画线时，对于一些特殊角，可根据两直角边的近似比例关系，先定出两个端点，然后画线，如图1-22所示。

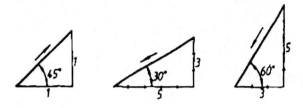

图1-22 徒手角度线的画法

总之，徒手画图重要的是保持物体各部分的比例。因此，在观察物体时，不但要研究物体的形状及构成，还要注意分析整个物体的长、宽、高的相对比例及整体与细部的相对比例。草图最好画在方格纸上，图形各部分之间的比例可借助方格数的比例来确定。

第2章 点、直线和平面的投影

2.1 投影的基本知识

2.1.1 投影的形成和分类

（一）投影的形成

日常生活中，当物体受到光线照射时，会在地面、墙面或其他物体表面上产生影子，这些影子在一定程度上反映了物体的外形轮廓，如图2-1（a）所示。科学家把这种自然现象经过科学的抽象和概括，应用到画图、看图上，就形成了工程中所用的投影法。

假设光线能够穿透物体，把物体上的各个顶点和各条边线都在承影面上投落它们的影，那么由这些点、线的影所组成的"线框图"就称为物体的投影，如图2-1（b）所示。此时光源称为投射中心 S，物体称为形体（只研究其形状、大小、位置，而不考虑它的颜色、质量等物理性质），投射中心与形体上各点的连线（SA、SB、SC、SD）称为投射线，承接影子的平面称为投影面。

投射线通过形体向选定的面投射，并在该面上得到图形的方法称为投影法。投影法是工程图样中把空间三维形体转化为二维平面图形的基本方法。要产生投影，必须具备三要素，即投射线、形体和投影面。

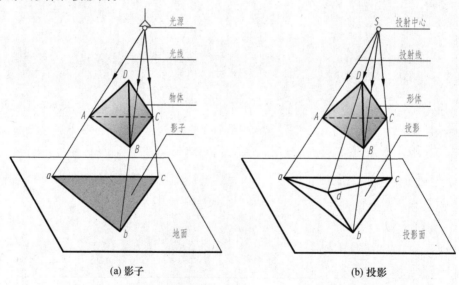

(a) 影子　　　　　(b) 投影

图2-1　投影的形成

（二）投影的分类

投影分为中心投影和平行投影两大类。

1. 中心投影

投射中心 S 距投影面有限远，所有投射线都汇交于一点，这种方法产生的投影称为中心投影，如图2-2（a）所示。中心投影的大小会随投射中心或形体与投影面的距离变化而变化，不能反映空间形体的真实大小。

2. 平行投影

投射中心 S 距投影面无限远，所有投射线均可视为相互平行，由此产生的投影称为平行投影。平行投影的投射线相互平行，所得投影的大小与形体离投影面的距离无关。

根据投射线与投影面是否垂直，平行投影又分为斜投影和正投影两种。投射线与投影面倾斜时的投影称为斜投影，如图 2-2 （b）所示；投射线与投影面垂直时的投影称为正投影，如图 2-2 （c）所示，得到这种投影图的方法称为正投影法。

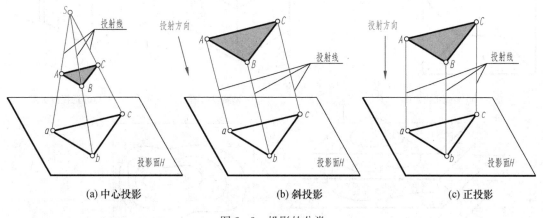

(a) 中心投影　　　　　　　　(b) 斜投影　　　　　　　　(c) 正投影

图 2-2　投影的分类

2.1.2　工程中常用的投影图

为了满足工程设计中形体表达的需要，往往需要采用不同的投影图。常用的投影图有以下四种。

1. 多面正投影图

多面正投影图是用正投影法把形体向两个或两个以上互相垂直的投影面上分别进行投影，再按一定的方法将其展开到一个平面上所得到的投影图，如图 2-3 （a）所示。这种图的优点是能准确地反映物体的形状和大小，度量性好、作图简便，在工程中广泛采用；缺点是直观性较差，需要经过一定的读图训练才能看懂。

2. 轴测投影图

轴测投影图是用平行投影法绘制的物体在一个投影面上的投影，简称轴测图，如图 2-3 （b）所示。这种图的优点是立体感强、直观性好，在一定条件下可直接度量；缺点是作图较麻烦，在工程中常用作辅助图样，如用于设计构思与读图、管道设计系统图等。

3. 透视投影图

透视投影图是用中心投影法绘制的物体的单面投影图，简称透视图，如图 2-3 （c）所示。这种图的优点是形象逼真，符合人的视觉效果，直观性强；缺点是作图繁杂、度量性差，一般用于房屋、桥梁等的外貌，室内装修与布置的效果图等。

4. 标高投影图

标高投影图是用正投影法将物体表面的一系列等高线投射到水平的投影面上，并在其上标注各等高线的高程数值的单面正投影图，如图 2-3 （d）所示。标高投影图的缺点是立体感差，优点是在一个投影面上能表达不同高度的形状，所以常用来表达复杂的曲面和地形面。

由于正投影图被广泛地用来绘制工程图样，因此正投影法是本书讲授的主要内容。以后所说的投影，如无特殊说明，均指正投影。

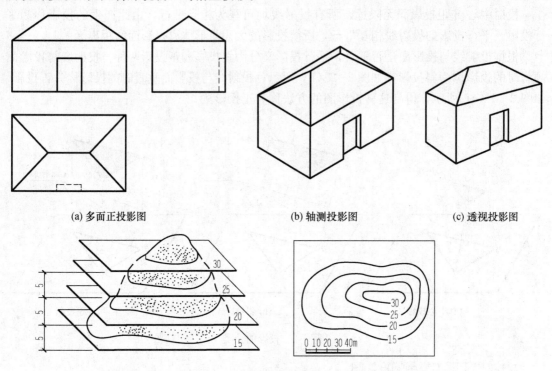

(a) 多面正投影图　　　　(b) 轴测投影图　　　　(c) 透视投影图

(d) 标高投影图

图 2-3　工程中常用的投影图

2.1.3　正投影的基本特性

1. 显实性

当直线或平面平行于投影面时，直线的投影反映实长，平面的投影反映实形，如图 2-4 (a) 所示。

2. 积聚性

当直线或平面垂直于投影面时，直线的投影积聚为一点，平面的投影积聚为一直线，如图 2-4 (b) 所示。

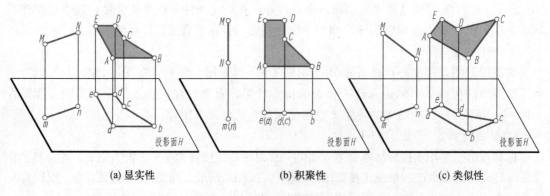

(a) 显实性　　　　　　　(b) 积聚性　　　　　　　(c) 类似性

图 2-4　正投影的基本特性

3. 类似性

当直线或平面倾斜于投影面时，直线的投影仍为直线，但短于原直线的实长；平面的投影是与原平面图形边数相同、曲直不变、凹凸不变，但面积变小的类似形，如图 2-4（c）所示。

2.1.4 三面投影图

（一）三面投影体系的建立

图 2-5 所示为四个不同形状的物体，但这四个物体在同一投影面 H 上的投影却是相同的。因此，仅凭物体的单面投影不能唯一确定物体的空间形状。为此，必须增加投影面的数量。

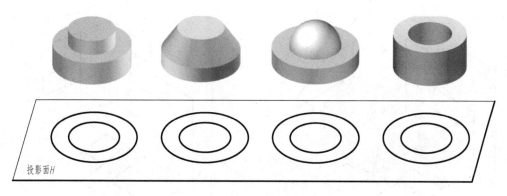

图 2-5 不同形体的单面投影

工程中通常采用物体在三面投影体系中的投影来表达物体的形状，即在空间建立互相垂直的三个投影面：水平投影面 H（简称水平面或 H 面）、正立投影面 V（简称正面或 V 面）、侧立投影面 W（简称侧面或 W 面），如图 2-6 所示。投影面之间的交线称为投影轴：V、H 面的交线为 X 轴；H、W 面的交线为 Y 轴；V、W 面的交线为 Z 轴。三投影轴也相互垂直，并汇交于原点 O。

V、H、W 三个面把空间分成八个区域，称为八个分角，按图示顺序编号为 Ⅰ、Ⅱ、Ⅲ、…、Ⅷ，编号为 Ⅰ 的区域称为第一分角，编号为 Ⅲ 的区域称为第三分角。《技术制图 图样画法 视图》（GB/T 17451—1998）规定，工程图样优先采用第一角画法，有些国家的工程图样采用的是第三角画法。

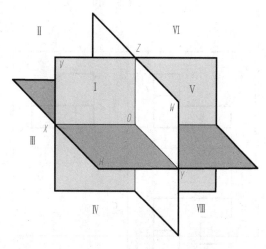

图 2-6 三面投影体系与分角

（二）三面投影图的形成

将形体置于第一分角中，然后分别向 V、H、W 三个投影面投射，得到三面投影图，如图 2-7 所示。国家标准规定，形体的可见轮廓线用粗实线表示，不可见轮廓线用虚线表示，中心线、对称线和轴线用细点画线表示。

（1）由前向后投射，形体在正面上的投影，称为正面投影或 V 投影。

（2）由上向下投射，形体在水平面上的投影，称为水平投影或 H 投影。

（3）由左向右投射，形体在侧面上的投影，称为侧面投影或 W 投影。

（三）三面投影图的展开

为了便于绘图和表达，需要把空间三个投影面展开在一个平面上。如图 2-8 所示，按制图标准规定，展开时保持 V 面不动，H 面绕 OX 轴向下旋转 $90°$，W 面绕 OZ 轴向后旋转 $90°$，与 V 面处于同一平面上。此时，OY 轴分为两条，随 H 面旋转的一条标以 OY_H，随 W 面旋转的一条标以 OY_W，如图 2-9（a）所示。

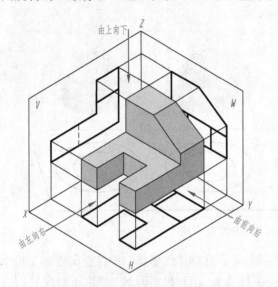

图 2-7　三面投影图的形成

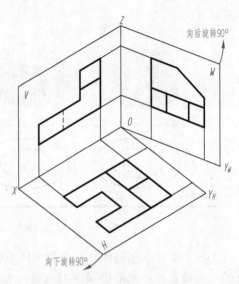

图 2-8　三面投影图的展开过程

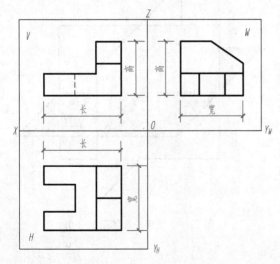

（a）投影面展开后三面投影图的关系

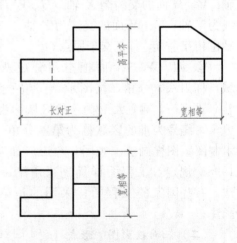

（b）三面投影图及其投影规律

图 2-9　三面投影图的关系及其投影规律

投影面展开后，正面投影在左上方，水平投影在正面投影的正下方，侧面投影在正面投影的正右方。由于形体投影图的形状、大小与投影面边框及投影轴无关，故实际作图时只需画出形体的三个投影，而不画投影面边框线和投影轴，如图 2-9（b）所示。

（四）三面投影图的特性

1. 投影关系

在三面投影体系中，形体的 OX 轴向尺寸称为长，OY 轴向尺寸称为宽，OZ 轴向尺寸称为高，如图 2-9（a）所示。三面投影图共同表达同一形体，且在作各投影时，形体与各投影面的相对位置保持不变，因此三面投影图之间必然保持下列关系：

（1）正面投影与水平投影长度相等且对正。

（2）正面投影与侧面投影高度相等且平齐。

（3）水平投影与侧面投影宽度相等。

上述投影关系称为三面投影图的投影规律，亦称"三等规律"，简述为"长对正、高平齐、宽相等"。这一投影关系不仅适用于物体总的轮廓，也适用于物体的任一局部，是画图和读图的依据。

2. 方位关系

形体在三面投影体系中的位置确定后，相对于观察者，形体有上下、左右、前后六个方位，如图 2-10 所示。这六个方位关系也反映在形体的三面投影图中，即：

（1）正面投影反映物体的上下、左右关系。

（2）水平投影反映物体的左右、前后关系。

（3）侧面投影反映物体的上下、前后关系。

应当注意的是，在三面投影图中，水平投影和侧面投影中远离正面投影的一边是物体的前面，靠近正面投影的一边是物体的后面。如图 2-10 所示，图中三棱柱在长方体立板的右前方，下表面和右表面对齐。

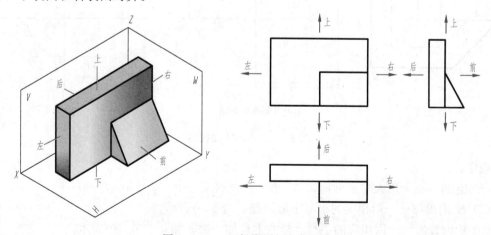

图 2-10　三面投影图的方位关系

2.2　点　的　投　影

点、线、面是构成工程形体最基本的几何元素，如图 2-11 所示的金字塔可以抽象成四棱锥，而四棱锥是由一个底面和四个侧棱面所围成，各侧棱面相交于四条侧棱线，各侧棱线和底面边线相交于五个顶点（S、A、B、C、D）。因此，研究点、线、面的投影规律，有助于提高对形体投影的分析能力。

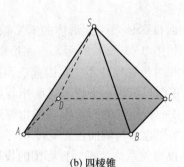

(a) 金字塔　　　　　　　　　　　　　(b) 四棱锥

图 2-11　工程形体

2.2.1　点的投影及其投影规律

1. 点的三面投影

将图 2-11（b）中的空间点 A 放置在三面投影体系中，分别向 H、V、W 三投影面作投射线，其垂足 a、a'、a'' 即为点 A 在 H 面、V 面、W 面上的投影，如图 2-12（a）所示。

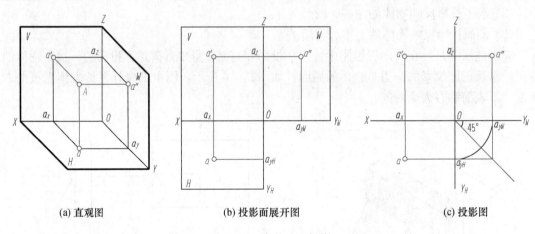

(a) 直观图　　　　　　　　　(b) 投影面展开图　　　　　　　　(c) 投影图

图 2-12　点的三面投影

规定：

（1）空间点——用大写字母，如 A、B、…表示。

（2）H 面投影——用相应的小写字母，如 a、b、…表示。

（3）V 面投影——用相应的小写字母右上角加一撇，如 a'、b'、…表示。

（4）W 面投影——用相应的小写字母右上角加两撇，如 a''、b''、…表示。

按前述规定将三面投影体系展开，得到点 A 的三面投影图，如图 2-12（b）所示。在点的投影图中一般只画出投影轴，不画投影面的边框线，如图 2-12（c）所示。

2. 点的投影规律

从图 2-12（a）可看出，因 $Aa \perp H$ 面，$Aa' \perp V$ 面，故平面 $Aa_x a' \perp H$ 面，又垂直于

V 面，则 $a'a_x \perp OX$、$aa_x \perp OX$。当投影体系按规定展开后，$a'a$ 成为一条垂直于 OX 轴的直线，即 $a'a \perp OX$。同理可知：$a'a'' \perp OZ$。

从图 2-12（a）还可看出：过空间点 A 的两条投射线 Aa 和 Aa' 构成矩形平面 Aaa_xa'，必有空间点 A 到 H 面的距离 $Aa = a'a_x$，空间点 A 到 V 面的距离 $Aa' = aa_x$。同理可得，空间点 A 到 W 面的距离 $Aa'' = aa_y$，在投影面展开后，a_y 被分为 a_{yH} 和 a_{yW} 两部分，所以有 $aa_{yH} \perp OY_H$，$a''a_{yW} \perp OY_W$。

综上所述，点的三面投影规律是：

（1）点的投影连线垂直于相应的投影轴。

1）$a'a \perp OX$，即点的 V 面和 H 面投影连线垂直于 X 轴；

2）$a'a'' \perp OZ$，即点的 V 面和 W 面投影连线垂直于 Z 轴；

3）$aa_{yH} \perp OY_H$，$a''a_{yW} \perp OY_W$。

（2）点的投影到投影轴的距离，反映空间点到相应投影面的距离。

1）$aa_x = a''a_z = Aa'$（点 A 到 V 面的距离）；

2）$a'a_x = a''a_{yW} = Aa$（点 A 到 H 面的距离）；

3）$a'a_z = aa_{yH} = Aa''$（点 A 到 W 面的距离）。

实际上，上述点的投影规律为形体的投影规律"长对正、高平齐、宽相等"提供了理论依据。

作图时，为了保证 $aa_x = a''a_z$，常用过原点 O 的 45°辅助线或 1/4 圆弧把点的 H 面与 W 面投影联系起来，如图 2-12（c）所示。

【例 2-1】　如图 2-13（a）所示，已知点 A 的正面投影 a' 和侧面投影 a''，求作该点的水平投影 a。

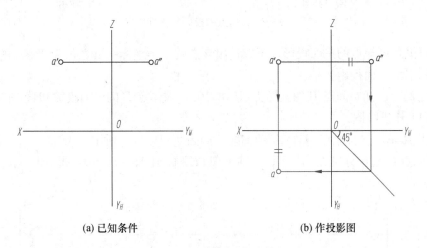

(a) 已知条件　　　　　　　　(b) 作投影图

图 2-13　求点的第三投影

解　由点的投影规律可知，$a'a \perp OX$，过 a' 作 OX 轴的垂线，所求 a 必在该垂线上，再由 $aa_x = a''a_z$ 确定 a 的位置。

作图步骤如下：

（1）自点 O 作 45°辅助线。

（2）自 a' 向下作 OX 轴的垂线，自 a'' 向下作 OY_W 轴的垂线与 45°辅助线交于一点，再过

该点向左引 OY_H 轴的垂线，与过 a' 的竖直线相交于一点，该点即为点 A 的水平投影 a，如图 2 - 13（b）所示。

2.2.2　点的投影与坐标

1. 投影与坐标

空间点的位置除了用投影表示外，还可以用坐标表示。如图 2 - 14 所示，互相垂直的三个投影轴构成一个空间直角坐标系，空间点 A 的位置就可以用坐标值 $A(x,y,z)$ 表示。点的投影与坐标的关系如下：

（1）空间点 A 到 W 面的距离 $Aa'' = Oa_x = a'a_z = aa_y = x$ 坐标。

（2）空间点 A 到 V 面的距离 $Aa' = Oa_y = a a_x = a''a_z = y$ 坐标。

（3）空间点 A 到 H 面的距离 $Aa = Oa_z = a' a_x = a''a_y = z$ 坐标。

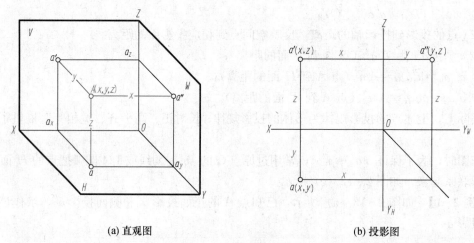

(a) 直观图　　　　　　　　　　　　　(b) 投影图

图 2 - 14　点的投影与坐标

由此可见，已知点的三面投影，可以量出该点的三个坐标；反之，若已知点的坐标，也可以作出该点的三面投影。

【例 2 - 2】　已知空间点 B 的坐标为 $(15,8,10)$，求作点 B 的三面投影和直观图。

解　（1）作投影图：

1）画投影轴，并自原点 O 作 $45°$ 辅助线，如图 2 - 15（a）所示；

2）自原点 O 起，分别在 X、Y、Z 轴上量取坐标值 15、8、10，得 b_x、b_{yH}、b_{yW}、b_z，如图 2 - 15（b）所示；

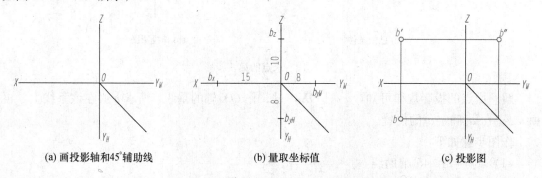

(a) 画投影轴和45°辅助线　　　　　(b) 量取坐标值　　　　　(c) 投影图

图 2 - 15　已知点的坐标作其三面投影

3）过 b_x、b_{yH}、b_{yW}、b_z 分别作 X、Y、Z 轴的垂线，两两相交得交点 b、b'、b''，即得点 B 的三个投影，如图 2-15（c）所示。

（2）作直观图：作图步骤如图 2-16 所示。

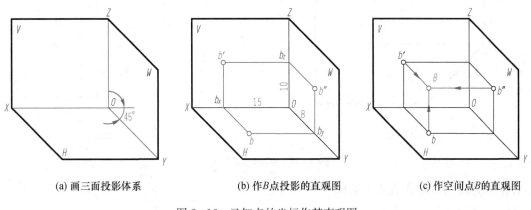

| (a) 画三面投影体系 | (b) 作 B 点投影的直观图 | (c) 作空间点 B 的直观图 |

图 2-16　已知点的坐标作其直观图

2. 特殊位置点

当点的三个坐标都不是零时，这样的点称为空间点。当坐标值中出现零值时，称这些点为特殊位置点。常见的特殊位置点有：

（1）投影面上的点。投影面上的点必有一个坐标为零，在该投影面上的投影与该点重合，另两个投影分别在相应的投影轴上，如图 2-17 中 H 面上的点 A、V 面上的点 B、W 面上的点 C。

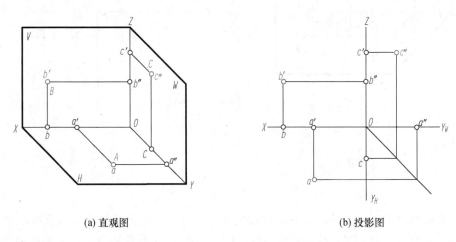

| (a) 直观图 | (b) 投影图 |

图 2-17　投影面上的点

（2）投影轴上的点。投影轴上的点必有两个坐标为零，在包含该轴的两个投影面上的投影都与该点重合，另一投影与原点 O 重合，如图 2-18 中 X 轴上的点 D、Y 轴上的点 E、Z 轴上的点 F。

2.2.3　两点的相对位置与重影点

1. 两点的相对位置

空间两点的相对位置，是以其中某一点为基准，来判断另一点在该点的前或后、左或右、上或下的位置关系。这可根据两点的坐标关系来确定：x 坐标大者在左，小者在右；y 坐标大者在前，小者在后；z 坐标大者在上，小者在下。由图 2-19 即可看出 A、B 两点的

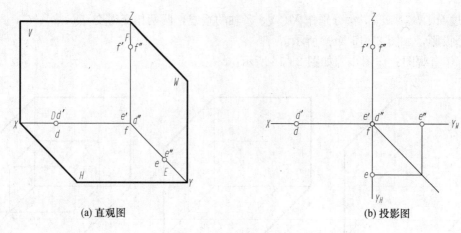

(a) 直观图   (b) 投影图

图 2-18   投影轴上的点

相对位置关系，即点 A 在点 B 的左方、前方、下方。

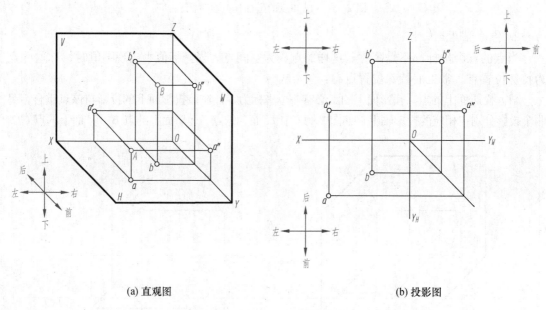

(a) 直观图   (b) 投影图

图 2-19   两点的相对位置

    在判断相对位置时，上下、左右的位置关系比较直观，而前后位置关系较难以想象。根据投影图形成原理，对 H 面投影和 W 面投影而言，离 V 面远者是前，离 V 面近者是后。

    【例 2-3】 已知三棱柱的轴测图及投影图，如图 2-20（a）所示，试在投影图上标出 A、B 两点的三面投影，并判断 A、B 两点的相对位置。

    解   根据已给出三棱柱的轴测图可判断，点 A 在三棱柱最左侧棱的上方，点 B 在三棱柱最前侧棱的下方，根据"三等关系"和点的投影规律，可在投影图上找到 A、B 两点的投影。

    作图：先作出 A、B 两点的三面投影。在三棱柱水平投影——三角形的最左角点标记为 a，最前角点标记为 b。再根据两点的空间位置以及投影规律，在三棱柱正面投影的相应位置标记出 a'、b'；同理，找到两点的侧面投影 a''、b''，结果如图 2-20（b）所示。从投影图可以判断出 B 点在 A 点的左方、前方和下方。

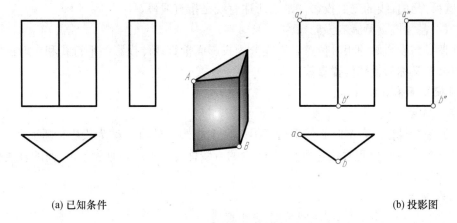

(a) 已知条件　　　　　　　　　　　　　　　　　　　　(b) 投影图

图 2-20　两点的三面投影及比较两点的相对位置

2. 重影点

当空间两点位于某一投影面的同一条投射线上时，这两个点在该投影面上的投影重合，重合的两点称为对该投影面的重影点。如图 2-21 所示，A、B 两点位于同一条对 H 面的投射线上，它们在 H 面上的投影重合为一点 a（b），故将 A、B 两点称为对 H 面的重影点。同理，A、C 两点称为对 V 面的重影点，A、D 两点称为对 W 面的重影点。

为区分重影点重合投影的可见性，将点的不可见投影加括号表示，可根据上遮下、前遮后、左遮右的原则来判断 H、V、W 面上重影点的可见性。

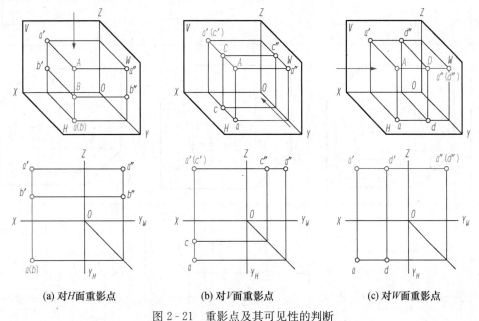

(a) 对 H 面重影点　　　　　　(b) 对 V 面重影点　　　　　　(c) 对 W 面重影点

图 2-21　重影点及其可见性的判断

2.3　直线的投影

直线的投影一般仍为直线。由几何学可知，空间两点确定一条直线。因此，要作直线的投影，只需作出直线段上任意两点的投影，再用直线连接两点的同面投影（同一投影面上的投影），就可得到直线的三面投影。本书所述直线是指直线段。

2.3.1　各种位置直线的投影特性

根据直线与投影面的相对位置，直线分为投影面垂直线、投影面平行线和一般位置直线三类，前两者又称为特殊位置直线。

（一）投影面垂直线

1. 空间位置

垂直于一个投影面，同时必然平行于另外两个投影面的直线称为投影面垂直线。其中，垂直于 V 面的直线称为正垂线，垂直于 H 面的直线称为铅垂线，垂直于 W 面的直线称为侧垂线，如表 2-1 所示。

2. 投影特性

（1）垂直线在所垂直的投影面上的投影积聚成一点。

（2）在另外两个投影面上的投影分别垂直于相应的投影轴，反映实长。

表 2-1　　　　　　　　　　　投影面垂直线的投影特性

名称	正垂线（⊥V 面）	铅垂线（⊥H 面）	侧垂线（⊥W 面）
实例	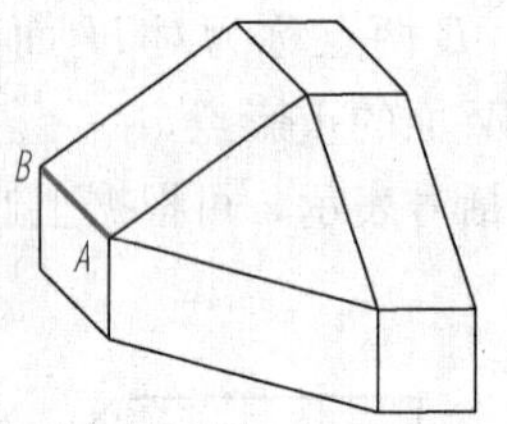	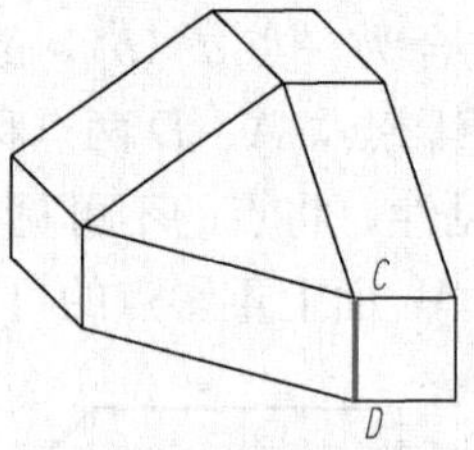	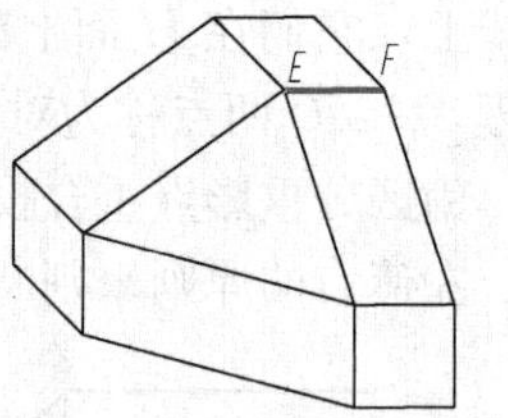
直观图	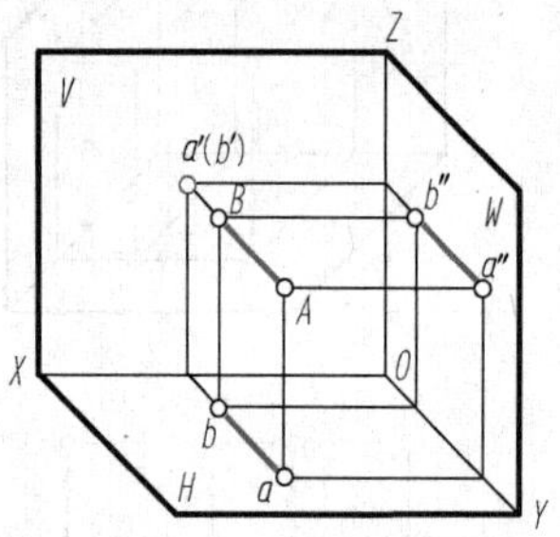	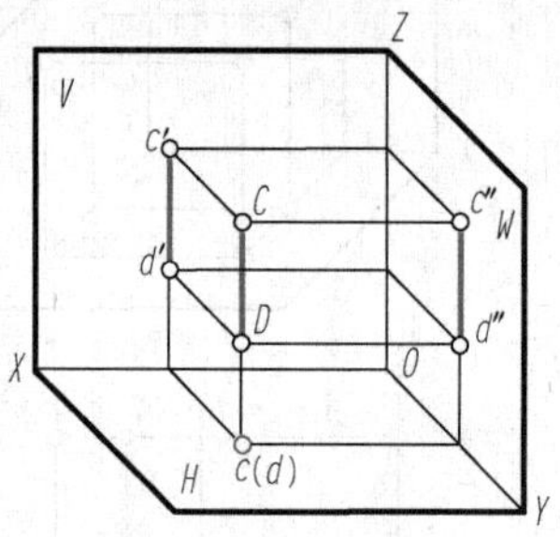	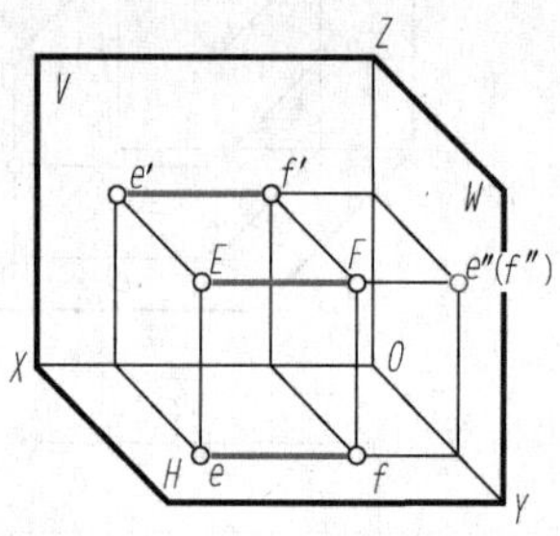
投影图	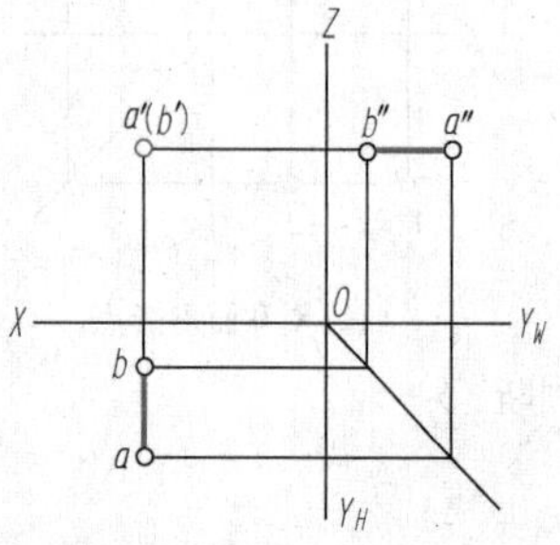	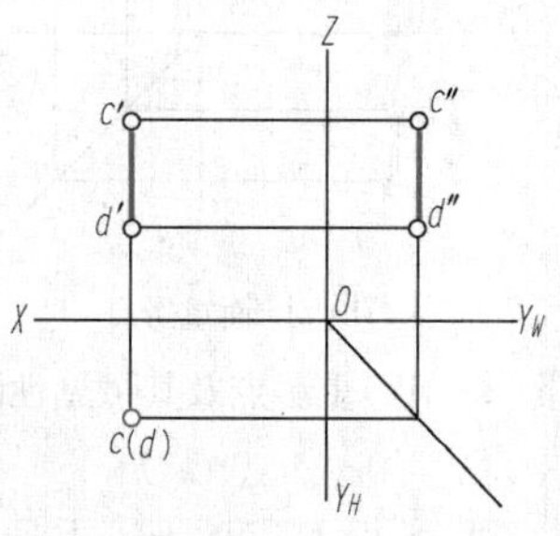	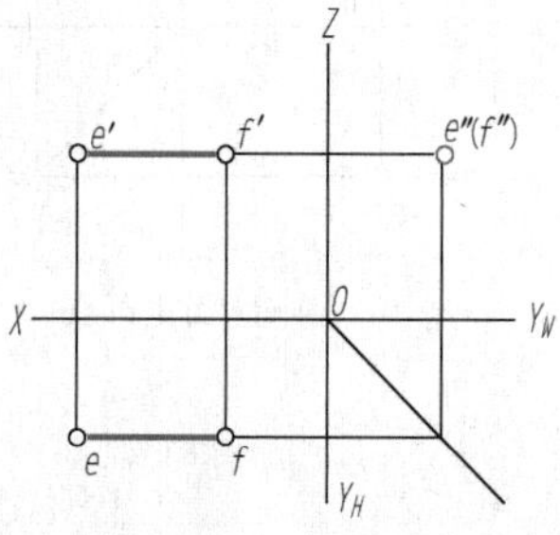
投影特性	（1）$a'b'$ 积聚为一点。 （2）$ab \perp OX$，$a''b'' \perp OZ$。 （3）$ab = a''b'' = AB$	（1）cd 积聚为一点。 （2）$c'd' \perp OX$，$c''d'' \perp OY_W$。 （3）$c'd' = c''d'' = CD$	（1）$e''f''$ 积聚为一点。 （2）$ef \perp OY_H$，$e'f' \perp OZ$。 （3）$ef = e'f' = EF$

3. 读图

一直线只要有一个投影积聚为一点，它必然是一条投影面垂直线，垂直于积聚投影所在的投影面。如表 2-1 中，直线 AB 的 V 面投影积聚为一点 $a'(b')$，所以 AB 是垂直于 V 面的正垂线。

（二）投影面平行线

1. 空间位置

平行于一个投影面、倾斜于另外两个投影面的直线称为投影面平行线。其中，平行于 V 面的直线称为正平线，平行于 H 面的直线称为水平线，平行于 W 面的直线称侧平线，如表 2-2 所示。

表 2-2　　　　　　　　　　　　投影面平行线的投影特性

名称	正平线（$//V$面）	水平线（$//H$面）	侧平线（$//W$面）
实例	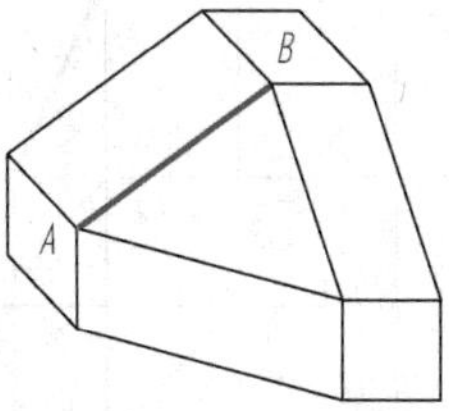	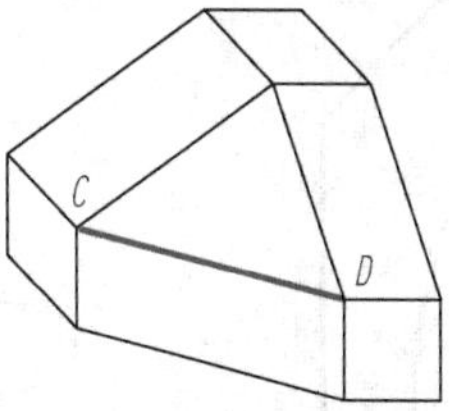	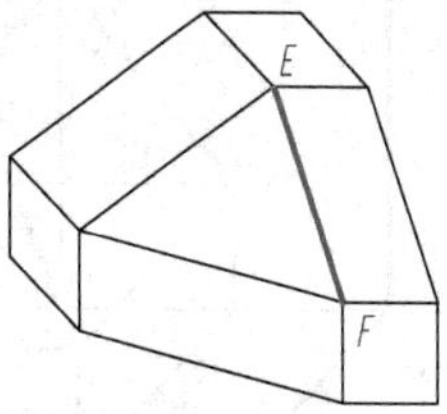
直观图	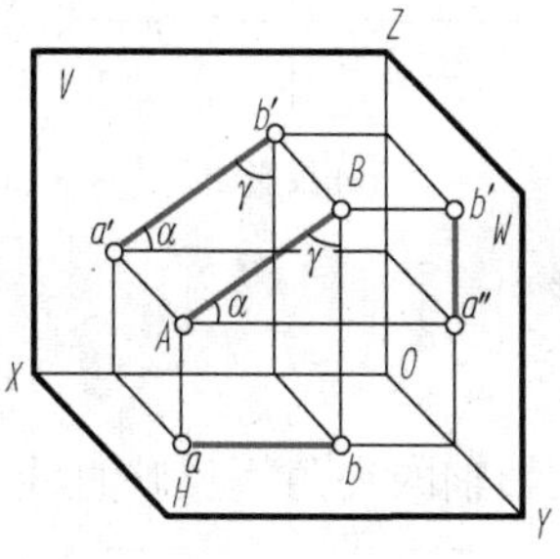	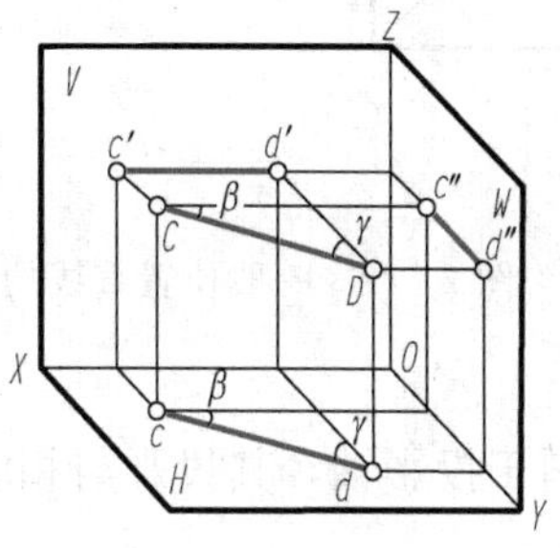	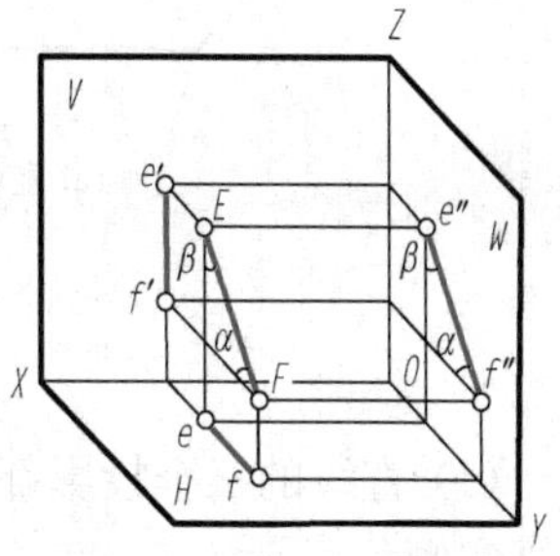
投影图	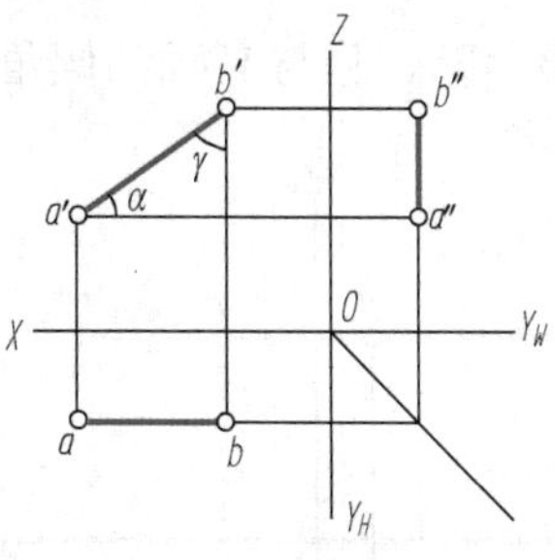	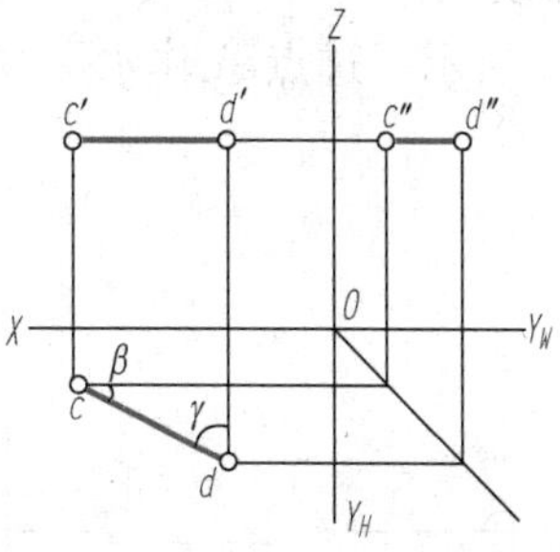	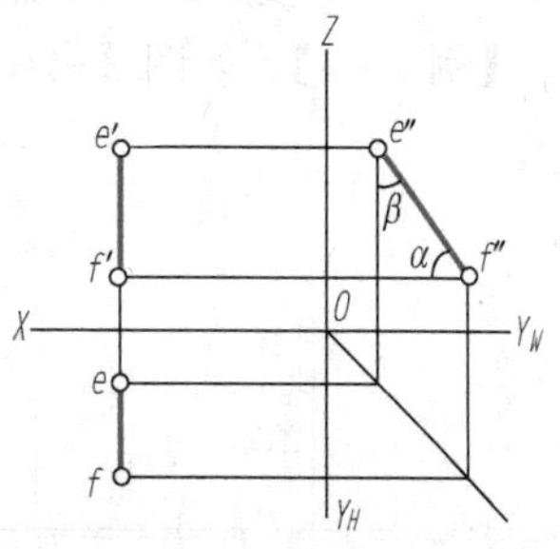
投影特性	(1) $a'b'=AB$，且反映 α、γ 角。 (2) $ab//OX$，$a''b''//OZ$	(1) $cd=CD$，且反映 β、γ 角。 (2) $c'd'//OX$，$c''d''//OY_W$	(1) $e''f''=EF$，且反映 α、β 角。 (2) $ef//OY_H$，$e'f'//OZ$

2. 投影特性

（1）平行线在所平行的投影面上的投影反映实长，及其与另外两个投影面的真实倾角。

（2）在另外两个投影面上的投影分别平行于相应的投影轴，长度缩短。

3. 读图

一直线如果有一个投影平行于投影轴而另有一个投影倾斜，那么它必然是一条投影面平行线，平行于倾斜投影所在的投影面。如表 2-2 中，直线 AB 的水平投影 $ab /\!/ OX$，$a'b'$ 倾斜于 OX 轴和 OZ 轴，所以 AB 是平行于 V 面的正平线。

（三）一般位置直线

1. 空间位置

对三个投影面都倾斜的直线称为一般位置直线，简称一般线。直线与其投影之间的夹角称为直线对该投影面的倾角，它与 H、V、W 面的倾角分别用 α、β、γ 表示，如图 2-22（a）所示。

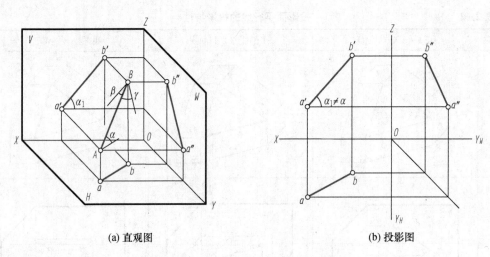

(a) 直观图   (b) 投影图

图 2-22　一般位置直线的投影

2. 投影特性

（1）直线的三个投影都倾斜于投影轴，其投影与相应投影轴的夹角不反映直线与投影面的真实倾角。

（2）三个投影的长度都小于实长。

【例 2-4】　如图 2-23（a）所示，过点 A 作水平线 $AB=25$，且与 V 面的倾角 $\beta=30°$。

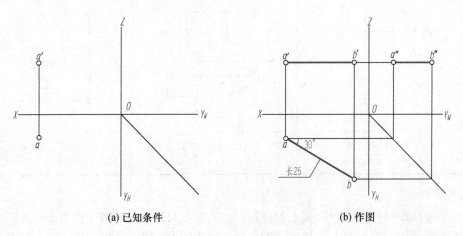

(a) 已知条件   (b) 作图

图 2-23　求作水平线

解　作图步骤如下：

（1）根据点的投影规律，先求得点 A 的 W 面投影 a''。由投影面平行线的投影特性可知，水平线的 H 面投影 ab 与 OX 轴的夹角为 β，且反映实长，也就是 $ab=AB$。过点 a 作与 OX 轴的夹角 $\beta=30°$ 的直线，并在直线上量取 $ab=25$，即可求得 b。

（2）根据水平线的投影特性可知，水平线的 V、W 面投影分别平行于 OX 轴和 OY_W 轴，分别过 a' 和 a'' 作 $a'b'$ // OX、$a''b''$ // OY_W，求得 b'、b''；再用直线连接，即求得水平线 AB 的三面投影。

2.3.2　求一般位置直线的实长和倾角

特殊位置直线能在三面投影图中直接反映直线的实长及其对投影面的倾角，而一般位置直线对各投影面倾斜，三个投影均不能直接反映直线的实长和倾角。当需要根据投影图求其实长和倾角时，可用图解的方法求得。常用的图解方法是直角三角形法。

图 2-24（a）所示为直角三角形法的作图原理：AB 为一般位置直线，在投射线 Aa、Bb 所构成的平面内，过 A 作 AB_0 // ab，得一直角三角形 AB_0B，其中一直角边 $AB_0=ab$（水平投影长），另一直角边 $BB_0=Bb-Aa=Z_B-Z_A=\Delta Z$（两端点 A、B 到 H 面的距离——Z 坐标之差），斜边 AB 就是直线的实长，AB 与直角边 AB_0 的夹角就是直线 AB 与 H 面的倾角 α。因而只要作出直角三角形 AB_0B 的全等图形，就可以求得 AB 的实长和倾角 α。

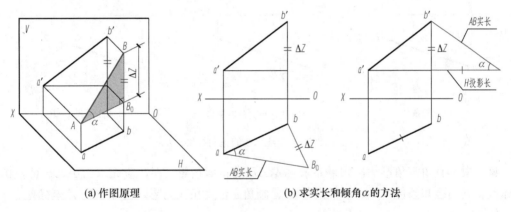

(a) 作图原理　　　　　　(b) 求实长和倾角 α 的方法

图 2-24　求一般位置直线的实长和倾角 α

直角三角形可以画在图纸的任何地方，但为作图方便，可以将直角三角形画在水平投影或正面投影的位置，作图方法如图 2-24（b）所示。

用同样的作图原理和方法，也可求出 AB 的实长及其与 V 面的倾角 β，如图 2-25 所示，不再赘述。

直角三角形法的作图要领可归结为：

（1）以直线一个投影的长度作为一条直角边。

（2）以直线两端点到该投影面的坐标差作为另一条直角边。

（3）所作直角三角形的斜边即为直线的实长。

（4）斜边与投影的夹角即为直线相对于该投影面的倾角。

【例 2-5】　如图 2-26（a）所示，已知直线 AB 的水平投影 ab 和 A 点的正面投影 a'，

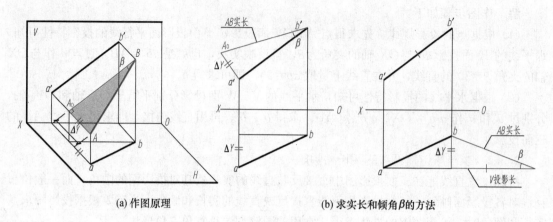

(a) 作图原理   (b) 求实长和倾角β的方法

图 2 - 25 求一般位置直线的实长和倾角 β

AB 对 H 面的倾角 $\alpha=30°$，试完成 AB 的正面投影 $a'b'$。

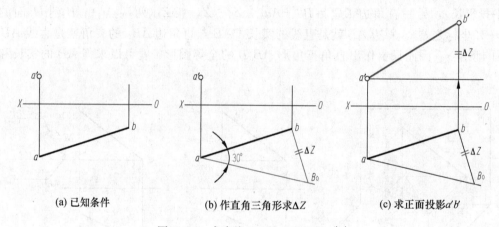

(a) 已知条件   (b) 作直角三角形求ΔZ   (c) 求正面投影a'b'

图 2 - 26 求直线 AB 的正面投影 $a'b'$

解 根据直角三角形法，如果要求直线 AB 的正面投影 $a'b'$，应先求出 A、B 两点的 Z 坐标差。利用已知条件 AB 的水平投影 ab、倾角 α 作直角三角形，可以求得 Z 坐标差。

作图：

（1）如图 2 - 26（b）所示，以水平投影 ab 为直角边，过 a 作相对 ab 的 30°斜线，此斜线与过 b 点的垂线交于 B_0 点，bB_0 即为另一直角边——Z 坐标差 ΔZ。

（2）过 b 作 OX 轴的垂线，再过 a' 作 OX 轴的平行线，过两线的交点向上截取 Z 坐标差值 ΔZ，即可确定 b'。本题有两解，请思考。

2.3.3 直线上的点

（一）直线上的点

直线上的点，具有下列投影特性：

（1）从属性：点在直线上，则点的投影必在直线的同面投影上。

（2）定比性：点分线段之比等于其投影之比。

如图 2 - 27 所示，C 点在直线 AB 上，则 c、c'、c'' 分别在 ab、$a'b'$、$a''b''$ 上，且 $AC:CB=ac:cb=a'c':c'b'=a''c'':c''b''$。

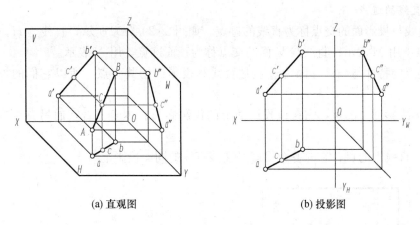

(a) 直观图　　　　　　　　　　(b) 投影图

图 2 - 27　直线上的点

【例 2 - 6】　如图 2 - 28（a）所示，已知侧平线 CD 及点 M 的 V、H 面投影，试判断 M 点是否在侧平线 CD 上。

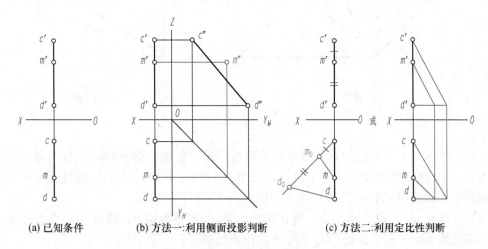

(a) 已知条件　　(b) 方法一:利用侧面投影判断　　(c) 方法二:利用定比性判断

图 2 - 28　判定点是否在直线上

解　判断点是否在直线上，根据直线上点的投影特性，一般只需观察两面投影即可。但对于投影面平行线，需要画出其所平行的投影面上的投影，或用定比关系来判断。

作图：

方法一：利用侧面投影来判断，如图 2 - 28（b）所示。

（1）先画出直线 CD 及点 M 的侧面投影 $c''d''$、m''。

（2）由点和直线的侧面投影可以看出，m'' 不在 $c''d''$ 上，因此可判断出 M 点不在直线 CD 上。

方法二：利用定比性来判断，如图 2 - 28（c）所示。

（1）过 c 作辅助线，在其上截取 $cd_0 = c'd'$、$cm_0 = c'm'$。

（2）分别连 d、d_0 两点和 m、m_0 两点。

（3）因 mm_0 不平行于 dd_0，说明 $cm : md \neq cm_0 : m_0 d_0$；同理也可按照右图的方法进行判断，都可以判断出 M 点不在直线 CD 上。

（二）直线的迹点

（1）直线与投影面的交点称为直线的迹点。如图 2-29（a）所示，直线与 H 面的交点称为水平迹点，用 M 表示；直线与 V 面的交点称为正面迹点，用 N 表示。

（2）迹点的特性与画法。因为迹点是直线和投影面的共有点，所以它们的投影有以下特性：

1）作为投影面上的点，它在该投影面上的投影必与它本身重合，而另一投影必在投影轴上。

2）作为直线上的点，它的各个投影必在该直线的同面投影上。

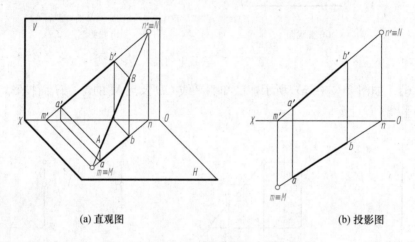

(a) 直观图　　　　　　　　　(b) 投影图

图 2-29　直线的迹点

在图 2-29（b）中，已知直线 AB 的正面投影 $a'b'$ 和水平投影 ab，求作其迹点的方法是：延长 $a'b'$ 与 OX 轴相交，得水平迹点 M 的正面投影 m'；自 m' 引 OX 轴的垂线与 ab 的延长线相交于 m，即得水平迹点 M 的水平投影 m。

同理，延长 ab 与 OX 轴相交，得正面迹点 N 的水平投影 n；自 n 引 OX 轴的垂线与 $a'b'$ 的延长线相交于 n'，即得正面迹点 N 的正面投影 n'。

2.3.4　两直线的相对位置

空间两条直线的相对位置有平行、相交和交叉（异面）三种情况。在后两种位置中，还有一种特殊情况——垂直相交和垂直交叉。

如图 2-30 所示形体，其边线 AB 与 CD 平行，AB 与 AC 垂直相交，CD 与 AE 垂直交叉。下面分别讨论几种情况的投影特性。

（一）两直线平行

若空间两直线相互平行，则它们的三组同面投影必定相互平行，且同面投影长度之比等于它们的实长之比；反之，若两直线的三组同面投影分别相互平行，则空间两直线必定相互平行。

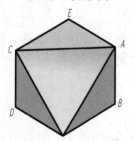

图 2-30　形体表面的线

对于两条一般位置直线，只要任意两组同面投影相互平行，即可判定它们在空间也相互平行，如图 2-31 所示。但当两条直线均为某投影面平行线时，则需根据两直线所平行的投影面的投影或用定比性判断，如图 2-32 所示。

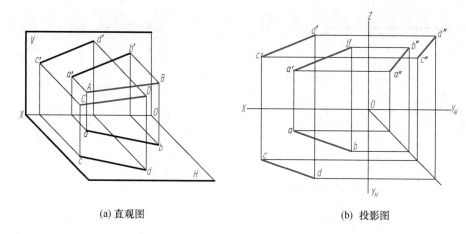

(a) 直观图　　　　　　　　　　　　　　　(b) 投影图

图 2 - 31　两直线平行

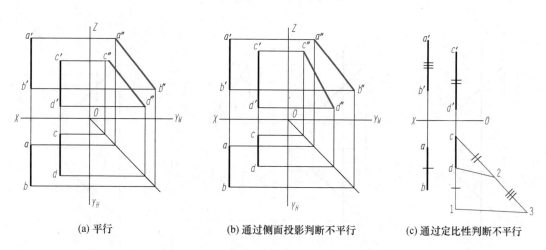

(a) 平行　　　　　(b) 通过侧面投影判断不平行　　　　　(c) 通过定比性判断不平行

图 2 - 32　判断两投影面平行线是否平行

（二）两直线相交

若空间两直线相交，则它们的同面投影必相交，且交点符合点的投影规律；反之，当两直线的各面投影均相交，其交点的投影符合点的投影规律时，则空间两直线必定相交。

如图 2 - 33 所示，直线 AB、CD 相交于点 K。K 点是两直线的共有点，其投影 ab 与 cd、a'b' 与 c'd'、a"b" 与 c"d" 分别相交于 k、k'、k"，且 kk'⊥OX 轴、k'k"⊥OZ 轴，即符合点的投影规律，也满足直线上点的投影特性。

对于两条一般位置直线，只要根据其任意两组同面投影即可判定。但当两直线之一为投影面平行线时，则需根据直线所平行的那个投影面上的投影或用定比性判断，如图 2 - 34 所示。

如图 2 - 34 （a）所示，侧平线 AB 和一般线 CD 的水平投影、正面投影均相交，但不能确定它们在空间一定相交。这时可以利用其侧面投影，如图 2 - 34 （b）所示，检查其交点是否符合点的投影规律来判定。由于正面投影 a'b' 和 c'd' 的交点与侧面投影 a"b" 和 c"d" 的交点的连线不垂直于 OZ 轴，因此 AB 与 CD 不相交。

此题也可以利用定比关系来判别两直线是否相交。图 2 - 34 （c）中，通过作图检验出 ak∶kb≠a'k'∶k'b'，说明 K 点不是直线 AB 上的点，也就是说 K 点不是两直线的交点，所

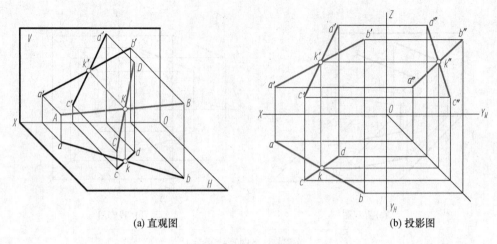

(a) 直观图　　　　　　　　　　　(b) 投影图

图 2-33　两直线相交

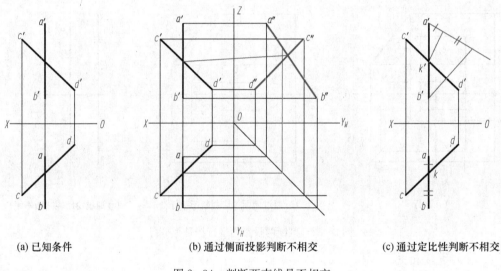

(a) 已知条件　　　(b) 通过侧面投影判断不相交　　　(c) 通过定比性判断不相交

图 2-34　判断两直线是否相交

以 AB 与 CD 不相交。

（三）两直线交叉

空间两直线既不平行也不相交称为交叉，它们的投影既不符合平行两直线的投影特性，也不符合相交两直线的投影特性。交叉两直线的同面投影可能表现为互相平行，但不可能所有同面投影都平行，至少有一对相交，如图 2-32（b）所示；它们的同面投影可能表现为相交，但其交点的连线不垂直于投影轴，如图 2-34（b）和图 2-35 所示。

交叉两直线同面投影的交点是两直线对该投影面重影点的投影，对重影点有时需要判别可见性。重影点的可见性可根据重影点的其他投影，按照前遮后、左遮右、上遮下的原则来判断。如图 2-35 所示，从 AB 与 CD 的 H 面投影 ab、cd 的交点向 V 面投影引投影连线，分别与 $a'b'$、$c'd$ 交于 $1'$、$2'$ 点，也就说明直线 AB 上的 Ⅰ 点与 CD 上的 Ⅱ 点为对 H 面的重影点，Ⅰ 点在上，Ⅱ 点在下，所以 1 可见，2 不可见。同理，直线 CD 上的 Ⅳ 点与 AB 上的 Ⅲ 点为对 V 面的重影点，Ⅳ 点在前，Ⅲ 点在后，所以 $4'$ 可见，$3'$ 不可见。

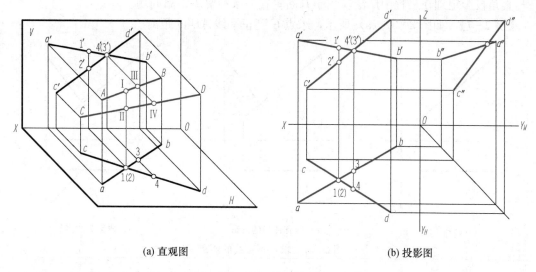

(a) 直观图   (b) 投影图

图 2 - 35 两直线交叉

（四）两直线垂直

垂直两直线的投影一般不垂直。当垂直两直线中至少有一条直线平行于某投影面时，两直线在该投影面上的投影必定垂直。这种投影特性称为直角投影定理。反之，若两直线的某投影相互垂直，且其中一条直线平行于该投影面（即为该投影面的平行线），则两直线在空间必定相互垂直。

图 2-36 （a）中，直线 AB 与 BC 垂直相交，其中直线 AB 平行于 H 面，为水平线，另一条直线 BC 为一般位置直线，可证明其 H 面投影 $ab \perp bc$。

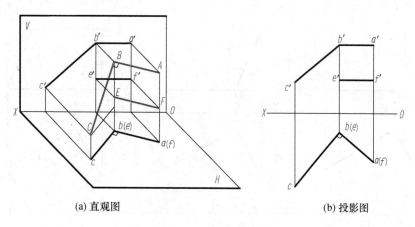

(a) 直观图   (b) 投影图

图 2 - 36 两直线垂直

因为 $AB \perp BC$，$AB \perp Bb$，故 $AB \perp$ 平面 $BbcC$；又由于 $ab // AB$，所以 $ab \perp$ 平面 $BbcC$，由此得 $ab \perp bc$。

反之，如图 2 - 36 （b）所示，若已知 $ab \perp bc$，直线 AB 为水平线，则在空间有 $AB \perp BC$。上述直角投影定理不仅适用于垂直相交两直线，如 AB 与 BC；也适用于垂直交叉两直线，如 EF 与 BC（其中 $EF // AB$）。

直角投影定理在工程中广泛应用于判断垂直关系和解决距离问题。

【例 2 - 7】 如图 2 - 37（a）所示，求点 C 到正平线 AB 的距离。

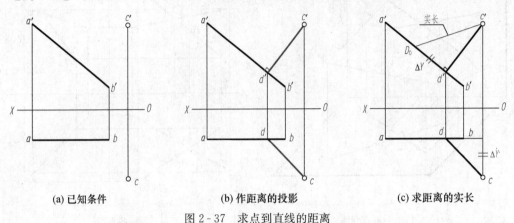

(a) 已知条件　　　　　(b) 作距离的投影　　　　　(c) 求距离的实长

图 2 - 37　求点到直线的距离

解　求点到直线的距离，即从点向直线作垂线，并求出垂线的实长。因 AB 是正平线，根据直角投影定理，从点 C 向 AB 所作的垂线，其正面投影必相互垂直。

作图：

（1）过点 c' 作 $a'b'$ 的垂线得垂足投影 d'。

（2）根据点 D 在直线 AB 上，由 d' 作 OX 轴的垂线交 ab 于 d 点，连 cd、$c'd'$ 即为距离的两面投影。

（3）利用直角三角形法求出 CD 的实长，即为所求。

【例 2 - 8】 如图 2 - 38（a）所示，已知正方形 ABCD 的不完全投影，BC 为水平线，补全该正方形的两面投影。

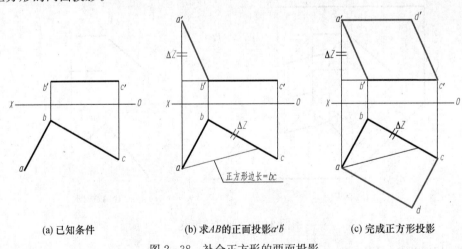

(a) 已知条件　　　　　(b) 求AB的正面投影 $a'b$　　　　　(c) 完成正方形投影

图 2 - 38　补全正方形的两面投影

解　正方形边长相等，对边平行，邻边垂直。BC 为水平线，其水平投影 bc 反映正方形边长的实长，又已知 AB 边的水平投影 ab，故可利用直角三角形法求出 A、B 两点 ΔZ 之差，从而求出其 V 面投影 $a'b'$，再根据平行关系、垂直关系完成其投影。

作图：

（1）利用直角三角形法，求出 A、B 两点到 H 面的距离之差 Δz。

（2）根据 ΔZ 返回求出 AB 的 V 面投影 $a'b'$。

（3）根据平行关系和垂直关系，完成正方形 $ABCD$ 的投影，结果如图 2 - 38（c）所示。

2.4　平面的投影

2.4.1　平面的表示方法

1. 用几何元素表示平面

平面是广阔无边的，由初等几何学可知，平面的空间位置可用下列五种形式确定：

（1）不在同一直线上的三点。

（2）一直线和该直线外一点。

（3）相交两直线。

（4）平行两直线。

（5）任意平面图形（如三角形、平行四边形、圆等）。

图 2 - 39 所示为平面投影图，以上五种形式可以相互转化。为了确定平面的空间位置，同时表示平面的形状和大小，一般常用平面图形来表示平面。

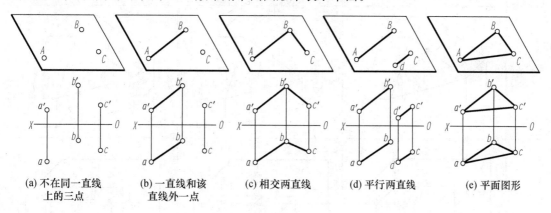

| (a) 不在同一直线
上的三点 | (b) 一直线和该
直线外一点 | (c) 相交两直线 | (d) 平行两直线 | (e) 平面图形 |

图 2 - 39　用几何元素表示平面

2. 用迹线表示平面

平面与投影面的交线称为平面的迹线。如图 2 - 40（a）所示，平面 P 与 V 面的交线称为正面迹线，用 P_V 表示；平面 P 与 H 面的交线称为水平迹线，用 P_H 表示；平面 P 与 W 面的交线称为侧面迹线，用 P_W 表示。常用迹线表示特殊位置平面，如图 2 - 40（b）所示。

2.4.2　各种位置平面的投影特性

根据平面与投影面的相对位置，可将平面分为投影面平行面、投影面垂直面和一般位置平面三类，其中前两者又称为特殊位置平面。

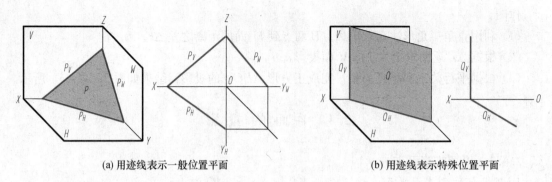

(a) 用迹线表示一般位置平面　　　　　(b) 用迹线表示特殊位置平面

图 2-40　用迹线表示平面

（一）投影面平行面

1. 空间位置

平行于一个投影面，同时必然垂直于另外两个投影面的平面称为投影面平行面。其中，平行于 V 面的平面称为正平面，平行于 H 面的平面称为水平面，平行于 W 面的平面称为侧平面，如表 2-3 所示。

表 2-3　　　　　　　　　　　　　　　　投影面平行面的投影特性

名称	正平面（$//V$ 面）	水平面（$//H$ 面）	侧平面（$//W$ 面）
实例			
直观图			
投影图			

续表

名称	正平面（//V面）	水平面（//H面）	侧平面（//W面）
投影特性	（1）V面投影反映实形。 （2）H面投影、W面投影均积聚成直线，分别平行于OX、OZ轴	（1）H面投影反映实形。 （2）V面投影、W面投影均积聚成直线，分别平行于OX、OY_W轴	（1）W面投影反映实形。 （2）H面投影、V面投影均积聚成直线，分别平行于OY_H、OZ轴

2. 投影特性

（1）平行面在所平行的投影面上的投影反映实形。

（2）在另外两个投影面上的投影均积聚成直线，且分别平行于相应的投影轴。

3. 读图

一平面只要有一个投影积聚为一条平行于投影轴的直线，该平面必然是投影面的平行面，平行于非积聚投影所在的投影面。如表2-3中，平面P的H面投影//OX轴，或W面投影//OZ轴，所以平面P必然是平行于V面的正平面。

（二）投影面垂直面

1. 空间位置

垂直于一个投影面、倾斜于另外两个投影面的平面称为投影面垂直面。其中，垂直于V面的平面称为正垂面，垂直于H面的平面称为铅垂面，垂直于W面的平面称侧垂面，如表2-4所示。

2. 投影特性

（1）垂直面在所垂直的投影面上的投影积聚成一倾斜于投影轴的直线，该直线与投影轴的夹角反映平面对投影面的真实倾角。

（2）在另外两个投影面上的投影均为面积缩小的原平面图形的类似形。

3. 读图

一平面只要有一个投影积聚为一倾斜线，该平面必然是投影面的垂直面，垂直于积聚投影所在的投影面。如表2-4中，平面P的正面投影p'积聚为一倾斜于OX轴和OZ轴的直线，所以平面P必然是垂直于V面的正垂面。

表2-4　　　　　　　　　　投影面垂直面的投影特性

名称	正垂面（⊥V面）	铅垂面（⊥H面）	侧垂面（⊥W面）
实例			

名称	正垂面（⊥V面）	铅垂面（⊥H面）	侧垂面（⊥W面）
直观图			
投影图			
投影特性	(1) V 面投影有积聚性，且反映 α、γ 角。 (2) H 面、W 面投影为类似图形	(1) H 面投影有积聚性，且反映 β、γ 角。 (2) V 面、W 面投影为类似图形	(1) W 面投影有积聚性，且反映 α、β 角。 (2) H 面、V 面投影为类似图形

（三）一般位置平面

1. 空间位置

对三个投影面都倾斜的平面称为一般位置平面，简称一般面，如图 2 - 41 所示。平面与投影面倾斜的角度称为平面对该投影面的倾角，它与 H、V、W 面的倾角分别用 α、β、γ 表示。

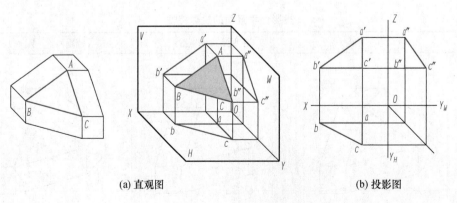

(a) 直观图　　　　　　　　　　(b) 投影图

图 2 - 41　一般位置平面的投影

2. 投影特性

（1）一般位置平面的三个投影都不反映实形，均为面积缩小的原平面图形的类似形。

（2）三个投影都不反映该平面与投影面的真实倾角。

3. 读图

如果一平面的三个投影都是平面图形，那么该平面必然是一般面。

以上是用几何元素表示的各种位置平面，实际作图时，也会用到用迹线表示的特殊位置平面，如图 2-42 所示。

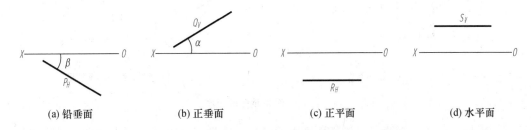

（a）铅垂面　　　　（b）正垂面　　　　（c）正平面　　　　（d）水平面

图 2-42　用迹线表示的特殊位置平面

【例 2-9】　在图 2-43（b）中标明图 2-43（a）所示 P、Q、R 平面的投影，并说明其空间位置。

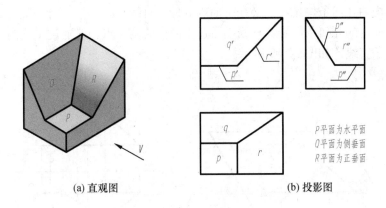

（a）直观图　　　　　　　　（b）投影图

图 2-43　平面的标记及空间位置判断

解　（1）将直观图与投影图对照，弄清物体的空间位置及正面投影方向，如图 2-43（a）中箭头所示。

（2）逐个标记 P、Q、R 平面的三面投影，如图 2-43（b）所示。

（3）P 平面的 H 面投影反映实形，其 V、W 面投影积聚为一平直线，故 P 平面为水平面；Q 平面的 W 面投影积聚为一斜直线，其余两个投影为类似形，故 Q 平面为侧垂面；R 平面的 V 面投影积聚为一斜直线，其余两个投影为类似形，故 R 平面为正垂面。

【例 2-10】　如图 2-44 所示，平面图形 P 为正垂面，已知其水平投影 p 及其上 Ⅰ 点的 V 面投影 $1'$，且与 H 面的倾角 $\alpha=30°$，试完成该平面的 V 面和 W 面投影。

解　（1）因 P 平面为正垂面，故其 V 面投影积聚成一倾斜直线，此倾斜直线与 OX 轴的夹角即为 α 角。过 $1'$ 作与 OX 轴成 30° 角的斜线，并根据 H 面投影确定其积聚投影长度。

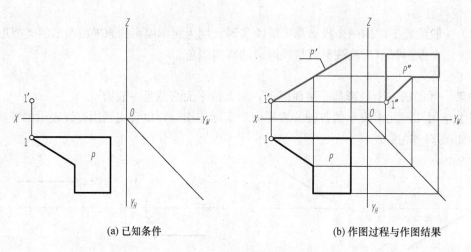

(a) 已知条件　　　　　　　　　　　　(b) 作图过程与作图结果

图 2 - 44　作正垂面的投影

（2）根据点的投影规律以及投影面垂直面的投影特性——类似形找点作图，求出平面 P 的 W 面投影，结果如图 2 - 44（b）所示。

2.4.3　平面内的点和线

（一）平面内的点和直线

点在平面内的几何条件是：点必在平面内的任一直线上。

直线在平面内的几何条件是：直线必通过平面内的两个点，或通过平面内一点，且平行于平面内的一条直线，如图 2 - 45 所示。

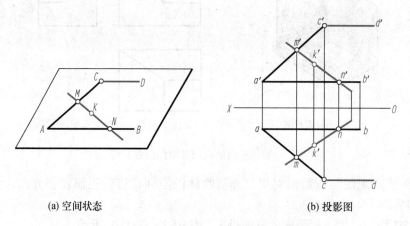

(a) 空间状态　　　　　　　　　　　　(b) 投影图

图 2 - 45　点和直线在平面内的几何条件

由此可归纳出平面内取点和取线的方法：要在平面内取点，必须先在平面内取线，然后再在该线上取点，这种方法称为辅助线法；要在平面内取线，可在平面内取两个已知点连线，或过已知点作平面上一已知直线的平行线。

【例 2 - 11】　如图 2 - 46（a）所示，点 M 为三棱锥侧棱面 $\triangle SAB$ 上的点，已知 $\triangle SAB$ 的两面投影及点 M 的 H 面投影，求点 M 的 V 面投影 m'。

解　根据点在平面内的几何条件，M 点在 $\triangle SAB$ 平面内，必在该平面内的一条直线上。因点 M 不在平面 SAB 的边线上，因此必须先在平面内作一条过点 M 的辅助线（其 H 面投

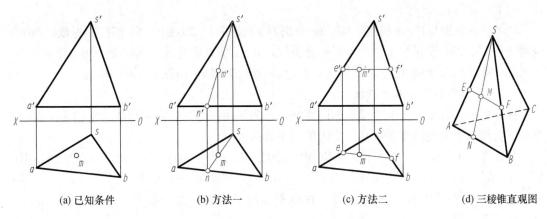

(a) 已知条件   (b) 方法一   (c) 方法二   (d) 三棱锥直观图

图 2-46   在平面内定点、定线

影必过点 m ），然后在该线上定点 M 。

作图：如图 2-46 (b) 和图 2-46 (c) 所示。

方法一：连 sm 并延长交 ab 于 n ，sn 即为过点 M 的辅助线 SN 的 H 面投影，求出其对应的投影 $s'n'$ ，再过 m 作投影连线，与 $s'n'$ 的交点 m' 即为所求。

方法二：过 m 作 ab 的平行线，交 sa 于 e 、交 sb 于 f ，ef 即为过点 M 的辅助线 EF 的 H 面投影，过 e 引投影连线交 $s'a'$ 于 e' ，再过 e' 在平面内作平行于 $a'b'$ 的辅助线 $e'f'$ 。该辅助线与过 m 的投影连线相交，交点 m' 即为所求。

【例 2-12】 如图 2-47 (a) 所示，已知平面五边形 $ABCDE$ 的 H 面投影 $abcde$ ，以及两边 AB、BC 的 V 面投影 $a'b'$、$b'c'$ ，补全 $ABCDE$ 的正面投影。

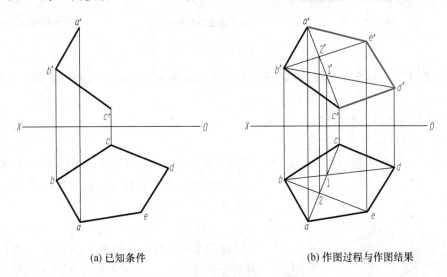

(a) 已知条件   (b) 作图过程与作图结果

图 2-47   补全五边形的正面投影

解 由于已知条件中已给出相交两直线 AB、BC 的两面投影，因此也就确定了这个平面的空间位置。只要由这个平面上的点 D、E 的已知水平投影 d、e ，求出其正面投影 d'、e' ，就能确定这个平面五边形的正面投影。

作图：

（1）连 a 与 c、a' 与 c'。

（2）将 b 分别与 d、e 相连，bd、be 分别与 ac 交得 1、2；由 1、2 作投影连线，与 $a'c'$ 分别交得 $1'$、$2'$；连 b' 与 $1'$、b' 与 $2'$ 并延长与过 d、e 的投影连线分别相交，得 d'、e'。

（3）将 $c'd'e'a'$ 顺次相连，就补全了五边形 $ABCDE$ 的正面投影 $a'b'c'd'e'$。

（二）平面内的投影面平行线

在平面内，且平行于某个投影面的直线，称为平面内的投影面平行线。常用平面内的投影面平行线有平面内的水平线和平面内的正平线两种。

如图 2-48（a）所示，平面 $\triangle ABC$ 内的直线 $BD /\!/$ 水平迹线 P_H，即 $BD /\!/ H$ 面，因此 BD 为 $\triangle ABC$ 内的水平线。在投影图 2-48（b）中，根据水平线的投影特性，$b'd' /\!/ OX$ 轴，可作出水平线的 H 面投影 bd。同样，在该平面内可作出无数条水平线，且它们都相互平行，如 MN、FG 等。

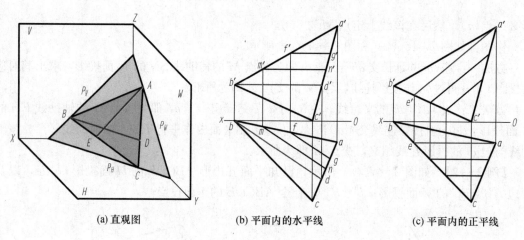

(a) 直观图　　　　　(b) 平面内的水平线　　　　　(c) 平面内的正平线

图 2-48　平面内的投影面平行线

同理，在平面内可作出无数条相互平行的正平线，如过 A 点的正平线 AE 等，如图 2-48（c）所示。

（三）平面内的最大斜度线

1. 平面内最大斜度线的含义

平面内对某投影面倾角最大的直线，称为平面内对该投影面的最大斜度线，它必垂直于平面内该投影面的平行线。最常用的是垂直于平面内水平线的对 H 面的最大斜度线。

2. 证明最大斜度线对投影面的倾角最大

如图 2-49 所示，直线 $CD /\!/ P_H$，即 CD 是平面 P 上的水平线，过 A 点作 $AB \perp CD$，则 AB 是对 H 面的最大斜度线。证明如下：

（1）过 A 点在 P 平面内作任一直线 AE，它对 H 面的倾角为 α_1。

（2）在直角三角形 AaB 中，$\sin\alpha = Aa/AB$；在直角三角形 AaE 中，$\sin\alpha_1 = Aa/AE$。

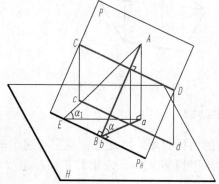

图 2-49　平面内对 H 面的最大斜度线

（3）由于 $AB \perp CD$，且 $CD /\!/ P_H$（E 点在 P_H 上），故 $AB \perp EB$，$\triangle ABE$ 也为直角三角形，AE 为直角三角形的斜边，则 $AE > AB$，所以 $\alpha > \alpha_1$，即 AB 对 H 面的倾角为最大，故称之为对 H 面的最大斜度线。由直角投影定理可知，$ab \perp cd$。

3. 最大斜度线的投影特性

平面内对 H 面的最大斜度线的水平投影必垂直于该平面内水平线的水平投影（包括水平迹线）；同理，平面内对 V 面的最大斜度线的正面投影必垂直于该平面内正平线的正面投影（包括正面迹线）。

4. 最大斜度线的几何意义

平面对某一投影面的倾角就是平面内对该投影面的最大斜度线的倾角。其中，平面内对 H 面的最大斜度线应用最广，在工程中称为坡度线，用来解决平面对水平面的倾斜问题。

【例 2 - 13】　如图 2 - 50（a）所示，求平面 $\triangle ABC$ 对 H 面的倾角 α。

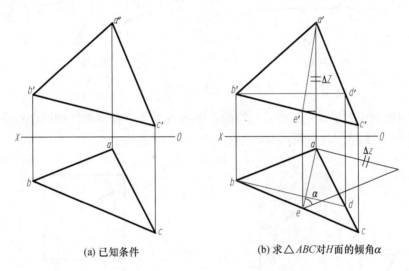

(a) 已知条件　　　　　　　(b) 求 $\triangle ABC$ 对 H 面的倾角 α

图 2 - 50　求 $\triangle ABC$ 对 H 面的倾角 α

解　$\triangle ABC$ 对 H 面的倾角就是该平面内对 H 面的最大斜度线与 H 面的倾角 α。为了在 $\triangle ABC$ 平面内作出对 H 面的最大斜度线，先要在 $\triangle ABC$ 平面内作出一条水平线。

作图：

（1）过 B 点作 $\triangle ABC$ 平面内的水平线 BD。先作 $b'd' /\!/ OX$ 轴，再求得其水平投影 bd。

（2）在 $\triangle ABC$ 平面内作对 H 面的最大斜度线 AE。过 a 作 $ae \perp bd$，与 bc 交于 e，再由 ae 作出 $a'e'$。

（3）作 AE 与 H 面的倾角 α。用直角三角形法作出 AE 对 H 面的倾角 α，即为 $\triangle ABC$ 对 H 面的倾角 α，如图 2 - 50（b）所示。

2.5　直线与平面、平面与平面的相对位置

直线与平面、平面与平面的相对位置有平行和相交两种情况，垂直是相交的特殊情况。

2.5.1　平行问题

（一）直线与平面平行

直线与平面平行的几何条件是：直线平行于平面内任一直线。在图 2-51 中，直线 EF 平行于 $\triangle ABC$ 平面内一直线 BD，在投影图中有 $ef /\!/ bd$、$e'f' /\!/ b'd'$，故 $EF /\!/$ 平面 $\triangle ABC$。

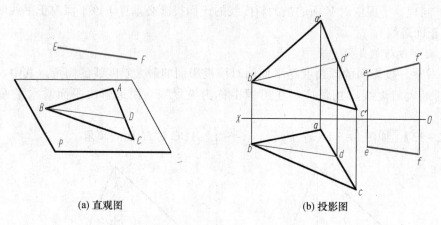

（a）直观图　　　　　　　　　　（b）投影图

图 2-51　直线与平面平行

当直线与特殊位置平面平行时，直线的投影必与平面的有积聚性的同面投影相互平行。如图 2-52 所示，直线 AB 与铅垂面 P 平行，则必有 $ab /\!/ P_H$。

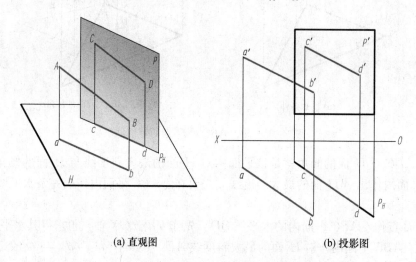

（a）直观图　　　　　　　　　　（b）投影图

图 2-52　直线与垂直于投影面的平面平行

【例 2-14】　如图 2-53（a）所示，过 M 点作正平线 MN 与平面 $ABCD$ 平行。

解　过点 M 可作无数条直线平行于已知平面，但其中只有一条正平线，故可先在平面内取一条正平辅助线，然后过点 M 作直线平行于平面内的正平线。

作图：

（1）在平面内作一正平线。先过 a 作 $ae /\!/ OX$ 轴，再求出其正面投影 $a'e'$。

（2）分别过 m 和 m' 作 $mn /\!/ ae$、$m'n' /\!/ a'e'$，即为所求。

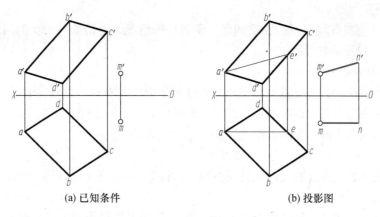

(a) 已知条件   (b) 投影图

图 2-53 作直线平行于平面

（二）平面与平面平行

平面与平面平行的几何条件是：一平面内的相交两直线对应平行于另一平面内的相交两直线。在图 2-54 中，$AB/\!/EF$、$AC/\!/DE$，在投影图中有 $ab/\!/ef$、$a'b'/\!/e'f'$，且 $ac/\!/de$、$a'c'/\!/d'e'$，故平面 $\triangle ABC/\!/$ 平面 $\triangle DEF$。

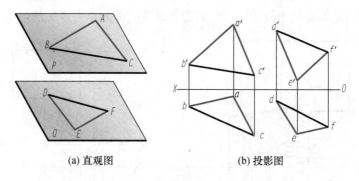

(a) 直观图   (b) 投影图

图 2-54 平面与平面平行

当两个特殊位置平面平行时，它们具有积聚性的同面投影必相互平行。如图 2-55 所示，两相交直线 AB 与 CD 确定的铅垂面 P 与 $\triangle EFG$ 确定的铅垂面 Q 相互平行，则必有 $P_H/\!/Q_H$。

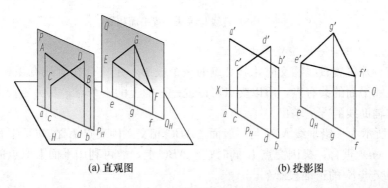

(a) 直观图   (b) 投影图

图 2-55 两特殊位置平面平行

2.5.2　相交问题

本节主要介绍特殊情况下的相交问题。所谓特殊情况，是指参与相交的两元素中至少有一个垂直于某一投影面的情况。

（一）直线与平面相交

直线与平面相交必产生交点，其交点是直线与平面的共有点，它既在直线上又在平面上。画法几何约定平面图形是不透明的，当直线与平面相交时，在投影重叠部分应表明直线投影的可见性。研究直线与平面相交的关键就是求交点，并判别可见性。

1. 一般位置直线与特殊位置平面相交

当直线与特殊位置平面相交时，其交点的一个投影一定在平面有积聚性的投影和该直线同面投影的交点上。

图 2-56 中一般线 AB 与铅垂面 P 相交，平面 P 的水平投影积聚成直线 p。交点 K 既在平面 P 上（其水平投影 k 必在线段 p 上），又在直线 AB 上，故 k 也必在 ab 上。因此，ab 与 p 的交点必为交点 K 的水平投影 k。点 K 的正面投影 k' 必在 $a'b'$ 上。

图 2-56（b）中，直线与平面的正面投影有一段重叠，产生了可见性问题。在投影重叠部分，直线总是以交点为分界，一端可见，另一端不可见。从水平投影可以看出，直线的 AK 段在平面前面，KB 段在平面后面。所以 $a'k'$ 可见，$b'k'$ 与 p' 重叠的部分不可见，画成虚线。不重叠部分，即直线上位于平面图形边界以外的部分总是可见的，画成实线。

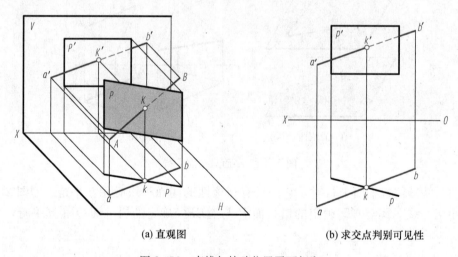

(a) 直观图　　　　　　　　　　　(b) 求交点判别可见性

图 2-56　直线与特殊位置平面相交

2. 特殊位置直线与一般位置平面相交

当平面与特殊位置直线相交时，其交点的一个投影一定重合在直线有积聚性的投影上。因交点是直线和平面的共有点，所以交点可以说是平面上的一个点，其另一投影可利用过交点在平面上作辅助线的方法求出。

图 2-57 所示为一铅垂线 MN 与一般面△ABC 相交。因交点 K 在 MN 上，故其水平投影 k 一定与 m（n）重合；又因交点 K 同时在△ABC 上，故可利用平面上取点的方法，作辅助线 AE 求得交点 K 的正面投影 k'。

直线 MN 正面投影的可见性，可以利用直线 MN 与平面上直线 AB 的重影点Ⅰ、Ⅱ来判别。从图 2-57 中可看出，MN 线上的点Ⅰ位于 AB 线上的点Ⅱ之前，故 $1'$ 可见，$2'$ 不可见，也就是 $m'k'$ 为可见段，画成实线；$k'n'$ 与平面 ABC 重叠部分为不可见段，画成虚线，没有重叠的部分仍为可见段，如图 2 - 57（b）所示。

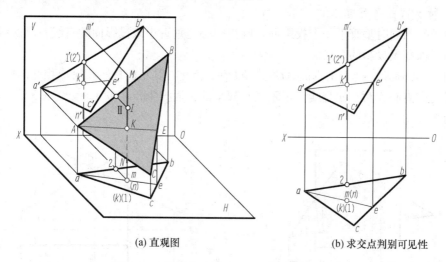

(a) 直观图　　　　　　　　　　　　　(b) 求交点判别可见性

图 2 - 57　特殊位置直线与一般位置平面相交

（二）平面与平面相交

平面与平面相交，必产生交线，其交线是两平面的共有线，交线上的每一个点都是两平面的共有点。研究两平面相交的关键就是求交线，并判别可见性。平面与平面相交，由于两平面的位置不同，通常有全交和互交两种形式，如图 2 - 58 所示。

1. 一般位置平面与特殊位置平面相交

两相交平面其中之一有积聚投影时，交线的一个投影一定包含在该积聚投影中，故可直接从积聚投影中得出交线的一个投影，根据交线是相交两平面所共有这一条件，另一个投影则由此求得。平面的可见性可根据积聚投影与另一平面的相对位置判别。

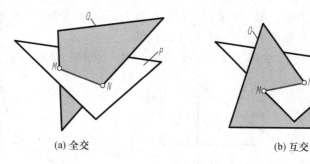

(a) 全交　　　　　　　　　(b) 互交

图 2 - 58　两平面相交的形式

图 2 - 59 所示为一般位置平面△ABC 与铅垂面 $DEFG$ 相交，交线 MN 是两平面的共有线。铅垂面 $DEFG$ 的水平投影积聚为一条直线，该积聚投影与△ABC 的水平投影的共有线段即为交线 MN 的水平投影 mn，其端点 M、N 分别是平面△ABC 的两条边 AB、AC 与平面 $DEFG$ 的交点，在相应的边上由 m、n 分别求出 m'、n'，连线即得交线的正面投影。

可见性判断：当交线在两平面图形的范围之内时，两平面 P、Q 重叠部分的可见性总是以交线为分界，交线一侧为 P 平面可见，交线另一侧必为 Q 平面可见。由于相交两平面之一的水平投影积聚，故水平投影的可见性不需判断，而只需判断两平面正面投影重叠部分的可见性。由水平投影可以直接判断出，△ABC 的右半部分在交线 MN 的前方，其正面投影可见，左半部分不可见。而另一平面 DEFG 的可见性与 △ABC 正好相反。

2. 两特殊位置平面相交

若两个平面同时垂直于一个投影面，则交线必是垂直于该投影面的直线，且交线的积聚投影为两平面积聚投影的交点。

如图 2-60 所示，两个正垂面 ABC 与 EDFG 相交，其正面投影积聚成相交的两条直线。这两直线的交点必为两平面交线（正垂线）MN 的正面投影 $m'(n')$。交线 MN 的水平投影一定在两平面图形的重叠范围之内。

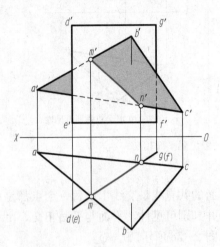

图 2-59　一般位置平面与铅垂面相交

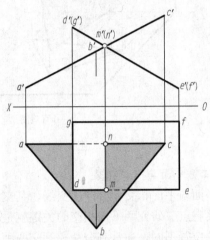

图 2-60　两正垂面相交

可见性判断：由于正面投影积聚，故正面投影可见性不需判断。水平投影的可见性可由两平面积聚投影的上下相对位置予以判断。

【例 2-15】　如图 2-61 所示，求 △ABC 与矩形 DEFG 的交线 MN，并判别可见性。

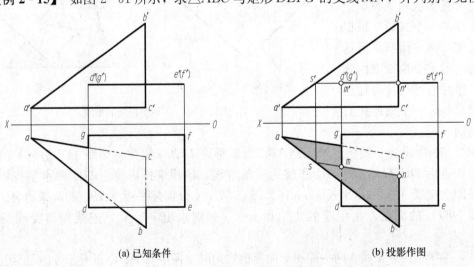

(a) 已知条件　　　　　　　　　(b) 投影作图

图 2-61　求两平面的交线

解　由投影图可以看出，矩形 DEFG 的正面投影积聚成一平行于 OX 轴的直线，故此矩形必为水平面。此积聚投影与△ABC 的共有线段即为交线 MN 的正面投影。因交线 MN 在该水平矩形平面上，则交线 MN 必为水平线，且与 AC 边线平行。两平面水平投影重合部分的可见性，可按正面投影的位置来确定。

作图：如图 2-61（b）所示。

（1）直接在矩形 DEFG 有积聚性的正面投影与△ABC 的共有部分标出交线 MN 的正面投影 $m'n'$。

（2）延长 $n'm'$ 与 $a'b'$ 相交于 s'，由 s' 求得 s，过 s 作 ac 的平行线与 dg、bc 分别交于 m、n，连 mn 即为交线 MN 的水平投影。

（3）判别重叠部分的可见性。由正面投影可以看出，△ABC 的 SBN 部分在矩形平面的上方，其水平投影可见，画成实线；另一部分不可见，画成虚线。

图 2-62 所示为两平面交线空间分析的实例，图 2-62（b）给出了屋面交线的求法。

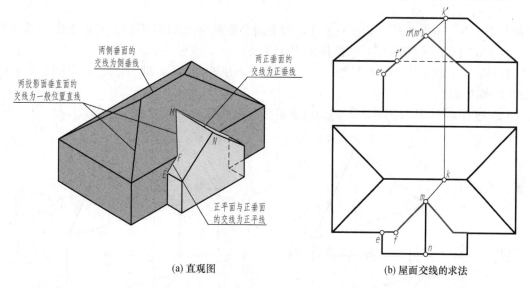

(a) 直观图　　　　　　　　　　(b) 屋面交线的求法

图 2-62　交线空间分析实例

2.5.3　垂直问题

垂直是相交的特殊情况，在解决距离、度量等问题时，经常用到元素间的垂直关系。

（一）直线与平面垂直

若直线与特殊位置平面垂直，则平面的积聚投影与直线的同面投影必垂直，且直线为该投影面的平行线，直线的另一投影必平行于相应的投影轴。

如图 2-63 所示，平面 P 垂直于 H 面，则其垂线 MN 必平行于 H 面，且 $mn \perp P_H$，而 MN 的正面投影 $m'n' /\!/ OX$ 轴。交点 N 为垂足，mn 反映点 M 到平面 P 的距离。

（二）平面与平面垂直

由初等几何可知：如果一直线垂直于某平面，则包含此直线的一切平面都垂直于该平面。如图 2-64 所示，直线 AB 垂直于平面 S，则过 AB 的 P、Q、R 等平面都垂直于平面 S。

【例 2-16】　如图 2-65（a）所示，过点 M 作正垂面 P，使其垂直于平面△ABC。

解　△ABC 平面为一般位置平面，它与待求的正垂面 P 垂直。由于与正垂面垂直的直

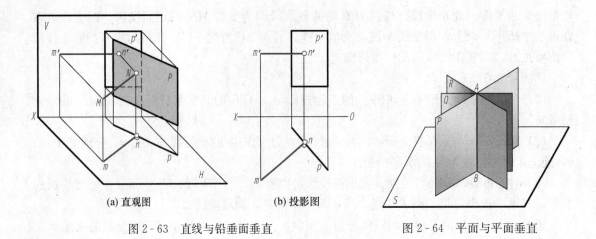

(a) 直观图　　　　　　(b) 投影图

图 2-63　直线与铅垂面垂直　　　　　　　图 2-64　平面与平面垂直

线都是正平线，根据两平面垂直的条件，P 平面必须垂直△ABC 平面上的正平线。因此须确定△ABC 平面上的正平线，便能作出 P 平面。

　　作图：（1）过 c 作 $cd /\!/ OX$ 轴，由 d 求出 d'，并连接 $c'd'$，即为△ABC 平面上正平线 CD 的两面投影。

　　（2）过点 m' 作 $P_V \perp c'd'$，P_V 即为所求正垂面的投影。

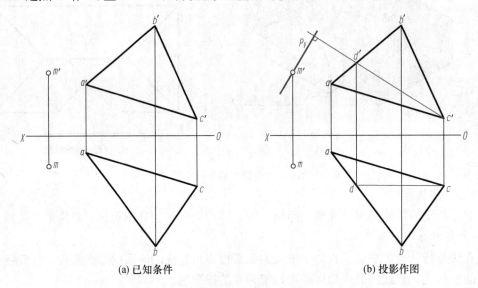

(a) 已知条件　　　　　　　　　　(b) 投影作图

图 2-65　过点作平面与平面垂直

第3章 立体及其表面交线

3.1 立体的投影

在实际工程中所接触到的各种建筑物或构筑物，如图3-1所示的纪念碑和水塔，都可以看成是由一些简单的几何体经过叠加、切割或相交等形式组合而成。在制图中把工程上经常使用的单一几何形体称为基本体。基本体按照其表面性质的不同，可分为平面立体和曲面立体两大类。

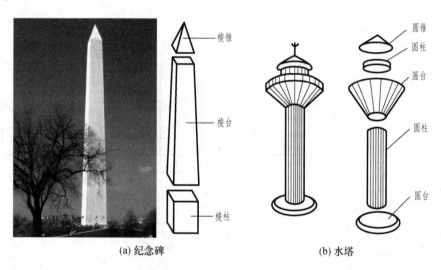

(a) 纪念碑 (b) 水塔

图3-1 纪念碑与水塔的组成

3.1.1 平面立体的投影

表面全部由平面围成的立体称为平面立体，如棱柱、棱锥和棱台，各平面之间的交线为棱线，棱线与棱线的交点为顶点。绘制平面立体的投影，实质上就是绘制组成平面立体的所有表面、棱线和顶点的投影。在投影图中规定，可见棱线用粗实线表示，不可见棱线用虚线表示。

1. 棱柱

（1）形体特征。棱柱由棱面和上、下底面组成，所有棱线相互平行且长度相等。棱线垂直于底面时称为直棱柱，棱线倾斜于底面时称为斜棱柱。常见的棱柱有三棱柱、四棱柱、五棱柱等。如图3-2（a）所示的五棱柱，它由上、下两个五边形底面和五个长方形棱面组成。为了便于作图和看图，应尽量使形体的主要表面处于与投影面平行或垂直的位置。对于图3-2（a）中的直五棱柱，其上、下底面平行于 H 面，其中一个侧棱面（后棱面）平行于 V 面。

（2）投影分析。如图3-2（a）所示，正五棱柱的上下底面平行于 H 面，两底面的水平投影重合，并反映实形——正五边形，正面投影和侧面投影均积聚成水平直线；五个棱面均垂直于 H 面，故水平投影积聚在五边形的五条边线上，其中后棱面平行于 V 面，正面投影

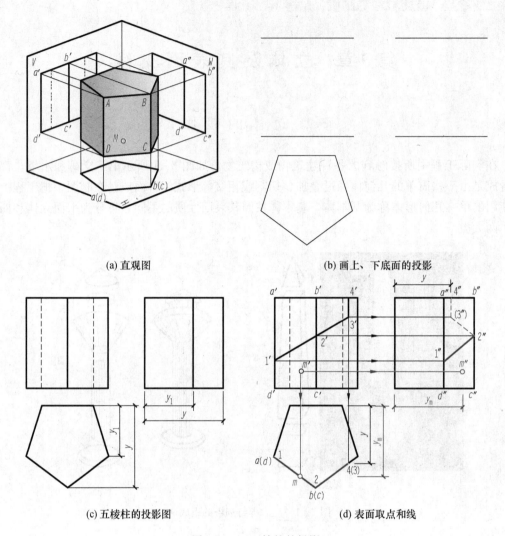

(a) 直观图　　　　　　　　　　　(b) 画上、下底面的投影

(c) 五棱柱的投影图　　　　　　　(d) 表面取点和线

图 3-2　正五棱柱的投影

反映实形，但不可见，侧面投影积聚成铅垂线，其他四个棱面均为铅垂面，它们的正面投影、侧面投影均为类似形。

（3）投影作图。先画出反映五棱柱主要形状特征的投影，即水平投影的正五边形，再画出其有积聚性的正面、侧面投影，如图 3-2（b）所示。接着按"长对正"的投影关系画出正面投影，最后按"高平齐、宽相等"的投影关系画出侧面投影，如图 3-2（c）所示。

（4）表面取点和线。在平面立体表面上取点和线，其原理和方法与第 2 章介绍的在平面上取点和线相同。首先要根据点或线的投影位置和可见性确定点所在的平面，并分析该平面的投影特性。对于特殊位置平面上点或线的投影，可以利用平面的积聚性作图；对于一般位置平面上的点，则须用辅助线的方法作图。因棱柱体所有表面都为特殊位置平面，故在棱柱体表面取点，可直接利用积聚性作图。

【例 3-1】　如图 3-2（d）所示，已知五棱柱棱面 $ABCD$ 上点 M 的正面投影 m' 以及折线 Ⅰ Ⅱ Ⅲ Ⅳ 的正面投影 $1'2'3'4'$，求作它们的另外两面投影。

解　由于 m' 可见，故点 M 在可见棱面 $ABCD$ 上；又因棱面 $ABCD$ 是铅垂面，其水平

投影积聚成直线 $abcd$，故可利用积聚性直接作图。同理，折线Ⅰ ⅡⅢⅣ的正面投影 $1'2'3'4'$ 可见，故折线Ⅰ ⅡⅢ Ⅳ在五棱柱的左前棱面和右前棱面上，也可利用积聚性直接作图。

作图：点 M 的水平投影必在 $abcd$ 上，由 m' 直接作出 m，然后由 m'、m 作出 m''。因为棱面 $ABCD$ 的侧面投影可见，所以 m'' 也可见。

折线Ⅰ ⅡⅢ Ⅳ的水平投影 1234 分别落在五边形的左前棱线和右前棱线上，根据"宽相等"，分别求出各折点的侧面投影并连线 $1''2''3''4''$ 即为所求。要注意的是，因折线ⅡⅢ、ⅢⅣ 在右棱面上，故其侧面投影不可见，画成虚线。

2. 棱锥

（1）形体特征。棱锥的底面是多边形，各条棱线汇交于一点——锥顶，侧棱面均为三角形，如三棱锥、四棱锥等。如图 3-3（a）所示的正三棱锥 S-ABC，它由一个平行于 H 面的底面和三个棱面组成。

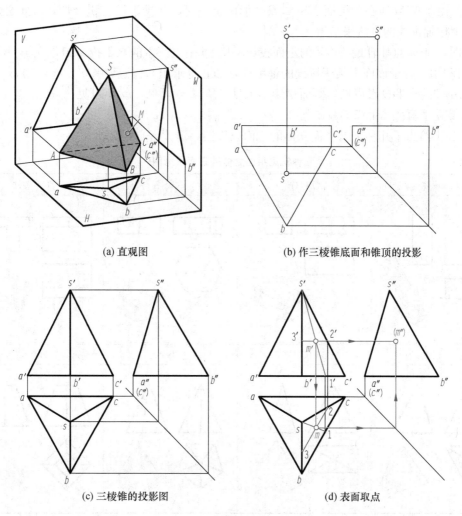

(a) 直观图　　　　　　　(b) 作三棱锥底面和锥顶的投影

(c) 三棱锥的投影图　　　　　　　(d) 表面取点

图 3-3　三棱锥的投影

（2）投影分析。如图 3-3（a）所示，三棱锥的底面是水平面，所以其水平投影 $\triangle abc$ 反映实形——等边三角形，正面投影和侧面投影分别积聚成一直线；左、右两棱面 $\triangle SAB$、

△SBC 为一般位置平面，三面投影都是其类似形——三角形，其侧面投影 $s''a''b''$ 和 $s''b''c''$ 重合，右棱面△SBC 的侧面投影 $s''b''c''$ 不可见；后棱面△SAC 是侧垂面，其侧面投影积聚为一直线 $s''a''$（c''），其水平投影和正面投影都是其类似形——三角形，且正面投影不可见。

（3）投影作图。先画出反映底面△ABC 实形的水平投影和有积聚性的正面、侧面投影。根据棱锥的高度，作出锥顶 S 的各面投影，如图 3-3（b）所示，然后连接锥顶 S 与底面各顶点的同面投影，得到三条棱线的投影，从而得到正三棱锥的三面投影，如图 3-3（c）所示。

（4）表面取点。在棱锥表面取点，应先根据点的投影位置和可见性，判断点所在平面的空间位置，然后利用积聚性或辅助线进行作图。

【例 3-2】 如图 3-3（d）所示，已知三棱锥棱面△SBC 上点 M 的正面投影 m'，求作另外两面投影 m、m''。

解 由于点 M 所在的棱面△SBC 是一般位置平面，其投影没有积聚性，因此必须借助在该面上作辅助线的方法来求解。

作图：过 m' 点作辅助线 SⅠ的正面投影 $s'1'$，并作出 SⅠ的水平投影 $s1$，在 $s1$ 上定出 m（m 也可利用平行于该面上某一棱线的辅助线，如ⅡⅢ求出），然后由 m'、m 作出 m''。因为棱面△SBC 的水平投影可见，侧面投影不可见，所以 m 可见，m'' 不可见。

3. 常见平面立体的三面投影图

表 3-1 给出了几种常见平面立体的三面投影图，请读者自行分析。

表 3-1　　　　　　　　　几种常见平面立体的三面投影图

三棱柱	四棱柱	六棱柱	T 形棱柱
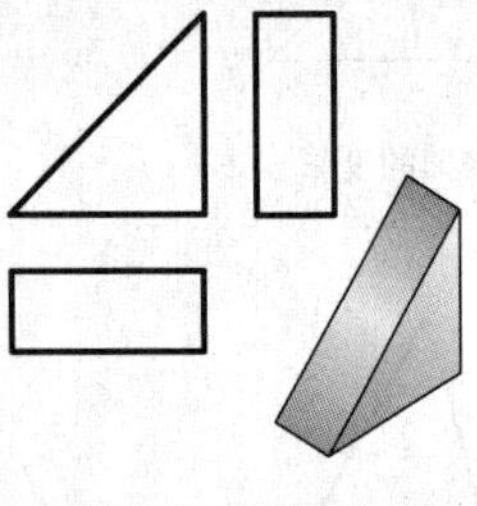	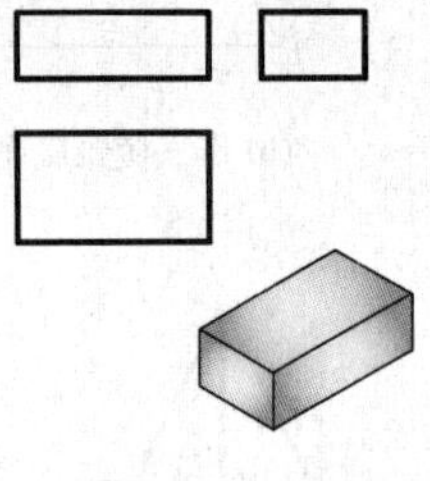	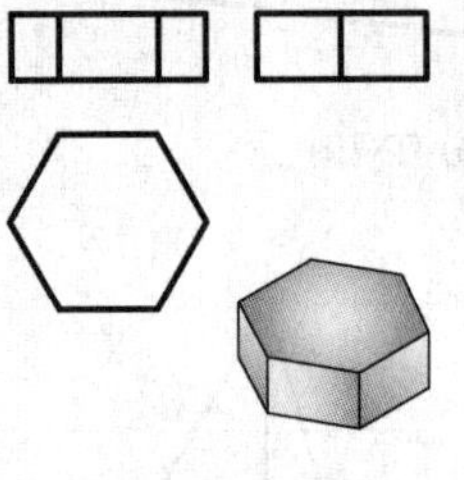	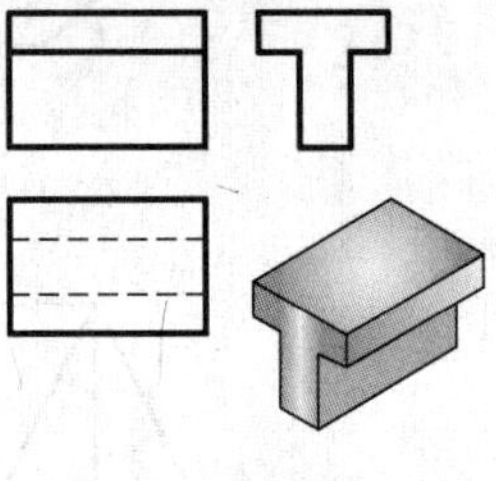

三棱锥	四棱锥	五棱锥	四棱台
	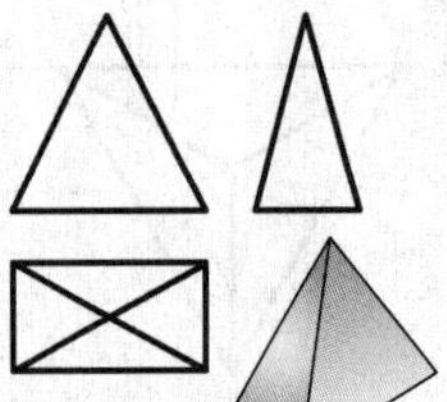	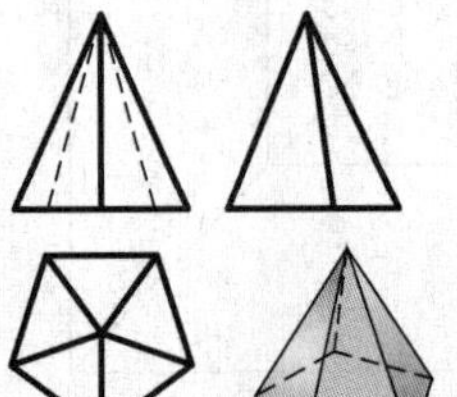	

3.1.2　曲面立体的投影

表面由平面和曲面围成，或全部由曲面围成的立体称为曲面立体，常见的曲面立体有圆柱、圆锥、圆球和圆环等。绘制曲面立体的投影图时，应先用细点画线画出中心线和轴线的投影，然后画出有圆的投影，再作其余两个投影。

1. 圆柱

（1）形成。圆柱体由圆柱面和上、下两个圆形底面围成。圆柱面可看作是由一条直母线 AB 绕与其相平行的轴线 OO_1 旋转而成，如图 3 - 4（a）所示。任一位置的母线称为素线，圆柱的素线是与轴线相平行的直线。

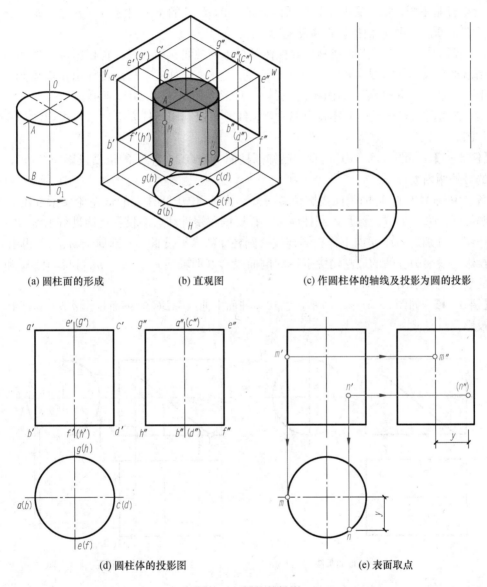

(a) 圆柱面的形成　　　(b) 直观图　　　(c) 作圆柱体的轴线及投影为圆的投影

(d) 圆柱体的投影图　　　　　　　(e) 表面取点

图 3 - 4　圆柱的投影

（2）投影分析。如图 3 - 4（b）所示的圆柱，其轴线垂直于 H 面，上、下底面为水平面，圆柱面上的所有素线都垂直于 H 面，故其 H 面投影为一圆形。该圆是反映实形的上、下两底面的重合投影，圆周是圆柱面的积聚投影。V 面投影为一矩形，矩形的上、下两条边为圆柱上、下底面的积聚投影，左右两条边线 $a'b'$ 和 $c'd'$ 分别为圆柱面上最左和最右轮廓素线 AB、CD 的投影。该矩形线框则为圆柱面前半部分和后半部分的重合投影，前半部分可见，后半部分不可见。W 面投影亦为一矩形，矩形的上、下两条边为圆柱上、下两底面的积聚投影，两条竖边线 $e''f''$ 和 $g''h''$ 分别为圆柱面上最前和最后轮廓素线 EF、GH 的投影。该矩形线框则为圆柱面左半部分和右半部分的重合投影，左半部分可见，右半部分不可见。

注意：在曲面立体的各投影图中，除轮廓素线外，其余素线都省略不画。圆柱面上的左、右两条轮廓素线（AB 和 CD）的 W 面投影（$a''b''$ 和 $c''d''$）与轴线的 W 面投影重合，其 W 面投影省略不画；前、后两条轮廓素线（EF 和 GH）的 V 面投影（$e'f'$ 和 $g'h'$）与轴线的 V 面投影重合，其 V 面投影也省略不画。

（3）投影作图。先用点画线画出圆柱体各投影的轴线、中心线，再根据圆柱体底面的直径绘制出水平投影——圆，如图 3-3（c）所示。由"长对正"和高度作出正面投影——矩形，由"高平齐、宽相等"作出侧面投影——矩形，如图 3-3（d）所示。

（4）表面取点和线。在圆柱表面上取点和线，可以利用圆柱表面对某一投影面的积聚性进行作图。

【例 3-3】 如图 3-4（e）所示，已知圆柱面上的点 M 和 N 的正面投影 m' 和 n'，求作两点的另外两面投影。

解 由点 M 和点 N 的正面投影位置可知，点 M 位于圆柱面的最左轮廓素线上，点 N 位于圆柱面的右、前方。可利用圆柱面水平投影的积聚性和点的投影规律进行求解。

作图：分别过 m'、n' 向下作投影连线交圆柱面的水平投影——圆周于 m、n，再由 m' 向右作投影连线交圆柱面的最左轮廓素线的侧面投影（即轴线）于 m''，m'' 可见，由 n' 和 n 根据点的投影规律求出 n''，n'' 不可见。

【例 3-4】 如图 3-5（a）所示，已知圆柱面上曲线 ABC 的正面投影 $a'b'c'$，求作另外两面投影。

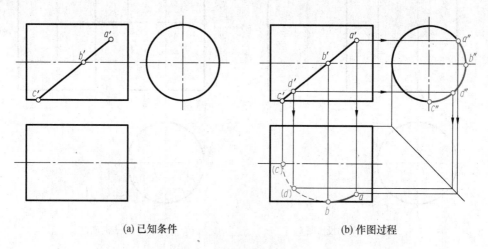

(a) 已知条件   (b) 作图过程

图 3-5 求作圆柱面上线的投影

解 由曲线 ABC 的正面投影位置可知，曲线 ABC 位于前半圆柱面上。因圆柱轴线垂直于 W 面，故可利用圆柱的积聚性先求出其侧面投影，再求出其水平投影。

作图：A、B、C 三点的作图方法同［例 3-3］，为了使曲线连接光滑，可在 ABC 线上再多作若干个点，如点 D。在正面投影 $a'b'c'$ 线上的合适位置取点的正面投影 d'，从而求出 d'' 和 d。注意，在水平投影中连接曲线时，应注意 b 在最前轮廓素线上，是水平投影中曲线可见与不可见段的分界点。根据正面（或侧面）投影可知，（c）和（d）为不可见，故曲线段 b（d）（c）为不可见，画成虚线，如图 3-5（b）所示。

2. 圆锥

（1）形成。圆锥体由圆锥面和底面围成。圆锥面是由一条直母线 SA 绕与其斜交的轴线 SO 旋转而成，如图 3-6（a）所示。圆锥面上任一位置的母线称为圆锥面的素线。

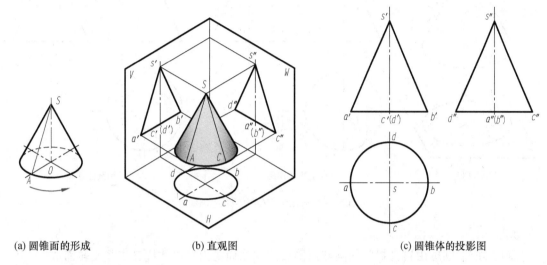

(a) 圆锥面的形成　　(b) 直观图　　(c) 圆锥体的投影图

图 3-6　圆锥的投影

（2）投影分析。图 3-6（b）所示为一轴线垂直于 H 面的圆锥，其底面为水平面。故圆锥的 H 面投影为一圆，该圆是圆锥底面和圆锥面的重合投影，并反映圆锥底面的实形。V 面投影为一等腰三角形，三角形的底边为圆锥底圆面的积聚投影，三角形的两腰 $s'a'$ 和 $s'b'$ 分别为圆锥面上最左和最右轮廓素线 SA、SB 的 V 面投影。该三角形则为圆锥面前半部分和后半部分的重合投影，前半部分可见，后半部分不可见。W 面投影亦为一等腰三角形，三角形的底边为圆锥底圆面的积聚投影，三角形的两腰 $s''c''$ 和 $s''d''$ 分别为圆锥面上最前和最后轮廓素线 SC、SD 的 W 面投影。该三角形则为圆锥面左半部分和右半部分的重合投影，左半部分可见，右半部分不可见。

圆锥面上轮廓素线的其他投影，可参照圆柱体的投影自行分析。

（3）投影作图。先用点画线画出圆锥体各投影的轴线、中心线，根据圆锥底面的直径绘制出水平投影——圆，再绘制出底圆的正面和侧面的积聚投影——直线段，长度等于底圆直径。依据圆锥的高度画出锥顶 S 的三面投影，连接等腰三角形的腰，即完成圆锥的正面和侧面投影，如图 3-6（c）所示。

圆锥面是光滑的，和圆柱面类似，当素线的投影不是轮廓线时，一般省略不画。

（4）表面取点。由于圆锥面的三个投影均无积聚性，因此在圆锥表面上取点时，需借助圆锥面上过该点的辅助素线或辅助纬圆的方法进行作图，如图 3-7（a）所示。

图 3-7（b）所示为辅助素线法求作圆锥表面上点 M 的投影。从锥顶过 M 点作辅助素线 $S\mathrm{I}$（$s'1'$、$s1$），再由已知的 m' 作出 m 和 m''。

图 3-7（c）所示为辅助纬圆法作图。过 m' 作水平直线与圆锥正面投影的轮廓线相交，即纬圆的正面投影，从而确定纬圆的直径。在 H 投影面上作出纬圆的实形，然后由 m' 向下

作投影连线，在纬圆上定出 m，再作出 m''。由于点 M 在圆锥面的左、前部分，故 m 和 m'' 均可见。

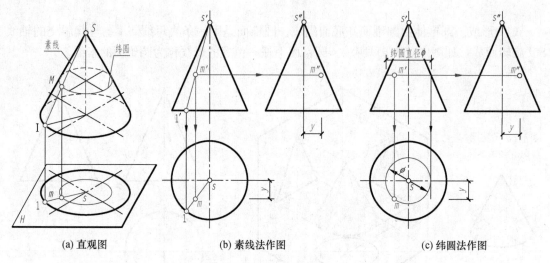

(a) 直观图　　　　　(b) 素线法作图　　　　　(c) 纬圆法作图

图 3-7　求作圆锥面上点的投影

3. 圆球

（1）形成。圆球由自身封闭的圆球面围成。圆球面是由圆母线绕其直径旋转而成。

（2）投影分析。如图 3-8（a）所示，无论从哪个方向进行正投影，球的三个投影都是直径相同的圆，其直径与球径相等，是球体上三个不同方向轮廓线圆的投影。H 面投影的轮廓圆 a 是球面上平行于 H 面的最大赤道圆 A 的投影，也是上、下两半球面的分界圆，上半球面可见，下半球面不可见；其 V 面投影 a' 和 W 面投影 a'' 均与相应投影中的水平中心线重合。

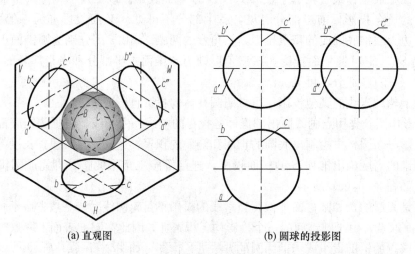

(a) 直观图　　　　　(b) 圆球的投影图

图 3-8　圆球的投影

　　V 面投影的轮廓圆 b' 是球面上平行于 V 面的最大子午线圆 B 的投影，也是前、后两半球面的分界圆，前半球面可见，后半球面不可见；其 H 面投影 b 与圆的水平中心线重合，W 面投影 b'' 与圆的竖直中心线重合。

　　W 面投影的轮廓圆 c'' 是球面上平行于 W 面的最大子午线圆 C 的投影，也是左、右两半球面的分界圆，左半球面可见，右半球面不可见；其 H 面投影 c 和 V 面投影 c' 均与相应投影中的竖直中心线重合。

　　（3）投影作图。先用点画线画出圆球体各投影的中心线，再根据球的直径绘制三个大小相等的圆，如图 3 - 8（b）所示。

　　（4）表面取点。圆球面的三个投影均无积聚性，故在圆球表面上取点，只能用辅助纬圆法作图。为作图方便，常利用平行于 H 面、V 面、W 面的纬圆。

　　【例 3 - 5】　如图 3 - 9（a）所示，已知圆球面上点 M 的侧面投影 m'' 和点 N 的正面投影（n'），求作两点的其他投影。

　　解　由于 m'' 在侧面投影的轮廓线上，点 M 一定在平行于 W 面的最大子午线圆上，且在圆球面的前、下方，故可直接按投影关系在相应投影的中心线上作出 m 和 m'，m 不可见，m' 可见。因点 N 不在球面的特殊位置上，故只能利用辅助纬圆法求解。

　　作图：先在 V 面上过 n' 作水平纬圆的正面投影——一直线段，该直线段与圆周的交点 $1'$、$2'$ 之间的长度即为水平纬圆的直径；接着，再作出辅助纬圆反映实形的 H 面投影和有积聚性的 W 面投影，并在其上作出 n 和 n''。从正面投影 n' 可以看出，点 N 在圆球面的右、后、上方，故 n 可见，n'' 不可见。同理，也可过 n' 作其他纬圆，如侧平纬圆的方法求得 n 和 n''，如图 3 - 9（b）所示。

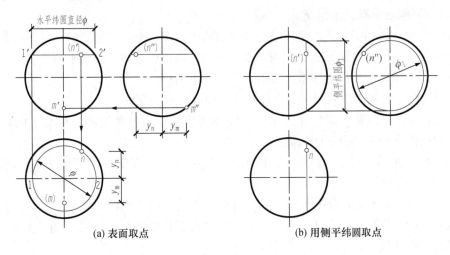

(a) 表面取点　　　　　　　　　　　　　(b) 用侧平纬圆取点

图 3 - 9　求作圆球面上点的投影

3.2　平面与立体相交

　　在工程实践中，经常会遇到这样一类物体，如图 3 - 10（a）和图 3 - 10（b）所示，它们可以看作是基本立体被平面截切而成的。如图 3 - 10（c）所示，假想用来截割立体的平面称为截平面，截平面与立体表面的交线称为截交线，由截交线所围成的平面图形称为断面，立体被一个或几个截平面截割后留下的部分称为截断体。

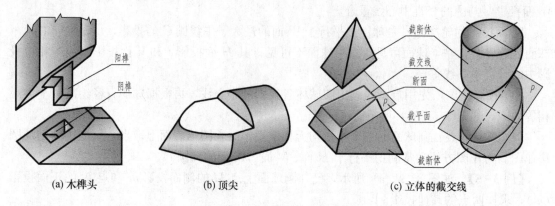

(a) 木榫头　　　　　　　(b) 顶尖　　　　　　　(c) 立体的截交线

图 3-10　平面与立体相交

截交线的形状取决于立体的形状、截平面的数量以及截平面与立体的相对位置，其投影的形状还取决于截平面与投影面的相对位置，但任何截交线都具有以下特性：

（1）表面性。截交线是截平面与立体表面的交线，因此截交线均在立体的表面上。

（2）共有性。截交线是截平面与立体表面的共有线，它既在截平面上，又在立体表面上，是截平面与立体表面共有点的集合。

（3）封闭性。因立体是由它的各表面围成的封闭空间，故截交线一般情况下都是封闭的平面图形。

3.2.1　平面与平面立体相交

平面与平面立体相交，其截交线是一个封闭的平面多边形，多边形的每一条边是截平面与平面立体一个表面（棱面或底面）的交线，多边形的顶点是截平面与平面立体相应棱线或底边的交点。因此，求平面立体截交线的方法有以下两种：

（1）交线法。直接求出截平面与立体相应棱面或底面的交线。

（2）交点法。求出截平面与立体相应棱线或底边的交点，再把同一棱面上的两交点连线，得一封闭的平面多边形，即为截交线。

【例 3-6】 如图 3-11（a）所示，试求正五棱锥 $S\text{-}ABCDE$ 被正垂面 P 截切后的三面投影。

解 由图 3-11 的正面投影可知，截平面 P 与五棱锥的五个棱面都相交，截交线为五边形，该五边形的五个顶点Ⅰ、Ⅱ、Ⅲ、Ⅳ、Ⅴ分别为五棱锥的五条棱线与截平面 P 的交点，可用交点法求作其投影。

因截平面 P 为正垂面，根据截交线的共有性可知，截交线的 V 面投影与截平面 P 的 V 面投影重合，只需求反映类似形的 H 面投影和 W 面投影。

作图：如图 3-11（b）所示。

（1）因 P_V 具有积聚性，所以 P_V 与 $s'a'$、$s'b'$、$s'c'$、$s'd'$、$s'e'$ 的交点 $1'$、$2'$、$3'$、$4'$、$5'$，即为空间点Ⅰ、Ⅱ、Ⅲ、Ⅳ、Ⅴ的 V 面投影。

（2）根据点的从属关系和投影规律，即可分别在相应棱线的 H 面投影和 W 面投影上求出对应点的其他投影。Ⅰ、Ⅱ、Ⅲ、Ⅳ、Ⅴ点的求法相同，如 SA 棱线上的Ⅰ点，可过 $1'$ 向

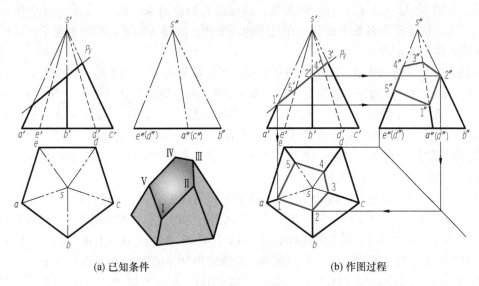

(a) 已知条件   (b) 作图过程

图 3 - 11　求作五棱锥的截交线

下引竖直连线与 sa 相交，得Ⅰ点的 H 面投影 1，再过 $1'$ 向右引水平连线与 $s''a''$ 相交，得Ⅰ点的 W 面投影 $1''$。但对于 SB 棱线上的Ⅱ点，由于 SB 为侧平线，可先求出Ⅱ点的 W 面投影 $2''$，再求其 H 面投影 2。

（3）判断可见性并连线。由截平面的位置可知，截交线的 H 面投影和 W 面投影均可见，按照同一平面上的两个点才能相连的原则，用粗实线依次连接各点的同面投影成五边形，即得截交线的投影。

（4）整理轮廓线，补全五棱锥截断体的投影。因截交线五边形的五个顶点所在的棱线以上部分均被切去，故需擦去棱线已切部分的投影，加深以下部分各棱线的 H 面投影和 W 面投影。注意，点Ⅲ所在棱线 SC 的 W 面投影应绘制成虚线。

【例 3 - 7】　如图 3 - 12（a）所示，试求正四棱锥被 P、Q 两平面截切后的三面投影。

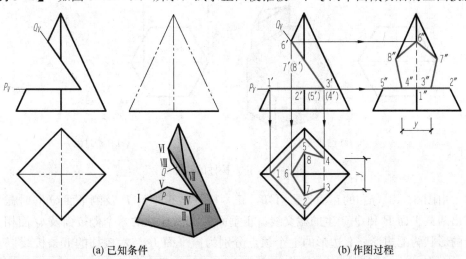

(a) 已知条件   (b) 作图过程

图 3 - 12　求作四棱锥的截交线

解　由图 3 - 12（a）的正面投影可知，四棱锥的切口由水平面 P 和正垂面 Q 两平面截切而成，可以逐个作出各截平面与平面立体的截交线。应注意的是，两截平面 P、Q 相交会产生交线，即一段正垂线。

因截平面 P 为与四棱锥底面平行的水平面，所以截平面 P 与四个棱面的交线必与相应的底边平行，截交线为五边形。五边形的五个顶点分别为截平面 P 与四棱锥左、前、后三条棱线以及与截平面 Q 产生的交点，截交线的 V 面投影积聚在 P_V 上，H 面投影反映实形，W 面投影积聚为一直线，可利用交线法求其投影。正垂面 Q 与四棱锥的截交线的形状同样为五边形，其 V 面投影积聚在 Q_V 上，其余两投影为类似形，作图方法与［例 3 - 6］相类似。

作图：如图 3 - 12（b）所示。

（1）求平面 P 截四棱锥的截交线。先由截平面 P 与四棱锥最左棱线的交点 I 的 V 面投影 $1'$ 在 H 面投影上求出 1，过 1 作与底边四边形对应边平行的四边形，与四棱锥前后棱线相交，得交点 2、5，并根据"长对正"求得两截平面交线Ⅲ Ⅳ的 H 面投影 34。连接 12345（其中 34 为虚线）即为截交线的 H 面投影。再由点的两面投影求出 W 面投影——积聚为一直线。

（2）求平面 Q 截四棱锥的截交线。由 $6'$ 直接求出 6、$6''$，根据"高平齐"，由 $7'$、$8'$ 作水平连线分别与前后棱线相交得 $7''$、$8''$，按"宽相等"再求出 7 和 8（也可用其他方法，如定比性法求得）。连接相应的点即得截交线的 H 面投影和 W 面投影。

（3）整理轮廓线，补全四棱锥截断体的投影。注意，切口四棱锥的最右棱线的 W 面投影应绘制成虚线。

【例 3 - 8】　如图 3 - 13（a）所示，试求正六棱柱被两平面 P、Q 截切后的三面投影。

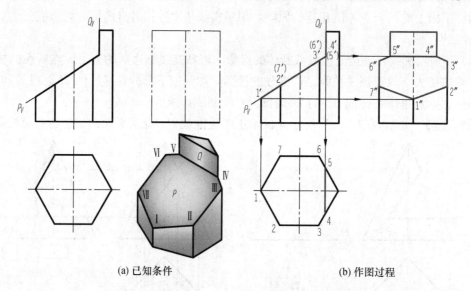

(a) 已知条件　　　　　　　　　　　　(b) 作图过程

图 3 - 13　正六棱柱的截交线

解　由图 3 - 13（a）的正面投影可知，正六棱柱被正垂面 P 及侧平面 Q 同时截切，要分别求出两截平面 P 和 Q 产生的截交线。正垂面 P 与六棱柱的六个侧棱面及 Q 面相交，其截交线的形状为七边形。七边形的七个顶点分别为截平面 P 与六棱柱的五条棱线以及与截平面 Q 产生的交点，可利用交点法作图。截交线的 V 面投影积聚在 P_V 上，H 面投影和 W 面投影均反映类似形。侧平面 Q 与六棱柱的顶面、两个侧棱面及 P 面相交，其截交线形状为四边形，其 V 面投影积聚在 Q_V 上，H 面投影也积聚为一直线，W 面投影反映四边形实形。

作图：如图 3-13（b）所示。

（1）求平面 P 截六棱柱的截交线。在 V 面投影上依次标出截平面 P 与六棱柱五条棱线的交点 $1'$、$2'$、$3'$、$(6')$、$(7')$，以及两截平面 P 与 Q 产生交线的积聚投影 $4'5'$。由于棱柱体各棱面和棱线的水平投影具有积聚性，因此截交线的 H 面投影 12345671 与底面六边形各边的 H 面投影重合。根据 V 面投影和 H 面投影求出截交线的侧面投影 $1''2''3''4''5''6''7''1''$。

（2）求平面 Q 与六棱柱的截交线。由于截平面 Q 为侧平面，与其相交的两个侧棱面为铅垂面，故其截交线的水平投影积聚在 45 上；根据"宽相等"求出截交线的侧面投影——矩形。

（3）整理轮廓线，补全六棱柱截断体的投影。其中Ⅰ点所在最左棱线，在截平面 P 以上部分被截切，以下部分保留，因此在 W 面投影上该棱线下半部分画成粗实线，而最右棱线由于不可见，在 $1''$ 以上画成虚线。

3.2.2　平面与曲面立体相交

平面与曲面立体相交，其截交线一般情况下是一条封闭的平面曲线，也可能是由平面曲线和直线或完全由直线组成的平面图形。截交线的形状取决于曲面立体的形状、截平面的数量以及截平面与曲面立体轴线的相对位置。

曲面立体截交线上的每一点，都是截平面和曲面立体表面的共有点。因此，求曲面立体的截交线就是作出曲面上的一系列共有点，然后依次连接成光滑的曲线。为了能准确地作出截交线，首先应求控制截交线形状、范围的一些特殊点，如各极限位置点（最高、最低、最前、最后、最左、最右点）和形体轮廓素线与截平面的交点等；如有必要再求一般点。求曲面立体截交线的方法有以下两种：

（1）素线法。在曲面立体表面取若干条素线，求出这些素线与截平面的交点，然后将其依次光滑连接即得截交线。

（2）纬圆法。在曲面立体表面取若干个纬圆，求出这些纬圆与截平面的交点，然后将其依次光滑连接即得截交线。

（一）平面与圆柱相交

根据截平面与圆柱体轴线的相对位置不同，圆柱体的截交线有圆、矩形和椭圆三种，见表 3-2。

表 3-2　　　　　　　　　　　　圆 柱 体 的 截 交 线

截平面位置	垂直于轴线	平行于轴线	倾斜于轴线
截交线形状	圆	矩形	椭圆
直观图	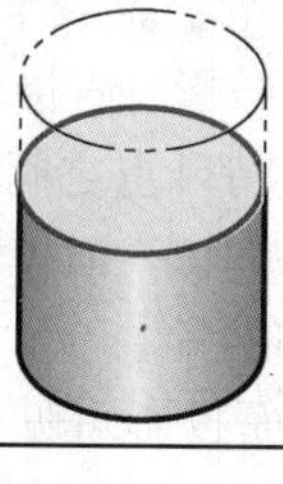	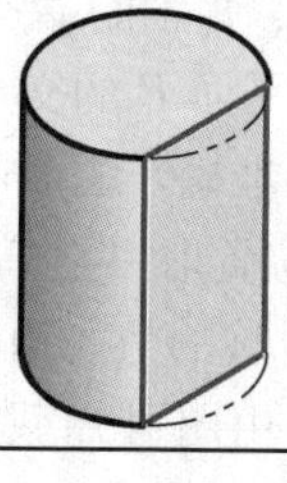	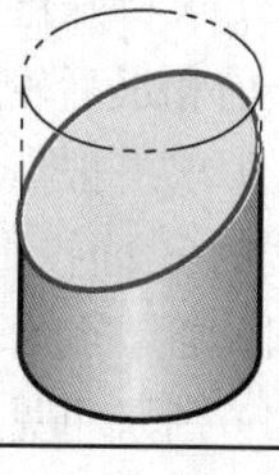

截平面位置	垂直于轴线	平行于轴线	倾斜于轴线
截交线形状	圆	矩形	椭圆
投影图			

【例 3-9】 如图 3-14（a）所示，试求圆柱体被正垂面 P 截切后的三面投影。

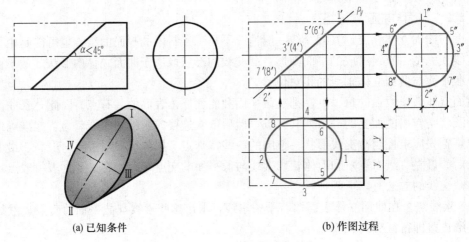

(a) 已知条件   (b) 作图过程

图 3-14 求作圆柱体的截交线

解 由图 3-14（a）所示的正面投影可知，圆柱轴线垂直于 W 面，其 W 面投影积聚为圆。截平面 P 为正垂面，与圆柱轴线斜交，截交线在空间中的形状是一个椭圆。椭圆的长轴Ⅰ Ⅱ为正平线，短轴Ⅲ Ⅳ为正垂线。由于截平面 P 的正面投影和圆柱体的侧面投影有积聚性，因此椭圆的 V 面投影积聚在 P_V 上，椭圆的 W 面投影积聚在圆周上，都不需要作图，只需求椭圆的 H 面投影。

作图：如图 3-14（b）所示。

（1）画出完整圆柱的水平投影。

（2）求特殊点，即椭圆长、短轴的端点Ⅰ、Ⅱ、Ⅲ、Ⅳ。这四个点分别是圆柱面上最高、最低、最前和最后轮廓素线与截平面 P 的交点，由 V 面投影可直接求出 H 面投影 1、2、3、4。

（3）求一般点。为使作图准确，需要在截交线上特殊点之间求若干个一般点。例如，在截交线的 V 面投影上的适当位置取一点 $5'$，据此求得其 W 面投影 $5''$ 和 H 面投影 5。根据椭圆的对称性，可作出与Ⅴ点对称的Ⅵ、Ⅶ、Ⅷ点的各投影。

（4）判别可见性并连点。由图可知截交线的 H 面投影可见，由侧面投影可知连点顺序为 1 - 5 - 3 - 8 - 2 - 7 - 4 - 6 - 1，将它们依次光滑连接成粗实线。

（5）整理轮廓线，补全圆柱截断体的投影。从 V 面投影可以看出，圆柱体的最前和最后轮廓素线在Ⅲ Ⅳ点处被截断，故其 H 面投影的轮廓线应画到 3、4 点为止。

从上面的例题可以看出，截交线椭圆在平行于圆柱轴线但不垂直于截平面的投影面上的投影，一般仍是椭圆。投影长、短轴在该投影面上的投影，与截平面与圆柱轴线的夹角 α 有关。当 $\alpha<45°$ 时，椭圆长轴的投影，仍为椭圆投影的长轴；当 $\alpha>45°$ 时，椭圆长轴的投影变为椭圆投影的短轴；当 $\alpha=45°$ 时，椭圆的投影成为一个与圆柱底圆相等的圆。

【例 3 - 10】　如图 3 - 15（a）所示，试求切口圆柱体的三面投影。

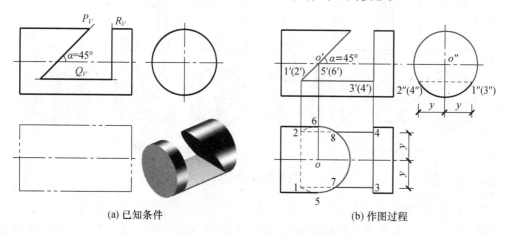

(a) 已知条件　　　　　　　　　　(b) 作图过程

图 3 - 15　求作切口圆柱体的截交线

解　由图 3 - 15（a）所示的正面投影可知，圆柱体被三个截平面，即正垂面 P、水平面 Q 和侧平面 R 截切，因此截交线应由三部分组成，其中截平面 P 与 Q、Q 与 R 之间各有一条交线——正垂线。

正垂面 P 与圆柱轴线斜交，截交线在空间中的形状是一个椭圆弧。水平面 Q 与圆柱轴线平行，其与圆柱面的交线是两条素线。侧平面 R 与圆柱轴线垂直，其与圆柱面的交线是一段圆弧。三个平面与圆柱产生的截交线，其 V 面和 W 面投影都有积聚性，故只需求作交线的 W 面投影，以及截交线的 H 面投影。

作图：如图 3 - 15（b）所示。

（1）在 V 面上标出交线的投影 $1'2'$、$3'4'$，根据圆柱面的积聚性，求出交线的 W 面投影 $1''2''$、$3''4''$，从而求出交线的 H 面投影 12、34，注意判断可见性。

（2）求平面 P 与圆柱的截交线。因截平面 P 与圆柱轴线的夹角 $\alpha=45°$，故椭圆的水平投影成为一个与圆柱底圆相等的圆。根据 V 面上椭圆的中心 o'，求出点 O 的 H 面投影 o，再以圆柱底圆半径画圆。要注意的是，截交线椭圆下部分的 H 面投影弧 51 和弧 62 不可见，应绘制成虚线。

（3）求平面 Q 与圆柱的截交线。分别过 1、2 画两条与圆柱轴线相平行的两条素线 13、24，因圆柱切口上小下大，所以圆弧与两条素线 13、24 的交点 7、8，分别为素线可见与不可见段的分界点。

（4）求平面 R 与圆柱的截交线。因侧平面 R 截切大半个圆柱，截交线为大半个圆，故其 H 面投影积聚为等于圆柱底圆直径的直线。

（5）整理轮廓线，补全切口圆柱体的投影。要注意的是，圆柱体的最前和最后轮廓素线在 Ⅴ Ⅵ 点处被截断。

图 3-16 给出了两种常见圆柱切口的投影图，因截平面与圆柱轴线平行或垂直，故其截交线是矩形和圆弧的组合，具体作图请读者自行分析。

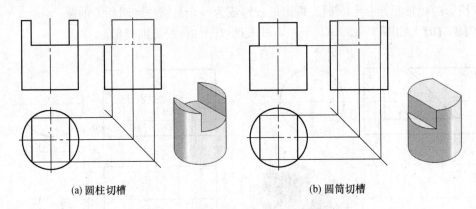

(a) 圆柱切槽   (b) 圆筒切槽

图 3-16   两种常见圆柱切口的截交线

（二）平面与圆锥相交

根据截平面与圆锥体轴线的相对位置不同，圆锥体的截交线有圆、椭圆、双曲线加直线段、抛物线加直线段及等腰三角形五种形式，见表 3-3。

表 3-3   圆 锥 体 的 截 交 线

截平面位置	垂直于轴线	与所有素线相交	平行于轴线	平行于一条素线	过锥顶
截交线形状	圆	椭圆	双曲线加直线段	抛物线加直线段	等腰三角形
直观图					
投影图		$\theta > \alpha$		$\theta = \alpha$	

【**例 3 - 11**】　如图 3 - 17（a）所示，试求圆锥体被正平面 P 截切后的三面投影。

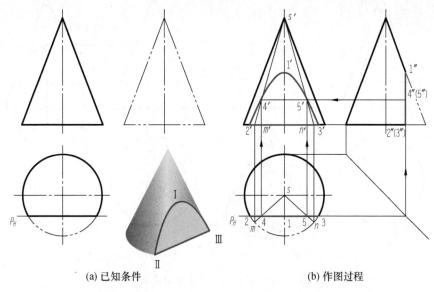

(a) 已知条件　　　　　　　　　(b) 作图过程

图 3 - 17　求作圆锥体的截交线

解　由图 3 - 17（a）可知，截平面 P 平行于圆锥轴线，其截交线为双曲线加直线段。又因 P 为正平面，故截交线的 H 面投影和 W 面投影均积聚，其 V 面投影反映截交线的实形。

作图：如图 3 - 17（b）所示。

（1）求特殊点。求截交线最高点Ⅰ的投影，由 1、$1''$ 求出 $1'$，该点为截平面 P 与圆锥最前轮廓素线的交点；求截交线最低点Ⅱ、Ⅲ的投影，由 2、3 和 $2''$、$3''$ 求出 $2'$、$3'$，这两点为截平面 P 与圆锥底圆的交点。

（2）求一般点。利用素线法（或纬圆法），在截交线的积聚投影 P_H 的适当位置标出两个一般点 4、5，利用素线法（也可用纬圆法）求作另外两个投影。过点 4、5 分别作通过锥顶的素线 sm、sn，在素线的 V 面投影 $s'm'$、$s'n'$ 上分别求出 $4'$ 和 $5'$。

（3）判别可见性并连点。由图可知截交线的 V 面投影可见，依次光滑连接 $2'$ - $4'$ - $1'$ - $5'$ - $3'$ - $2'$，即为所求。

【**例 3 - 12**】　如图 3 - 18（a）所示，试求左侧切口圆锥截断体的三面投影。

解　由图 3 - 18（a）所示的正面投影可知，切口圆锥可以看成被三个截平面，即水平面 P、正垂面 Q 和正垂面 R 截切。其中，截平面 P 与 Q、Q 与 R 之间各有一条交线——正垂线。

水平面 P 与圆锥轴线垂直，截交线是一段圆弧。正垂面 Q 延伸后通过锥顶，与圆锥面的截交线是两条素线。正垂面 R 与圆锥轴线倾斜，且延伸后与圆锥表面的所有素线均相交，故其截交线是一段椭圆弧。三个平面与圆锥产生的截交线，其 V 面投影有积聚性，需求作截交线的 H 面投影和 W 面投影。

作图：如图 3 - 18（b）所示。

（1）求平面 P 与圆锥的截交线。在 H 面投影上以 R 为半径画底圆的同心圆弧，并在其上求出 P 与 Q 的交线的投影 12，其中 12 不可见，连成虚线，再求出截交线和交线的 W 面投影。

（2）求平面 Q 与圆锥的截交线。因平面 Q 既与平面 P 相交，又过锥顶，所以其截交线必为通过Ⅰ、Ⅱ两点的素线。分别将 1、2、$1''$、$2''$ 与锥顶连线，在 H 面连线上求出素线的

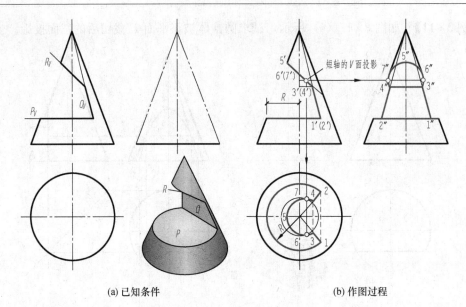

（a）已知条件　　　　　　　　　　　（b）作图过程

图 3 - 18　求作切口圆锥体的截交线

端点，同时也是 Q 与 R 交线端点的投影 3、4、$3''$、$4''$，34 之间也连成虚线。

（3）求平面 R 与圆锥的截交线。先在 V 面投影 R_V 上标出截交线上的几个特殊点：长轴的一个端点 $5'$，圆锥面前后轮廓素线与平面 R 的交点 $6'$、$7'$，椭圆短轴的端点（作图时，可将截平面 Q_V 延长后与圆锥最右轮廓素线相交，取其中点即是）。其中，短轴的端点在本题中用纬圆法作图，如图 3 - 18（b）所示。

（4）整理轮廓线，补全切口圆锥体的投影。要注意的是，圆锥体的最前和最后轮廓素线在截平面 P 与 R 之间被截断。

（三）平面与圆球相交

平面与圆球相交，不论截平面处于何种位置，其截交线都是圆。截平面距球心的距离决定截交圆的大小，经过球心的截交圆是最大的圆，其直径等于球的直径。

截平面对投影面的位置不同，截交线圆的投影也不相同。当截平面与投影面垂直、平行和倾斜时，截交线圆的投影分别为直线段、圆和椭圆，如表 3 - 4 所示。

表 3 - 4　　　　　　　　　　　　　　圆 球 的 截 交 线

截平面位置	截平面为投影面平行面	截平面为投影面垂直面
截交线投影形状	平行投影面上为圆，其余为直线	垂直投影面上为直线，其余为椭圆
投影图与直观图		

【例 3 - 13】　如图 3 - 19（a）所示，试求开槽半球的三面投影。

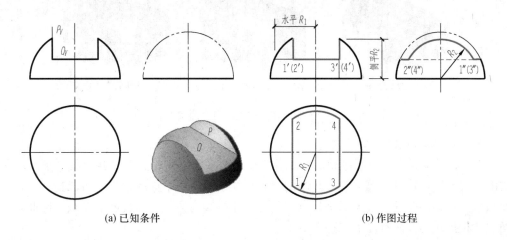

(a) 已知条件　　　　　　　　　　　　(b) 作图过程

图 3 - 19　求作开槽半球的截交线

解　由图 3 - 19（a）所示的正面投影可知，半球被左右对称的两个侧平面 P 和一个水平面 Q 所截切，它们与球面的截交线均为平行于相应投影面的圆弧，截平面 P 与 Q 产生的交线为正垂线，需求截交线的 H、W 面投影。

作图：如图 3 - 19（b）所示。

（1）求平面 Q 与球面的截交线。截交线的 H 面投影反映圆弧实形，以 R_1 为半径画水平圆弧，并在其上求出 P 与 Q 交线的投影 12、34。截交线的 W 面投影积聚为一直线，其中交线的投影 $1''2''$、$3''4''$ 连成虚线。

（2）求两对称侧平面 P 与球面的截交线。截交线的 W 面投影反映圆弧实形，以 R_2 为半径画侧平圆弧，即为截交线的投影，其 H 面投影积聚为直线段。

（3）整理轮廓线，补全开槽球体的投影。要注意的是，开槽半球的 W 面投影轮廓线应具有完整性。

3.3　两 立 体 相 贯

两立体相交称为两立体相贯，参与相贯的两立体成为一个整体，称为相贯体。两立体表面的交线称为相贯线，相贯线是两立体表面的共有线，也是两立体的分界线，相贯线上的点是两立体表面的共有点。

相贯线的形状取决于两立体的形状以及它们之间的相对位置。根据相交两立体的形状不同，相贯有三种组合形式：两平面立体相交、平面立体与曲面立体相交、两曲面立体相交，如图 3 - 20 所示。不论何种形式的相交，与截交线类似，相贯线同样具有表面性、共有性和封闭性（特殊情况下不封闭）三个特性。

立体的相贯形式有两种：一是互贯，即两个立体各有一部分参与相贯，其相贯线只有一组，如图 3 - 20（a）所示；二是全贯，即一个立体完全穿过另一个立体，其相贯线有两组或一组，如图 3 - 20（b）和图 3 - 20（c）所示。

(a) 两平面立体相交　　　　(b) 平面立体与曲面立体相交　　　　(c) 两曲面立体相交

图 3 - 20　相贯的三种组合形式

3.3.1　两平面立体相交

图 3 - 21 所示为两平面立体相交的工程实例。两平面立体相交，其相贯线一般情况下是封闭的空间折线，特殊情况下为不封闭的空间折线或封闭的平面多边形。每段折线是一立体棱面与另一立体棱面的交线，每个折点则是一立体棱线与另一立体棱面的交点。因此，求两平面立体相贯线的方法有以下三种：

（1）交线法：直接求出两平面立体上两个相应棱面的交线。

（2）交点法：求出各个平面立体中所有参与相贯的棱线与另一立体的交点，再将所有交点顺次连成折线。

（3）辅助平面法：根据三面共点原理，作适当的辅助截平面（常为投影面的平行面），求出该辅助平面与两立体表面的截交线，两条截交线的交点就是相贯线上的点。

图 3 - 21　两平面立体相交的工程实例

相贯线的连点原则：①对两个立体而言，均为同一棱面上的两点才能相连；②同一棱线上的两点不能相连。

相贯线投影可见性的判别原则：只有同时位于两立体都可见表面上的交线才是可见的，否则相贯线的投影不可见。

【例 3 - 14】　如图 3 - 22（a）所示，求作两三棱柱的相贯线。

解　由图 3 - 22（a）和图 3 - 22（c）可知，侧垂三棱柱部分贯入直立三棱柱，是互贯，相贯线是一组封闭的空间折线。

由于直立三棱柱的水平投影有积聚性，因此相贯线的 H 面投影必然积聚在该棱柱水平投影的轮廓线上。同样，侧垂三棱柱的侧面投影有积聚性，相贯线的 W 面投影必然积聚在该棱柱侧面投影的轮廓线上，只需求作相贯线的 V 面投影。

从图中还可以看出，只有直立三棱柱的 N 棱线、侧垂三棱柱的 A 和 C 棱线参与相贯。每条棱线与另一个立体的棱面有两个交点，这六个交点即为所求相贯线的六个折点，求出这

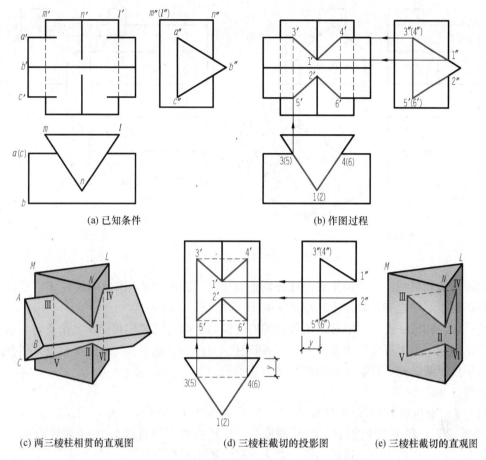

(a) 已知条件　　　　　　　　　　　　　(b) 作图过程

(c) 两三棱柱相贯的直观图　　　　(d) 三棱柱截切的投影图　　　　(e) 三棱柱截切的直观图

图 3-22　两三棱柱的相贯线以及三棱柱的截交线

些点，顺序连成折线即为相贯线。

作图：如图 3-22（b）所示。

（1）求相贯线上的各个折点。首先在 W 面投影上标出各个折点的投影 $1''$、$2''$、$3''$、$4''$、$5''$、$6''$，利用积聚性求出 H 面投影，再根据投影规律求出 V 面投影 $1'$、$2'$、$3'$、$4'$、$5'$、$6'$。

（2）依次连接各点并判别可见性。根据"相贯线的连点原则"以及投影可判断出，V 面投影的连点次序为 $1'$-$3'$-$5'$-$2'$-$6'$-$4'$-$1'$。其中，$3'5'$ 和 $4'6'$ 两条交线为直立三棱柱 MNL 的左、右两棱面与侧垂三棱柱 ABC 的后棱面的交线，故 $3'5'$ 和 $4'6'$ 不可见，用虚线连接。

（3）补全各棱线的投影。相贯体实际上是一个实心的整体，因此，需将参与相贯的每条棱线补画到相贯线相应的各顶点上。

将图 3-22（b）中两三棱柱的相贯线与图 3-22（d）中直立三棱柱的截交线相比较后发现，相贯线的实质就是截交线。两者的区别是：①可见性；②截交线中两截平面的交线应相连，而相贯线上同一条棱线上的两点是不能相连的。

【例 3-15】　如图 3-23（a）所示，求作房屋的相贯线。

解　由图 3-23（a）可知，房屋可看作是棱柱相交的相贯体，即棱线垂直于 W 面的五棱柱分别与棱线垂直于 V 面的五棱柱以及棱线垂直于 H 面的四棱柱相贯。

两相贯的五棱柱前后不贯通，又因它们具有共同的底面（无交线），因此只在前面形成

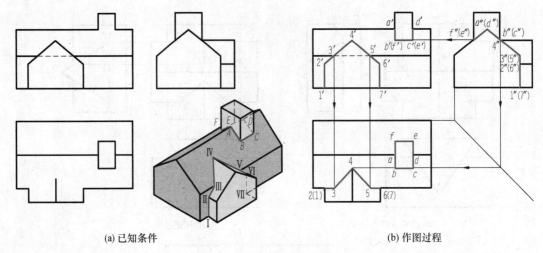

(a) 已知条件　　　　　　　　　　　　　　(b) 作图过程

图 3-23　房屋的相贯线

一条不闭合的相贯线。由于两个五棱柱分别垂直于 W 面和 V 面，因此两棱柱相贯线的侧面投影和正面投影都已知，只需求其相贯线的 H 面投影。

五棱柱与四棱柱上下不贯通，四棱柱的四个棱面全部与五棱柱相交，是全贯，只有一组封闭的相贯线。由于五棱柱垂直于 W 面，四棱柱垂直于 H 面，因此两棱柱相贯线的侧面投影和水平投影都已知，只需求其相贯线的 V 面投影。

作图：如图 3-23（b）所示。

（1）求两五棱柱相贯线的 H 面投影。在 V 面投影上标出各个折点的投影 $1'$、$2'$、$3'$、$4'$、$5'$、$6'$、$7'$，利用积聚性再标出 W 面投影，根据投影规律直接求出 H 面投影 1、2、3、4、5、6、7，依次将各个点连成实线，即为相贯线的水平投影。

（2）求五棱柱与四棱柱相贯线的 V 面投影。在 H 面投影上标出各个折点的投影 a、b、c、d、e、f，利用积聚性再标出 W 面投影，根据投影规律直接求出 V 面投影 a'、b'、c'、d'、e'、f'，依次将各个点连成实线，即为相贯线的正面投影。

应注意，当参与相贯的形体对称时，相贯线也是对称的，利用对称性可以简化作图。如垂直于 V 面的五棱柱的正面投影左右对称，因此相贯线也左右对称；而垂直于 W 面的五棱柱和四棱柱的水平投影和侧面投影前后、左右都对称，因此相贯线前后、左右也对称。

（3）补全各棱线的投影。

【例 3-16】　如图 3-24（a）所示，求三棱锥与四棱柱的相贯线。

解　由图 3-24（a）可知，四棱柱的各棱面全从三棱锥的 SAB 棱面穿入，从 SBC 棱面穿出，是全贯。相贯线是左右两组封闭的平面多边形，且相贯线左右对称。

因四棱柱的 W 面投影有积聚性，相贯线的 W 面投影积聚在四棱柱的侧面投影轮廓线上，故只需求相贯线的 V 面投影和 H 面投影。又因四棱柱的上、下表面为水平面，故可采用辅助截平面法作图。

作图：如图 3-24（b）、图 3-24（e）所示。

（1）求相贯线上各点的投影。过四棱柱的上表面作水平辅助截平面 P，该辅助平面 P 与四棱柱产生矩形截交线，与三棱锥产生三角形截交线，如图 3-24（d）所示，矩形截交线与三角形截交线的交点Ⅰ、Ⅱ（因相贯线左右对称，在此只标记了左侧相贯线上的点）即为左

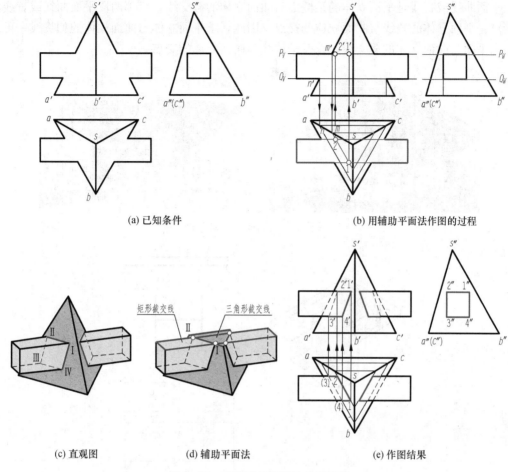

(a) 已知条件

(b) 用辅助平面法作图的过程

(c) 直观图　　　　(d) 辅助平面法　　　　(e) 作图结果

图 3-24　三棱锥与四棱柱的相贯线

侧相贯线上的点。具体作图如图 3-24（b）所示，过 P_V 与 $s'a'$ 的交点 m' 向下引竖直线，与 sa 相交于 m；过 m 作与底边平行的三角形，该三角形与四棱柱上底面的水平投影的交点 1、2 即为相贯线上点 I、II 的 H 面投影；再根据投影规律求出其 V 面投影 $1'$、$2'$。同理，过四棱柱的下底面作水平辅助平面 Q，可以求出左侧相贯线上的点。

（2）连线同时判别可见性：

1）在 H 面投影中，只有四棱柱的下表面不可见，故除下表面上的交线 34 连成虚线外，其余全部画成实线。

2）在 V 面投影中，只有四棱柱的后棱面不可见，故除后棱面上的交线 $2'3'$ 连成虚线外，其余全部画成实线。

（3）补全各棱线的投影。在投影图中，除需将各参与相贯的棱线与该棱线上的交点相连外，还应将未参与相贯的棱线补全，如三棱锥 SA、SC 棱线被遮挡部分的 V 面投影以及底边 AB、BC 被遮挡部分的 H 面投影均应绘制成虚线。

3.3.2　平面立体与曲面立体相交

图 3-25 所示为平面立体与曲面立体相交的工程实例。平面立体与曲面立体相交，其相贯线一般情况下是由若干段平面曲线或平面曲线和直线所组成，如图 3-26 所示的柱头。每

一段平面曲线或直线是平面立体的某棱面与曲面立体的截交线，相邻两段平面曲线或直线的连接点是平面立体的棱线与曲面立体的交点。因此，求平面立体与曲面立体的相贯线，可归结为求平面与曲面立体的截交线，以及求棱线与曲面立体的交点。

图 3-25　平面立体与曲面立体相交的工程实例

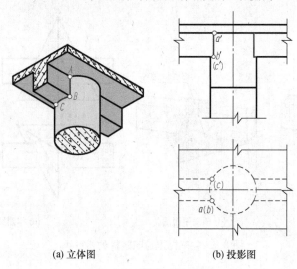

(a) 立体图　　　　　(b) 投影图

图 3-26　柱头的相贯线

【例 3-17】　如图 3-27（a）所示，求四棱锥与圆柱相贯线的正面投影。

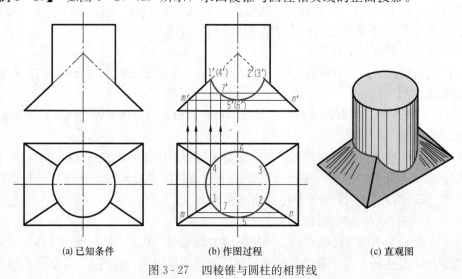

(a) 已知条件　　　　　　(b) 作图过程　　　　　　(c) 直观图

图 3-27　四棱锥与圆柱的相贯线

解　根据平面立体各棱面与曲面立体轴线的相对位置，确定相贯线的空间形状。由图 3 - 27（a）可知，四棱锥的四个棱面与圆柱都相交，且与圆柱轴线倾斜，故相贯线为四段椭圆弧组成的空间封闭线，四段椭圆弧之间的连接点是四棱锥的四条棱线与圆柱面的交点。

由于圆柱面的水平投影有积聚性，因此相贯线的 H 面投影已知，只需求正面投影。因参与相贯的四棱锥和圆柱前后、左右都对称，故其相贯线也是前后、左右都对称的。

作图：如图 3 - 27（b）所示。

（1）求连接点。由四棱锥的四条棱线与圆柱面交点的水平投影 1、2、3、4，直接求出其 V 面投影 1′、2′、3′、4′。

（2）求相贯线的投影：

1）求四棱锥左右两棱面的相贯线。左右两棱面为正垂面，其表面产生的相贯线积聚在棱面的积聚投影上。

2）求四棱锥前后两棱面产生的相贯线，其 V 面投影重合。先求特殊点，如圆柱体前、后轮廓素线与四棱锥棱面的交点，其水平投影分别为 5、6。过点 5 在四棱锥前棱面上作平行于底边的辅助线 mn，求出 m′n′，并在其上求得 5′，6′与 5′重合。再求一般点，如在 1、5 之间的适当位置取一般点，如 7 点，同样作辅助线，求得 7′。

（3）判别可见性并连线。用光滑曲线连接左侧相贯线 1′-7′-5′，右侧与其对称。

（4）整理轮廓线，完成相贯体的投影。

【例 3 - 18】　如图 3 - 28（a）所示，求作三棱柱与半球的相贯线。

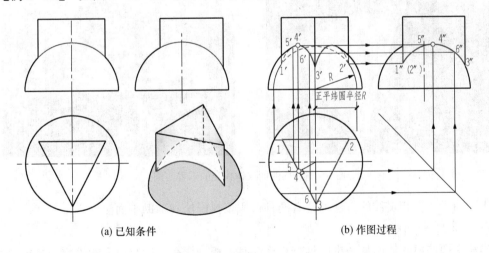

(a) 已知条件　　　　　　　　　(b) 作图过程

图 3 - 28　三棱柱与半球的相贯线

解　由图 3 - 28（a）可知，三棱柱的三个棱面与半球都相交，故相贯线为三段圆弧组成的空间封闭线，三段圆弧之间的连接点是三棱柱的三条棱线与半球面的交点。

由于三棱柱的水平投影有积聚性，因此相贯线的 H 面投影已知，需求相贯线的 V 面投影和 W 面投影。因参与相贯的三棱柱和半球左右对称，故其相贯线也左右对称。

作图：如图 3 - 28（b）所示。

（1）求连接点。在三棱柱三条棱线交点的 H 面投影上标出 1、2、3。利用辅助纬圆法求出 1′、2′，再求出 1″、2″。Ⅲ点在半球面的侧平轮廓圆上，由 3 可先求 3″，再求 3′。

（2）求相贯线上每段截交线的投影：

1）求作三棱柱后棱面的截交线。因三棱柱后棱面为正平面，故其截交线的 V 面投影反映圆弧实形，画成半径为 R 的虚线圆弧，W 面投影积聚为直线。

2）求作三棱柱左右两棱面的截交线。三棱柱左右两对称棱面截交线的 V 面和 W 面投影反映圆弧的类似形——椭圆弧。先求特殊点：椭圆弧上的最高点，其水平投影为 4，用辅助平面法求其他投影；半球面正平轮廓圆上的点，其水平投影为 5，可直接求得 V、W 面投影。再求一般点：其水平投影为 6，可用同样的方法求出 6′、6″。

（3）判别可见性并连线。左侧椭圆弧 V 面投影的连点顺序为 1′-5′-4′-6′-3′，其中 1′、5′之间的椭圆弧在后半球面上，连成虚线；其 W 面投影的连点顺序与 V 面投影一致，因各点均在左半球面上，故连成实线。右侧椭圆弧与左侧椭圆弧 V 面投影对称，W 面投影重合。

（4）整理半球轮廓圆的投影，如图 3-28（b）所示。相贯体是一个实心的整体，每一立体的轮廓线或投影外形线，都应画到相贯线为止。

3.3.3　两曲面立体相交

图 3-29 所示为两曲面立体相交的工程实例。两曲面立体相交，其相贯线一般情况下是封闭的空间曲线，特殊情况下可能是直线或平面曲线。相贯线是两曲面立体表面的共有线，相贯线上的点是两曲面立体表面的共有点。因此，求两曲面立体的相贯线，一般先作出一系列共有点，然后依次光滑地连成曲线。

图 3-29　两曲面立体相交的工程实例

求两曲面立体相贯线的方法通常有两种：积聚投影法和辅助平面法。

（一）积聚投影法

当相交两曲面立体的某一投影具有积聚性时，相贯线在该投影面上的投影与之重合，其他投影就可利用另一曲面立体表面取点的方法作出。

【例 3-19】　如图 3-30（a）所示，求作两正交不等直径圆柱的相贯线。

解　由图 3-30（a）可知，两不等直径圆柱的轴线垂直相交，直立小圆柱完全贯入水平大圆柱，相贯线为一条前后、左右都对称的封闭的空间曲线。由于小圆柱的 H 面投影和大圆柱的 W 面投影都有积聚性，相贯线的 H 面投影和 W 面投影都已知，只需利用积聚性作出相贯线的 V 面投影。

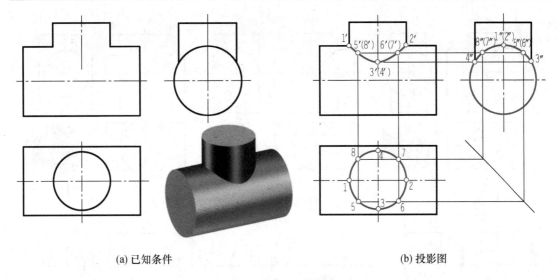

(a) 已知条件　　　　　　　　　　(b) 投影图

图 3-30　两圆柱相贯线的投影

作图：

（1）求特殊点。在相贯线的已知投影上定出最左点、最右点、最前点、最后点的投影 1、2、3、4 及 $1''$、$2''$、$3''$、$4''$，由这些点的两面投影求出其 V 面投影 $1'$、$2'$、$3'$、$4'$（点 I、II 和点 III、IV 又分别是相贯线上的最高点和最低点）。

（2）求一般点。根据需要，在小圆柱水平投影——圆周上的几个特殊点之间，选择适当的位置对称取几个一般点，如 5、6、7、8，按照投影规律作出其 W 面投影，再求出其 V 面投影 $5'$、$6'$、$7'$、$8'$。

（3）连点并判别可见性。将相贯线上各点的 V 面投影，按照 H 面投影中各点的排列顺序依次连接，即 $1'$-$5'$-$3'$-$6'$-$2'$-$7'$-$4'$-$8'$-$1'$，相贯线前后对称，V 面投影重合，连成实线。

两圆柱的直径变化，其相贯线形状和弯曲趋向也随之发生变化，其变化趋势如图 3-31 所示。相贯线投影具有以下变化规律：

（1）当两圆柱直径不相等时，其相贯线的投影总是绕着小圆柱面凸向大圆柱轴线方向，且可以在不致引起误解的情况下，采用简化画法作图，即以相贯两圆柱中较大圆柱的半径为半径，用圆弧代替相贯线，如图 3-31 所示。

（2）当两圆柱直径相等时，其相贯线是两条平面曲线——垂直于两相交轴线所确定的平面的椭圆。

轴线垂直相交的圆柱是工程形体上最常见的，其相贯有以下三种形式：

1）两外表面相贯（实实相贯），如图 3-32（a）所示。

2）外表面与内表面相贯（实虚相贯），如图 3-32（b）所示。

3）两内表面相贯（虚虚相贯），如图 3-32（c）所示。

不管是两圆柱体的外表面还是内表面，只要它们相交，就会产生相贯线，而相贯线的形状和求法是完全相同的。

（二）辅助平面法

作一辅助平面同时与两曲面立体表面相交，求出该辅助平面与两曲面立体的两条截交线，它们的交点即为相贯线上的点。

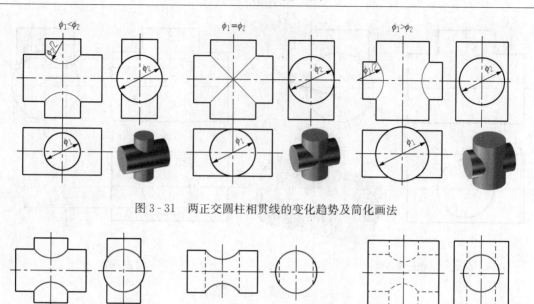

图 3-31 两正交圆柱相贯线的变化趋势及简化画法

(a) 两外表面相贯　　　　(b) 外表面与内表面相贯　　　　(c) 两内表面相贯

图 3-32 两圆柱相贯的不同形式

为使作图简便和准确，辅助平面通常选择投影面的平行面，且使该辅助平面与两曲面立体表面的截交线的投影都是简单易画的直线或圆。

【例 3-20】 如图 3-33（a）所示，求作圆柱和圆台的相贯线。

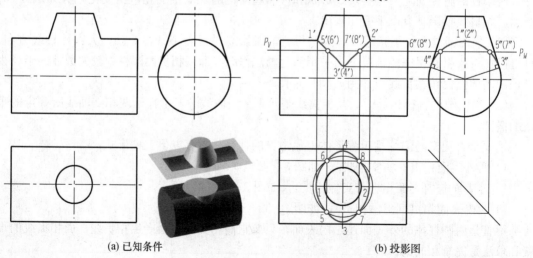

(a) 已知条件　　　　　　　　　　(b) 投影图

图 3-33 圆柱与圆台的相贯线

解 由图 3-33 可知，相贯两立体轴线垂直相交，圆台完全贯入水平横放圆柱，相贯线是一组前后、左右都对称的封闭的空间曲线。由于圆柱轴线垂直于侧面，因此相贯线的侧面投影与圆柱的侧面投影——圆重合。因此,只需求其正面投影和水平投影,可用辅助平面法求出。

作图:如图 3-33(b)所示。

(1)求特殊点。在相贯线的已知投影上定出最高点和最低点的投影 1″、2″和 3″、4″(点Ⅰ、Ⅱ和点Ⅲ、Ⅳ又分别是相贯线上的最左、最右和最前、最后点)。

(2)求一般点。用辅助平面可求适量的中间点,如 5″、6″、7″、8″。过点作水平辅助面 P,它与圆台面的截交线是圆,与圆柱面的截交线为两平行直线。两平行直线与圆的四个交点,即为相贯线上点的水平投影 5、6、7、8,再求出正面投影 5′、6′、7′、8′。

(3)连点并判别可见性。将相贯线上各点的 H 面投影,按照 1-5-3-7-2-8-4-6-1 的顺序依次连接成光滑的实线,其 V 面投影前后重合,也连成实线。

(三)相贯线的特殊情况

(1)两同轴回转体相交,相贯线是垂直于轴线的圆,如图 3-34 所示。

(2)具有公共内切球的两回转体(圆柱、圆锥)相交,相贯线为两相交椭圆,如图 3-35 所示。

(3)轴线相互平行的两圆柱相交,相贯线是平行于轴线的两条直线,如图 3-36(a)所示。

(4)具有公共顶点的两圆锥相交,相贯线是过锥顶的两条直线,如图 3-36(b)所示。

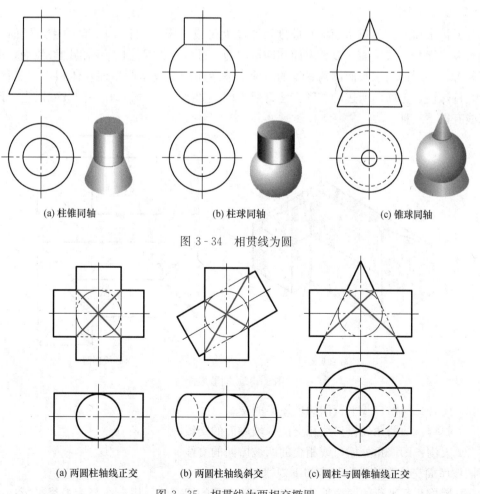

(a) 柱锥同轴   (b) 柱球同轴   (c) 锥球同轴

图 3-34 相贯线为圆

(a) 两圆柱轴线正交   (b) 两圆柱轴线斜交   (c) 圆柱与圆锥轴线正交

图 3-35 相贯线为两相交椭圆

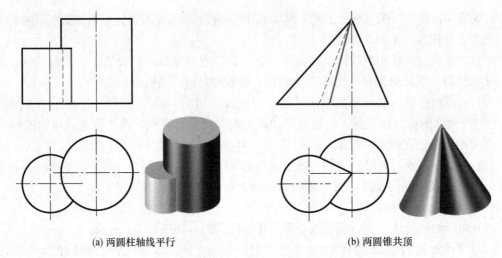

(a) 两圆柱轴线平行　　　　　　　　(b) 两圆锥共顶

图 3-36　相贯线为直线

3.4　同坡屋面交线

为了排水需要，建筑屋面均有坡度，坡度大于或等于 10°且小于 75°的建筑屋面称为坡屋面。坡屋面分单坡屋面、双坡屋面和四坡屋面。最常见的是屋檐等高的同坡屋面，即屋檐高度相等、各屋面与水平面倾角相等的屋面。坡屋面的交线是两平面立体相交的工程实例，但因其特殊性，与前面所述的作图方法有所不同。如图 3-37 所示，在同坡屋面上，两屋面的交线有以下三种：

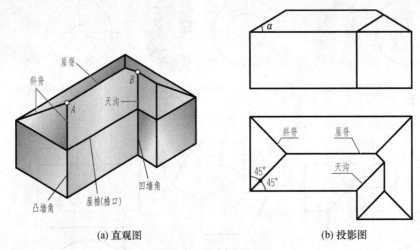

(a) 直观图　　　　　　　　　　(b) 投影图

图 3-37　同坡屋面

（1）屋脊：与檐口线平行的两坡屋面的交线。

（2）斜脊：凸墙角处檐口线相交的两坡屋面的交线。

（3）天沟：凹墙角处檐口线相交的两坡屋面的交线。

同坡屋面交线及其投影具有如下规律：

（1）屋檐相互平行的两个坡面，必相交于水平的屋脊线，屋脊线与屋檐线平行；屋脊线

的 H 面投影与两檐口线的 H 面投影平行且等距。

（2）屋檐相交的相邻两个坡面，必相交于倾斜的斜脊或天沟；它们的 H 面投影为两檐口线 H 面投影夹角的角分线。当相交两屋檐相互垂直时，其斜脊和天沟的水平投影与檐口线的投影成 45°角。

（3）在屋面上如果有两斜脊、两天沟或一斜脊与一天沟相交于一点，则必有第三条屋脊通过该点。这个点就是三个相邻坡面的公共点。如图 3 - 37 中，点 A 为两斜脊与一条屋脊的交点，点 B 为斜脊、天沟、屋脊的交点。

【例 3 - 21】　如图 3 - 38（a）所示，已知同坡屋面的倾角 $\alpha = 30°$ 及檐口线的 H 面投影，求屋面交线的 H 面投影和屋面的 V、W 面投影。

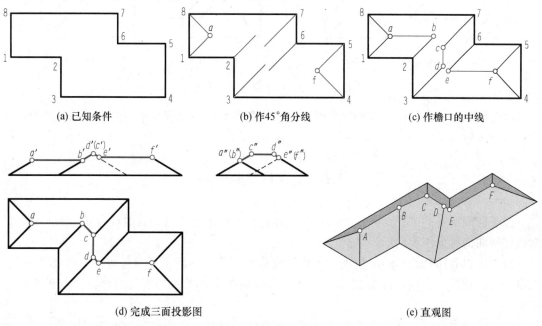

(a) 已知条件　　　　(b) 作45°角分线　　　　(c) 作檐口的中线

(d) 完成三面投影图　　　　　　　　(e) 直观图

图 3 - 38　屋面交线

解　根据同坡屋面交线的投影规律，作图步骤如下：

（1）作屋面交线的水平投影：

1）作檐口交线的角平分线。因檐口线垂直相交，因而角分线是 45°倾斜线，过檐口线 H 面投影中的每一个屋角作 45°分角线。在凸墙角上作的是斜脊，凹墙角上作的是天沟，其中两对斜脊分别相交于点 a 和点 f，如图 3 - 38（b）所示。

2）作每一对檐口线（前后和左右）的中线，即屋脊线。过 a 作屋脊线与墙角 2 的天沟线相交于点 b，过点 f 作屋脊线与墙角 6 的天沟线相交于点 e；作 23 和 67 两平行屋檐的屋脊，与两斜脊分别交于点 c 和点 d，如图 3 - 38（c）所示。再根据三面共点原理，补全其所有屋面交线的水平投影，如图 3 - 38（d）所示。

（2）作屋面的 V、W 面投影。根据屋面倾角 $\alpha = 30°$，先作出具有积聚性屋面的 V 面投影，再加上屋脊线的 V 面投影，即得屋面的 V 面投影；然后根据投影规律作出屋面的 W 面投影，如图 3 - 38（d）所示。

由于同坡屋面的同一周界限的尺寸不同，可以得到以下四种典型的屋面划分：

1) $ab<ef<ac$，如图 3-39 （a）所示。

2) $ab=ef<ac$，如图 3-39 （b）所示。

3) $ab=ac>ef$，如图 3-39 （c）所示。

4) $ab>ac>ef$，如图 3-39 （d）所示。

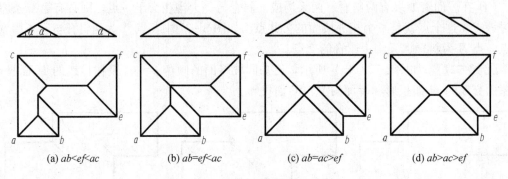

(a) $ab<ef<ac$ (b) $ab=ef<ac$ (c) $ab=ac>ef$ (d) $ab>ac>ef$

图 3-39 同坡屋面的四种情况

由此可见，屋脊线的高度随着两檐口之间的距离变化而变化。平行两檐口屋面的跨度越大，屋脊线就越高。

3.5 工 程 曲 面

除了前面所讲的圆柱、圆锥等回转曲面外，在工程中还会遇到其他较为复杂的曲面，通常将这些曲面称为工程曲面。

曲面可以看作是线运动的轨迹。运动的线称为母线，曲面上任意位置的母线称为素线。控制母线运动的点、线或面分别称为定点、导线和导面，无数的素线组合在一起就形成了曲面。

曲面的种类很多，其分类方法也很多。按母线的形状，曲面可分为直线面和曲线面。由直母线运动形成的曲面为直线面，只能由曲母线形成的曲面为曲线面。本节只介绍工程实践中最常见的直线面。直线面可分为可展直线面和不可展直线面。曲面上任意相邻两素线是平行或相交直线的曲面，称为可展直线面；曲面上任意相邻两素线是彼此交叉直线的曲面，称为不可展曲面。

表达曲面时，通常需要画出曲面边界的投影（实际曲面是有范围的）、外形轮廓线的投影；为了增强表达效果，在工程图中还要画出若干素线的投影。

3.5.1 可展直线面

一、柱面

1. 形成

一直母线 AA_1 沿曲导线 ACB 移动，且移动过程中 AA_1 始终平行于一直导线 MN，由此所形成的曲面称为柱面，如图 3-40 （a）所示。柱面的所有素线互相平行。

2. 投影作图

作图方法如图 3-40 （b）所示：

（1）画出表示柱面的几何要素——直母线 AA_1、直导线 MN 和曲导线 ACB 的投影。

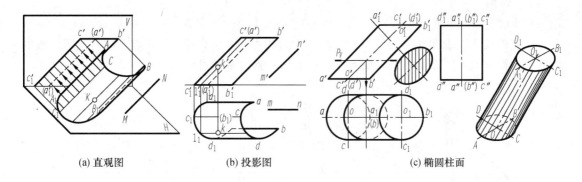

(a) 直观图   (b) 投影图   (c) 椭圆柱面

图 3-40 柱面的形成

（2）画出柱面边界线 AA_1、BB_1 的投影。

（3）画出柱面轮廓线的投影，即柱面正面投影轮廓线 $CC1$ 的投影 $c'c_1'$ 及柱面水平投影轮廓线 DD_1 的投影 dd_1。

图 3-40（b）所示为柱面上取点的作图方法。例如，已知柱面上点 K 的正面投影 k'，可利用柱面上的素线为辅助线求出其水平投影 k。

图 3-40（c）所示为一斜置椭圆柱面，其曲导线为水平圆，直导线为正平线 OO_1；其正截面（即垂直于轴线的截面）为椭圆，水平截面为圆。

3. 工程实例

图 3-41 所示为水工建筑物的闸墩和溢流坝。

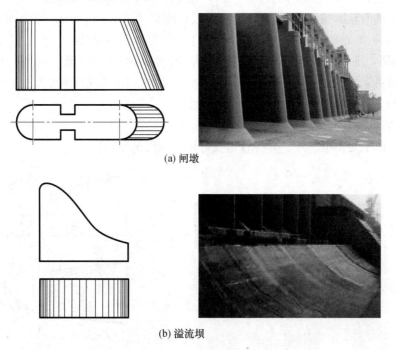

(a) 闸墩

(b) 溢流坝

图 3-41 柱面的应用

二、锥面

1. 形成

一直母线 SM 沿曲导线圆 O 移动，且移动过程中 SA 始终通过一定点 S，由此所形成的曲面称为锥面，如图 3-42（a）所示。锥面的所有素线都通过锥顶。

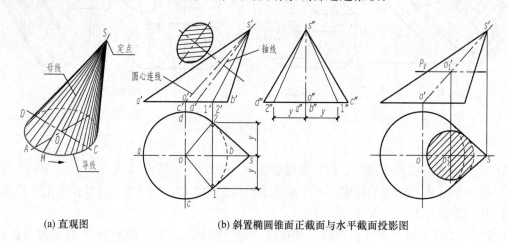

(a) 直观图　　　　　　　(b) 斜置椭圆锥面正截面与水平截面投影图

图 3-42　锥面的形成

2. 投影作图

作图方法如图 3-42（b）所示：

（1）画出锥顶 S 和曲导线 AB 的投影。

（2）画出边界线 SA、SB 的投影。其 H 面投影为 sa、sb，V 面投影为 $s'a'$、$s'b'$。

（3）画出锥面轮廓线的投影。$s'1'$ 为正面投影轮廓线，$s2$、$s3$ 为水平投影轮廓线。

当锥面有两个或两个以上对称面时，它们的交线为锥面的轴线。若垂直于轴线的截面（正截面）为圆，则称为圆锥面；若正截面为椭圆，则称为椭圆锥面。图 3-42（c）所示为一斜置椭圆锥面，曲导线为水平圆，定点为 S，顶点与底圆圆心的连线为正平线，轴线为锥顶的角平分线，其正截面为椭圆，水平截面为圆。

3. 工程实例

图 3-43 所示为渠道护坡、异径管道及方圆渐变段的组合面。

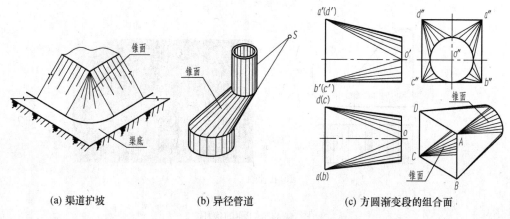

(a) 渠道护坡　　　　(b) 异径管道　　　　(c) 方圆渐变段的组合面

图 3-43　锥面的应用

3.5.2　不可展直线面

一、双曲抛物面

1. 形成

一直母线 AC 沿两交叉直导线 AB、CD 移动，且移运过程中 AC 始终平行于一导平面 P，由此所形成的曲面称为双曲抛物面，如图 3-44（a）所示。该双曲抛物面也可以看成是一直母线 AB 沿两交叉直导线 AC、BD 移动，且移运过程中 AB 始终平行于一导平面 Q 所形成的曲面。

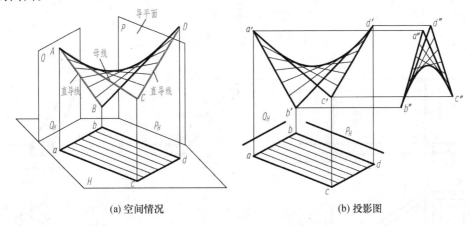

(a) 空间情况　　　　　　　　(b) 投影图

图 3-44　双曲抛物面的形成及投影

由上可知，同一双曲抛物面有两种形成方法，且形成原理相同。该双曲抛物面上存在两个导平面和两族素线，两个导平面的交线为双曲抛物面的法线。过法线的平面与双曲抛物面相交，截交线为抛物线；垂直于法线的平面与双曲抛物面相交，截交线为双曲线，因此这种曲面称为双曲抛物面，在工程中也称为扭面。

2. 投影作图

作图方法如图 3-44（b）所示：

（1）分别画出两交叉直导线 AB、CD 三面投影。

（2）将直导线分为若干等分（本例中分为六等分）。

（3）分别连接各等分点的对应投影，如 ac、bd、$a'c'$ 和 $b'd'$ 等。

（4）在正面和侧面投影图上作出与每个素线都相切的包络线。由几何知识可知，这是一条抛物线。

3. 工程实例

如图 3-45 所示，双曲抛物面在土木建筑、水利水电工程中有着广泛的应用，如屋面、岸坡以及水闸、船闸或渡槽等与渠道的连接处都作成双曲抛物面。如图 3-45（b）所示，渠道两侧面边坡是斜面，水闸两侧墙面是直立的墙，为使水流平顺及减少水头损失，连接段的内表面采用双曲抛物面。

在水利工程图中，通常在俯视图上画出水平素线的投影，在左视图上画出侧平素线的投影，在主视图上画出相应素线或不画素线，只写"扭曲面"或"扭面"，如图 3-46 所示。

二、柱状面

1. 形成

一直母线 AC 沿着两条曲导线弧 AB 和弧 CD 移动，且移动过程中 AC 始终平行于一导

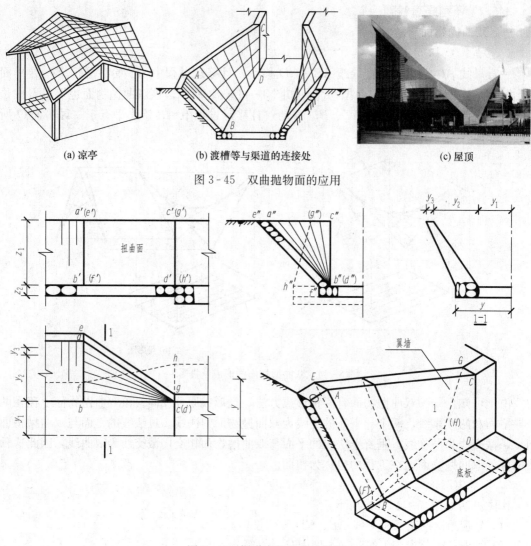

(a) 凉亭　　　　　　(b) 渡槽等与渠道的连接处　　　　　　(c) 屋顶

图 3-45　双曲抛物面的应用

图 3-46　渠道中的双曲抛物面

平面 P，由此所形成的曲面称为柱状面，如图 3-47（a）所示。当导平面 P 平行于 W 面时，该柱状面的投影如图 3-47（b）所示。

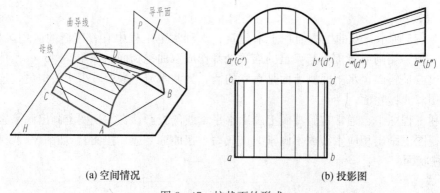

(a) 空间情况　　　　　　(b) 投影图

图 3-47　柱状面的形成

2. 工程实例

图 3-48 所示为柱状面在桥墩与拱门中的应用。

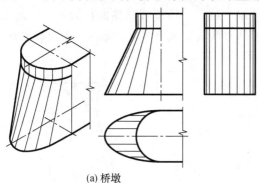

(a) 桥墩

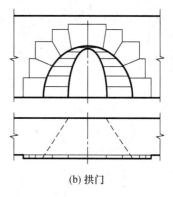

(b) 拱门

图 3-48　柱状面的应用

三、锥状面

1. 形成

一直母线 AC 沿着一直导线 CD 和一曲导线弧 AB 移动，且在移动过程中母线 AC 始终平行于一个导平面 P，由此所形成的曲面称为锥状面，如图 3-49（a）所示。当导平面 P 平行于 W 面时，该锥状面的投影如图 3-49（b）所示。

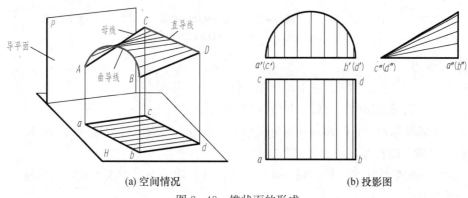

(a) 空间情况　　　　　　　　　　　　(b) 投影图

图 3-49　锥状面的形成

2. 工程实例

图 3-50 所示为锥状面在屋顶、桥台护坡与堤坝中的应用。

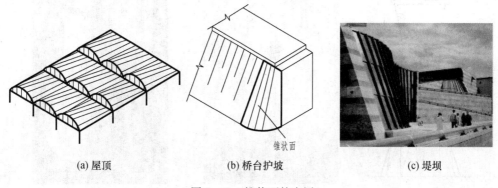

(a) 屋顶　　　　　　(b) 桥台护坡　　　　　　(c) 堤坝

图 3-50　锥状面的应用

四、单叶回转双曲面

1. 形成

一直母线 AB 绕与其交叉的直线（旋转轴）旋转，所形成的曲面称为单叶回转双曲面，如图 3-51（a）所示。由此可知，该面上相邻素线为交叉直线，直母线上距旋转轴最近点的轨迹为喉圆，如点 K 的运动轨迹。

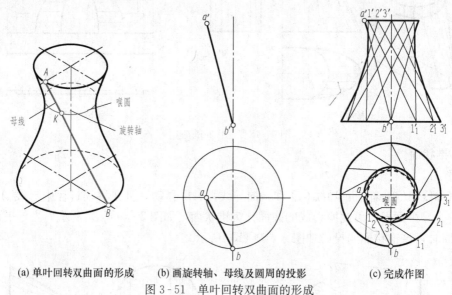

(a) 单叶回转双曲面的形成   (b) 画旋转轴、母线及圆周的投影   (c) 完成作图

图 3-51 单叶回转双曲面的形成

2. 投影作图

作图方法如图 3-51（b）、图 3-51（c）所示：

（1）先画出铅垂旋转轴、母线 AB 及回转圆周的投影。

（2）将回转圆周自 A、B 两点开始分成相同的等分，将对应各等分点的同面投影用直线连接，即得各素线的投影，如 11_1、22_1、$33_1\cdots$。

（3）作出这些素线正面投影的包络线——双曲线，以及各素线水平投影的包络线——喉圆，即完成作图。

3. 工程实例

图 3-52 所示为单叶回转双曲面在电视塔和水塔中的应用。

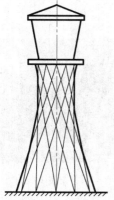

图 3-52 单叶回转双曲面的应用

五、圆柱螺旋线与平螺旋面

在建筑工程中，平螺旋面的应用也比较广泛，如建筑设计中常见的螺旋楼梯等。由于平螺旋面的形成是以螺旋线为基础的，故首先介绍螺旋线的画法。

（一）圆柱螺旋线

1. 形成

如图 3‑53 所示，一动点 A 沿圆柱面的直母线并按固定方向（如向上）等速移动，同时该直母线绕与其平行的柱轴等速旋转，此时动点 A 的运动轨迹称为圆柱螺旋线。图中的圆柱称为导圆柱，螺旋线是该柱面上的一条空间曲线。

圆柱螺旋线的三个基本要素如下：

（1）直径 d：即导圆柱的直径。

（2）导程 P_h：动点回转一周后沿轴线方向移动的距离。

（3）旋向：动点在导圆柱面上的旋转方向。当手作握拳状时，翘起的拇指指向动点沿直线的移动方向，其余四指的弯曲方向则为动点的旋转方向，符合右手时，称为右螺旋线；符合左手时，则称为左螺旋线。图 3‑53 所示为右螺旋线。

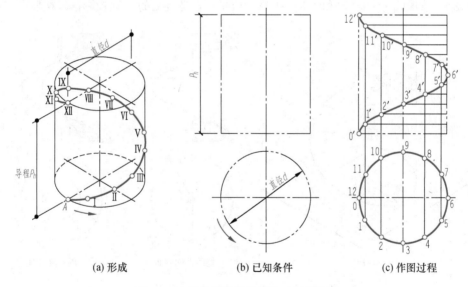

| (a) 形成 | (b) 已知条件 | (c) 作图过程 |

图 3‑53　圆柱螺旋线的形成及投影作图

2. 投影作图

如图 3‑53（a）所示，已知圆柱螺旋线的直径 d、导程 P_h 和旋向，就可以作出其投影。具体作图步骤如下：

（1）圆柱螺旋线的水平投影与导圆柱的投影重合，主要是其正面投影的画法。

（2）从圆柱面最左素线的下端点 A 开始，把圆柱面的 H 面投影圆周分为适当等分，如十二等分，并按旋转方向编号，如 0、1、2、…、12，同时将 V 面投影导程 P_h 也作相同等分。从 H 面投影中各点向上作投影连线，与 V 面投影中相应各点的水平线相交，即得到螺旋线上各点的 V 面投影 $0'$、$1'$、$2'$、…、$12'$。

（3）依次光滑连接各点，得到一正弦（或余弦）曲线，该曲线即为柱面螺旋线的正面投影，如图 3‑53（c）所示。

（二）平螺旋面

1. 形成

一直母线 MN 沿一直导线——圆柱轴线和一曲导线——圆柱螺旋线移动，且移动过程中 MN 始终平行于与轴线垂直的导平面 H，由此所形成的曲面称为平螺旋面，如图 3-54（a）所示。平螺旋面是锥状面的一种。

2. 投影作图

（1）先作出圆柱螺线及其轴线的投影。

（2）将螺旋线 H 面投影的圆周上各等分点与轴线 H 面积聚投影点——圆心相连，得到平螺旋面相应素线的 H 面投影；因螺旋面上的各条素线为水平线，故过螺旋线 V 面投影上等分点引到轴线 V 面投影的水平线，即为平螺旋面的 V 面投影，如图 3-54（b）所示。

如果平螺旋面被一个同轴的小圆柱面所截，即中空的平螺旋面，则其投影如图 3-54（c）所示。小圆柱面与螺旋面的交线，是一根与圆柱螺旋曲导线相等导程的螺旋线。值得注意的是，平螺旋面的旋向与其边缘圆柱螺旋线的旋向相同。不论是完整的平螺旋面，或是空的平螺旋面，右旋平螺旋面的 V 面投影，轴线右侧表示的是平螺旋面的顶面，轴线左侧表示的是平螺旋面的底面，如图 3-54（b）和图 3-54（c）所示；左螺旋面的 V 面投影恰好相反。

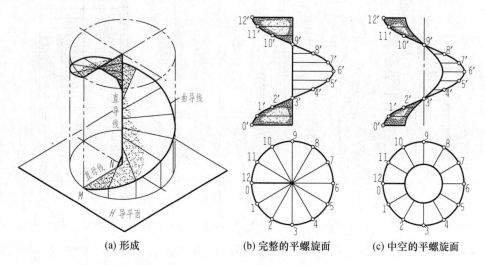

| (a) 形成 | (b) 完整的平螺旋面 | (c) 中空的平螺旋面 |

图 3-54　平螺旋面的形成及投影作图

（三）平螺旋面的应用

螺旋楼梯是平螺旋面在建筑工程中的应用实例，如图 3-55 所示。

下面用一例题说明螺旋楼梯投影图的画法。

【例 3-22】　已知一螺旋楼梯的水平投影。沿楼梯走一圈又 12 步，一圈上升高度如图 3-53（a）所示的 h。楼梯板沿竖直方向的厚度为楼梯的踢面高度。求出该螺旋楼梯的 V 面投影。

解　在螺旋楼梯的每一个踏步中，踏面为扇形，是水平面；踢面为矩形，是铅垂面；两端面是圆柱螺旋面，底面是平螺旋面。将螺旋楼梯看成是一个踏步沿着两条圆柱螺旋线脉动上升而形成，底板的厚度可认为由底部螺旋面下降一定的高度形成。

作图步骤如图 3-56 所示：

（1）作出平螺旋面以及螺旋楼梯的 H 面投影。根据已知的内、外圆柱直径和导程，以

图 3 - 55　螺旋楼梯

及楼梯的级数，作出两条螺旋线，如图 3 - 53（a）所示。把螺旋面的 H 面投影十二等分，每一等分就是螺旋楼梯上一个踏面的 H 面投影，而踢面的 H 面投影，分别积聚在两踏面的分界线上。

（2）作出第一级踏步和其余各级踏步的 V 面投影。第一级踏步踏面 $Ⅲ_1Ⅲ_2Ⅱ_2Ⅱ_1$ 的 H 面投影为 $3_13_22_22_1$，是螺旋面 H 面投影的第一等分；其 V 面投影积聚为一直线段 $3_2'2_2'3_1'2_1'$，其中 $3_1'3_2'$ 是第二级踏步踢面底线（螺旋面的另一根素线）的 V 面投影。踢面的 $Ⅱ_1Ⅱ_2Ⅰ_2Ⅰ_1$ 的 H 面投影积聚为一直线段 $2_12_22_12_1$，其 V 面投影反映矩形实形，踢面底线 $Ⅰ_1Ⅰ_2$ 是螺旋面的一根素线，过其 V 面投影的两端点 $1_1'$、$1_2'$ 分别画一竖直线，截取一级踏步高，得点 $2_1'$、$2_2'$，矩形 $2_1'2_2'1_2'1_1'$ 即为第一级踏步踢面的 V 面投影。以此类推，依次画出其余各级踏步的踏面和踢面的 V 面投影，如图 3 - 56（b）所示。

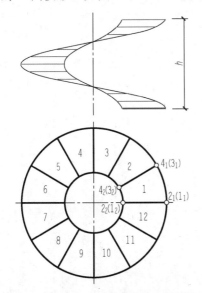

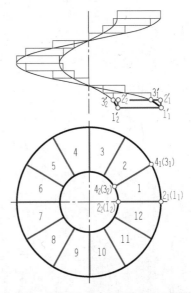

(a) 作出平螺旋面以及螺旋楼梯的H面投影　　　(b) 作出第一级踏步和其余各级踏步的V面投影

图 3 - 56　螺旋楼梯的画法（一）

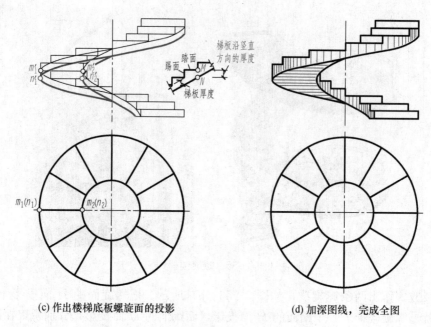

(c) 作出楼梯底板螺旋面的投影　　　　　　　(d) 加深图线，完成全图

图 3 - 56　螺旋楼梯的画法（二）

　　（3）作出楼梯底板螺旋面的投影。楼梯底板面是与顶面相同且向下平移的螺旋面，因此可从顶板面的 V 面投影中各点向下量取竖直厚度（与踢面同高），作出底板面的两条螺旋线，如图 3 - 56（c）所示。

　　（4）加深图线，完成全图。最后将可见的线画成粗实线，不可见的线画成虚线或擦除，完成全图，如图 3 - 56（d）所示。

第4章 轴测投影图

在工程中应用最多的是多面正投影图，如图 4-1（a）所示，它能完整、准确地反映形体的真实形状，又便于标注尺寸。但正投影图缺乏立体感，必须具有一定的读图知识才能看懂。为此，工程中还采用一种富有立体感的轴测投影图（简称轴测图）来表达物体，如图 4-1（b）所示。这种图能在一个投影面上同时反映出形体长、宽、高三个方向的尺寸，但对有些形体的表达不完全，且绘制复杂形体的轴测图也较麻烦，因此，轴测图在工程中常用作辅助图样，如在给排水和暖通等专业图中，常用轴测图表达各种管道的空间位置及其相互关系。

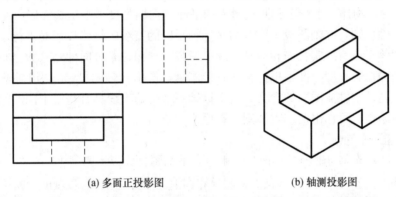

(a) 多面正投影图　　　　　　　(b) 轴测投影图

图 4-1　多面正投影图与轴测投影图

4.1　轴测投影的基本知识

4.1.1　轴测投影的形成

轴测投影图是将物体连同其空间直角坐标系，沿不平行于任一坐标面的方向，用平行投影法将其投射在单一投影面 P 上所得的图形，如图 4-2 所示。

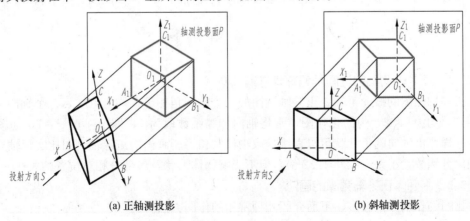

(a) 正轴测投影　　　　　　　(b) 斜轴测投影

图 4-2　轴测图的形成

4.1.2 轴测轴、轴间角和轴向伸缩系数

（1）轴测轴：空间直角坐标系的坐标轴 OX、OY、OZ 在轴测投影面 P 上的投影 O_1X_1、O_1Y_1、O_1Z_1 称为轴测轴。

（2）轴间角：两轴测轴之间的夹角称为轴间角，即 $\angle X_1O_1Y_1$、$\angle X_1O_1Z_1$ 和 $\angle Y_1O_1Z_1$。

（3）轴向伸缩系数：轴测轴上的单位长度与相应空间直角坐标轴上的单位长度之比称为轴向伸缩系数。如图 4-2 所示，X_1、Y_1、Z_1 轴的轴向伸缩系数分别用 p、q、r 表示，其中 $p=O_1A_1/OA$、$q=O_1B_1/OB$、$r=O_1C_1/OC$。

4.1.3 轴测投影的基本特性

由于轴测投影图是用平行投影法得到的，因此具有以下平行投影的特性：

（1）平行性。物体上相互平行的两条直线的轴测投影仍相互平行。

（2）定比性。物体上相互平行的两条直线的轴测投影的伸缩系数相等。

（3）实形性。物体上平行于轴测投影面的平面，在轴测投影中反映实形。

由以上特性可知，在轴测投影中，与坐标轴平行的直线的轴测投影必平行于轴测轴，其轴测投影长度等于该直线实长与相应轴向伸缩系数的乘积；若轴向伸缩系数已知，就可以计算该直线的轴测投影长度，并根据此长度直接测量，作出其轴测投影。"沿轴测轴方向可直接量测作图"就是"轴测图"的含义。与坐标轴不平行的直线具有与之不同的伸缩系数，不能直接量测与绘制，可作出两端点轴测投影后连线绘出。

4.1.4 轴测图的分类

（1）根据投射方向与轴测投影面是否垂直，轴测图分为以下两类：

1）正轴测。投射方向 S 垂直于轴测投影面 P 所得的轴测图称为正轴测图，物体所在的三个基本坐标面都倾斜于轴测投影面，如图 4-2（a）所示。

2）斜轴测。投射方向 S 倾斜于轴测投影面 P 所得的轴测图称为斜轴测图，一般在投影时可以将某一基本坐标面平行于轴测投影面，如图 4-2（b）所示。

（2）根据轴向伸缩系数的不同，以上两类轴测图又可分为三种：

1）三个轴向伸缩系数相等，即 $p=q=r$ 时，称为正（或斜）等轴测图。

2）三个轴向伸缩系数中有两个相等，常见的为 $p=q\neq r$，称为正（或斜）二轴测图。

3）三个轴向伸缩系数都不相等，即 $p\neq q\neq r$ 时，称为正（或斜）三轴测图。

在工程应用中，常用的轴测图有正等轴测图、正面斜（二）轴测图、水平斜等轴测图。

4.2 正 等 轴 测 图

4.2.1 正等轴测图的轴间角和轴向伸缩系数

由正等轴测图的概念可知，正等轴测图的三个轴间角相等，均为120°，三个轴向伸缩系数也相等，均为 0.82。为简化作图，常将轴向伸缩系数取为1，即 $p=q=r=1$，如图 4-3 所示。这样，沿轴向的尺寸就可以直接量取物体实长，所画出的正等轴测图比实际轴测投影沿各轴向分别放大了 $1/0.82\approx1.22$ 倍，但不影响物体形状及各部分相对位置的表达。

4.2.2 平面体正等轴测图的画法

轴测图的作图方法较多，下面介绍几种常用的作图方法。

1. 坐标法

绘制轴测图的基本方法是坐标法。坐标法是根据形体表面上各顶点的坐标，分别画出这些顶点的轴测投影，然后连成形体表面的轮廓，从而获得形体轴测投影的方法。

【例 4-1】 画出如图 4-4 (a) 所示三棱锥的正等轴测图。

解 用坐标法确定三棱锥底面及锥顶各点坐标，连线即可。

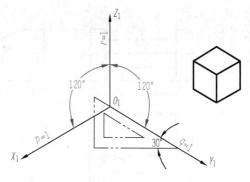

图 4-3 正等轴测图的轴间角和轴向伸缩系数

作图步骤如下：

(1) 在投影图中确定直角坐标系，如图 4-4 (a) 所示。

(2) 画轴测轴，根据各点的坐标作出各点的轴测投影，如图 4-4 (b) 所示。

(3) 连接轮廓线，整理完成三棱锥的正等轴测图，如图 4-4 (c) 所示。

国家标准规定，轴测图的可见轮廓线用粗实线绘制，不可见部分一般不绘出，必要时才以细虚线绘出所需部分，以增强轴测图的表达效果，如图 4-4 (c) 所示。

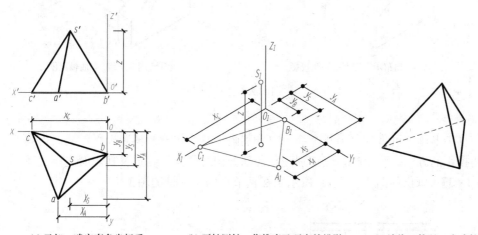

(a) 已知，确定直角坐标系　　(b) 画轴测轴，作锥底及顶点的投影　　(c) 连线、整理，完成轴测图

图 4-4 坐标法作正等轴测图

2. 端面法

对于柱类形体，通常先画出该形体某一特征端面的轴测图，然后沿某方向将此端面平移一段距离，从而获得形体轴测投影的方法。

【例 4-2】 画出如图 4-5 (a) 所示台阶的正等轴测图。

解 台阶由左、右两个栏板和三个踏步组成，先画栏板和踏步的端面。

作图步骤如下：

(1) 在投影图中确定直角坐标系，如图 4-5 (a) 所示。

(2) 画轴测轴，画出左、右栏板的轴测投影，如图 4-5 (b) 所示。

(3) 在右侧栏板的内端面上画出踏步在此端面上的轴测投影，如图 4-5 (c) 所示。

(4) 由踏步右端面的各顶点分别画平行于 X_1 轴的轮廓线至左栏板。

(5) 整理完成全图，如图 4-5 (d) 所示。

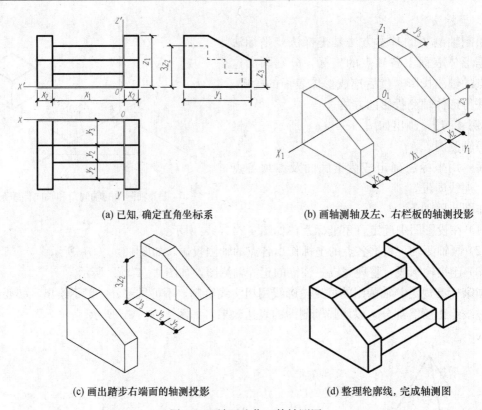

(a) 已知,确定直角坐标系　　　　　　　　(b) 画轴测轴及左、右栏板的轴测投影

(c) 画出踏步右端面的轴测投影　　　　　　(d) 整理轮廓线,完成轴测图

图 4 - 5　端面法作正等轴测图

3. 叠加法

对于复杂形体,可将其分为几个部分,分别画出各个部分的轴测投影,从而得到整个形体的轴测投影的方法。画图时,应特别注意各部分相对位置的确定及其表面连接关系。

【例 4 - 3】　画出如图 4 - 6 (a) 所示梁板柱节点的正等轴测图。

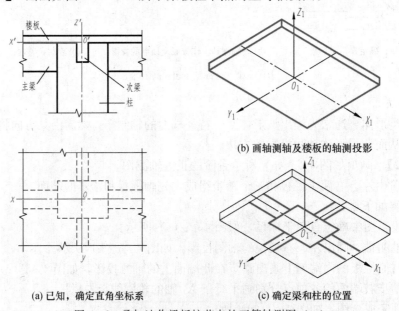

(a) 已知,确定直角坐标系　　　(b) 画轴测轴及楼板的轴测投影

　　　　　　　　　　　　　　(c) 确定梁和柱的位置

图 4 - 6　叠加法作梁板柱节点的正等轴测图 (一)

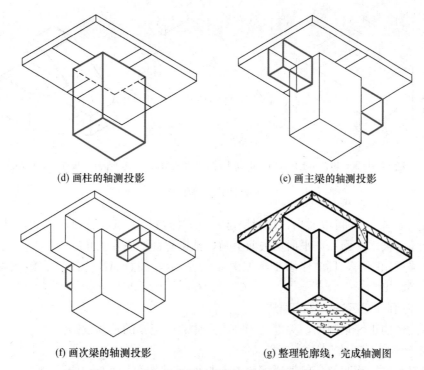

(d) 画柱的轴测投影　　　　　　　　　　(e) 画主梁的轴测投影

(f) 画次梁的轴测投影　　　　　　　　　(g) 整理轮廓线，完成轴测图

图 4-6　叠加法作梁板柱节点的正等轴测图（二）

　　解　该形体由楼板、柱、主梁、次梁四部分组成，可依照顺序逐个叠加画出其轴测图。为了表达清楚组成梁板节点的各基本形体的相互构造关系，应画仰视轴测图。

　　作图：采用叠加法，具体作图步骤如图 4-6 所示。作图时，注意楼板厚应自下向上量取，而柱、主梁、次梁的高度应自上向下截取，同时应注意形体间表面连接关系。

　　4.切割法

　　对于绘制某些由基本形体经切割而得到的形体，可以先画出基本形体的轴测投影，然后依次切去对应部分，从而得到所需形体轴测投影的方法。

　　【例 4-4】　画出如图 4-7（a）所示斜块的正等轴测图。

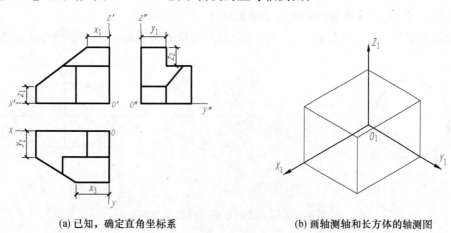

(a) 已知，确定直角坐标系　　　　　　　(b) 画轴测轴和长方体的轴测图

图 4-7　切割法作正等轴测图（一）

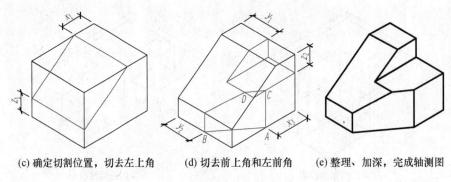

(c) 确定切割位置，切去左上角　　(d) 切去前上角和左前角　　(e) 整理、加深，完成轴测图

图 4-7　切割法作正等轴测图（二）

解　从图 4-7（a）可以看出，该斜块是一长方体被切去三部分而形成的，其中被正垂面切去左上角，被水平面和正平面切去前上角，被铅垂面切去左前角。

作图：采用切割法，具体作图步骤如图 4-7 所示，注意 $AB /\!/ CD$。在绘图熟练之后，轴测轴可不必画出。

4.2.3　曲面体正等轴测图的画法

绘制曲面体的正等轴测图，关键在于画出形体表面上圆的轴测投影。

1. 平行于坐标面圆的正等轴测图

平行于三个坐标面圆的正等轴测投影都是椭圆，其作图均可采用近似画法——四心法，即用四段圆弧连成扁圆代替椭圆。现以如图 4-8（a）所示平行于 H 面的圆为例说明作图方法，具体作图步骤如下：

（1）在投影图上确定原点和坐标轴，并作圆的外切正方形，切点为 a、b、c、d，如图 4-8（a）所示。

（2）画轴测轴 X_1、Y_1，沿轴测轴方向截取半径长度，作出切点 a、b、c、d 的轴测投影 A_1、B_1、C_1、D_1，然后画出外切菱形；过 A_1、B_1、C_1、D_1 作各边的垂线，得圆心 1、2、3、4，如图 4-8（b）所示。其中，圆心 1、2 恰好是菱形短对角线的两个端点，圆心 3、4 位于长对角线上。

（3）以 1、2 为圆心，$1A_1$ 为半径，作圆弧 A_1D_1、B_1C_1；以 3、4 为圆心，$3B_1$ 为半径，作圆弧 A_1B_1、C_1D_1，连成近似椭圆，结果如图 4-8（c）所示。

注意：相邻两圆弧在连接点 A_1、B_1、C_1、D_1 处应光滑过渡，并与菱形边线相切。

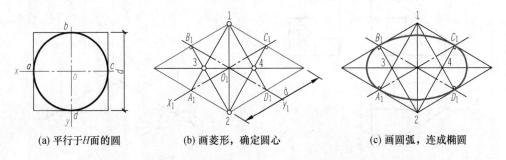

(a) 平行于 H 面的圆　　　　(b) 画菱形，确定圆心　　　　(c) 画圆弧，连成椭圆

图 4-8　四心法画水平圆的正等轴测图

不论圆平行于哪个坐标面，其轴测投影的画法均可用上述方法画出平行于三个坐标面圆

的正等轴测图，椭圆的大小完全相等，只是椭圆长、短轴的方向不同，用简化系数画出的正等测椭圆，其长轴约为 $1.22d$，短轴约为 $0.7d$，如图 4-9 所示。

2. 曲面体的正等轴测图

画圆柱、圆锥等曲面立体的正等轴测图，是在轴测椭圆的基础上进行的。作图时只要画出上、下底面及外形轮廓线即可，有时也在表面画出若干素线，以增强立体感。

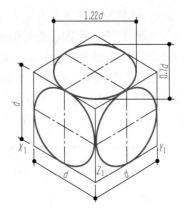

图 4-9   平行于三个坐标面的圆正等轴测图

【例 4-5】 画出如图 4-10（a）所示切割圆柱的正等轴测图。

解　从图 4-10（a）可以看出，这是一个左上方被截切的直立圆柱，取顶圆的圆心为原点，先画出完整圆柱体的投影，再进行切割，从而完成该形体的绘制。采用端面法，注意公切线的画法。

作图步骤如下：

（1）在投影图中确定如图 4-10（a）所示的直角坐标系。

（2）画轴测轴 X_1、Y_1，利用四心法画出顶圆的轴测图，如图 4-10（b）所示。

（3）将连接圆的圆心 1、3、4 以及切点沿 Z_1 轴方向向下移动 h，作出底圆可见部分的轴测图（也称移心法），如图 4-10（c）、（d）所示。

（4）根据坐标确定被截切部分的位置，再用移心法确定出被截切部分的圆心和切点，画出切割部分的轴测图，如图 4-10（e）、（f）所示。

（5）整理、加深轮廓线，完成全图，如图 4-10（g）所示。

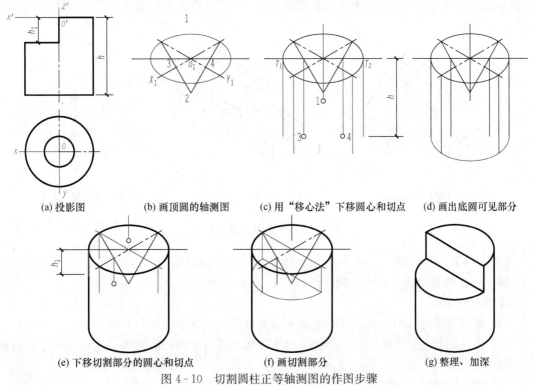

(a) 投影图　　(b) 画顶圆的轴测图　　(c) 用"移心法"下移圆心和切点　　(d) 画出底圆可见部分

(e) 下移切割部分的圆心和切点　　(f) 画切割部分　　(g) 整理、加深

图 4-10   切割圆柱正等轴测图的作图步骤

3. 圆角的正等轴测图

由图 4-8 所示四心法近似画椭圆可以看出：菱形的钝角与大圆弧相对，锐角与小圆弧相对，菱形相邻两边中垂线的交点就是该圆弧的圆心。由此可得出圆角正等轴测图的近似画法：根据已知圆角半径 R，找出切点 A_1、B_1、C_1、D_1，过切点分别作圆角邻边的垂线，两垂线的交点即为圆心，圆心到垂足的距离即为半径，画圆弧即得圆角的正等轴测图。作图过程见图 4-11（b）。底面圆角可用移心法作出，结果如图 4-11（c）所示。

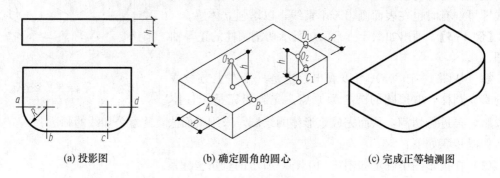

(a) 投影图　　　　　　(b) 确定圆角的圆心　　　　　(c) 完成正等轴测图

图 4-11　圆角的正等轴测图画法

4.2.4　轴测图的剖切画法

在轴测图中，为了清楚表达物体内部结构形状，可假想用平行于坐标面的剖切平面将物体切去 1/4 或 1/2（视表达效果定），画成剖切轴测图，如图 4-12（a）和图 4-12（b）所示。带剖切的轴测图，其断面轮廓范围内应画上表示其材料的图例线。图例线应按断面所在坐标面的轴测方向绘制，如果材料图例为 45° 斜线，则正等轴测图应按图 4-12（c）规定的画法绘制。

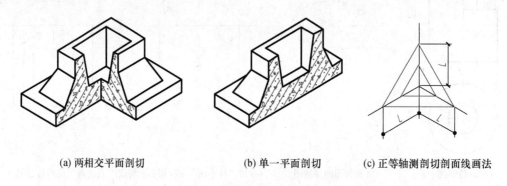

(a) 两相交平面剖切　　　　(b) 单一平面剖切　　　(c) 正等轴测剖切剖面线画法

图 4-12　轴测图的剖切画法

【例 4-6】　画出如图 4-13（a）所示组合体的剖切轴测图。

解　剖切轴测图通常采用先画外形，后画剖面和内形的作图方法来绘制。

作图步骤如下：

（1）画出物体的外形轮廓及其与剖切平面的交线，如图 4-13（b）所示。

（2）去掉剖切后移走的部分，画物体内部结构及其与剖切面的交线。这里先画顶部方形槽，如图 4-13（c）所示，再画槽底圆柱形孔，如图 4-13（d）所示。

（3）擦去作图线，加深并画上材料图例，结果如图 4-13（e）所示。

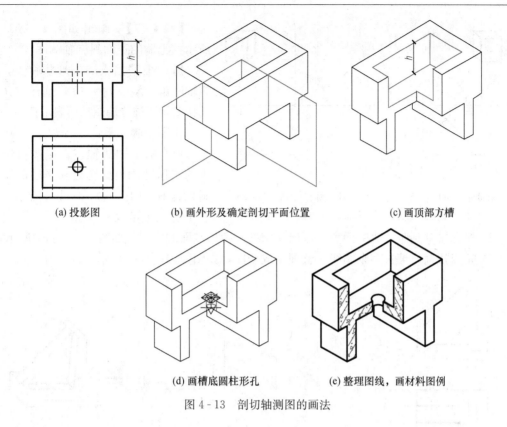

(a) 投影图　　　(b) 画外形及确定剖切平面位置　　　(c) 画顶部方槽

(d) 画槽底圆柱形孔　　　(e) 整理图线，画材料图例

图 4-13　剖切轴测图的画法

4.3　斜 轴 测 图

当轴测投影面 P 平行于一个坐标面，投射方向 S 倾斜于轴测投影面 P 时所得的投影称为斜轴测投影。当 P 平行于 V 面时，所得的斜轴测投影称为正面斜轴测；当 P 平行于 H 面时，所得的斜轴测投影称为水平斜轴测。最常用的斜轴测图是正面斜二测和水平斜等测，如图 4-14 所示。

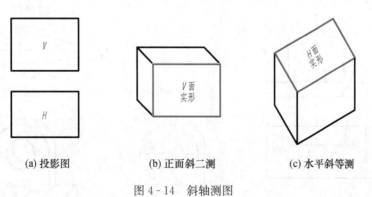

(a) 投影图　　　(b) 正面斜二测　　　(c) 水平斜等测

图 4-14　斜轴测图

4.3.1　正面斜二轴测图

正面斜二轴测图的轴间角、轴向伸缩系数如图 4-15 所示。正面斜二轴测图能反映物体 XOZ 面及其平行面的实形，故特别适用于画正面形状复杂、曲线多的物体。

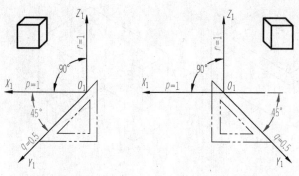

(a) 轴间角 ∠$X_1O_1Y_1$=45°　　　　(b) 轴间角 ∠$X_1O_1Y_1$=135°

图 4-15　正面斜二轴测图的轴间角和轴向伸缩系数

【例 4-7】　画出如图 4-16（a）所示挡土墙的正面斜二轴测图。

解　根据挡土墙的形状特点，选定轴间角 ∠$X_1O_1Y_1$＝45°，这样三角形的扶壁将不被竖墙遮挡而表示清楚。

作图步骤如下：

（1）确定轴测轴，直接按投影图中的实际尺寸画出底板和竖墙的正面斜轴测图，如图 4-16（b）所示，注意 Y 方向上量取 $y_2/2$。

（2）根据扶壁到竖墙边的距离，画出扶壁的三角形端面的实形，如图 4-16（c）所示。

（3）完成扶壁，擦去多余图线，整理完成全图，如图 4-16（d）所示。

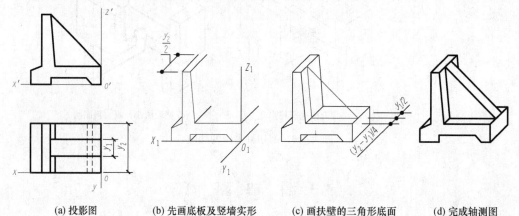

(a) 投影图　　　(b) 先画底板及竖墙实形　　　(c) 画扶壁的三角形底面　　　(d) 完成轴测图

图 4-16　挡土墙的正面斜二轴测图

【例 4-8】　画出如图 4-17（a）所示形体的正面斜二轴测图。

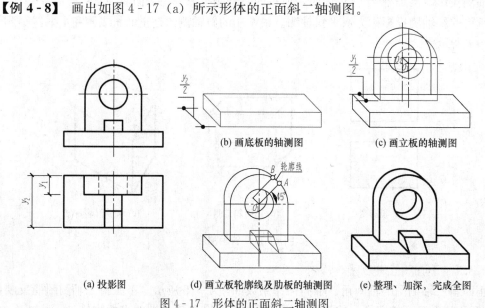

(a) 投影图　　　(b) 画底板的轴测图　　　(c) 画立板的轴测图

(d) 画立板轮廓线及肋板的轴测图　　　(e) 整理、加深，完成全图

图 4-17　形体的正面斜二轴测图

解 形体由三部分组成,作轴测图时注意各部分在 Y 方向上的相对位置。

作图步骤如下:

(1) 作出底板的轴测图,在 Y 方向上量取 $y_2/2$,如图 4-17 (b) 所示。

(2) 定出 U 形立板的位置线,按实形画出前端面,在 Y 方向上量取 $y_1/2$,画出其后端面的实形,如图 4-17 (c) 所示。

(3) 如图 4-17 (d) 所示,定出立板的可见轮廓线及圆孔的可见部分,并画出肋板的轴测图。

(4) 整理、加深,完成全图,如图 4-17 (e) 所示。

4.3.2 水平斜等轴测图

水平斜等轴测图的轴间角、轴向伸缩系数如图 4-18 (a) 所示,习惯上把反映高度的 z_1 轴画成竖直方向,如图 4-18 (b) 所示。水平斜等轴测图适宜用来绘制建筑小区的总体规划图或一幢房屋的水平剖面,它可以反映出房屋的内部布置,或一个区域中各建筑物、道路、设施等的平面位置及相互关系,以及建筑物和设施等的实际高度。

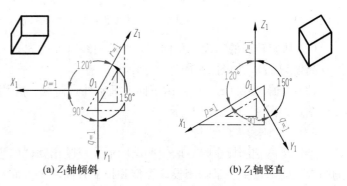

(a) Z_1 轴倾斜   (b) Z_1 轴竖直

图 4-18 水平斜等轴测图的轴间角和轴向伸缩系数

【例 4-9】 如图 4-19 (a) 所示,画出带断面房屋的水平斜等轴测图。

解 用水平剖切平面剖切房屋后,将下半部分房屋画成水平斜等轴测图。作图时只需将房屋的平面图旋转一定角度,然后在转角处向下画垂直线,再确定门窗及台阶的高度,即可画出其水平斜等轴测图。

作图步骤如下:

(1) 读懂视图,将平面图中的断面部分旋转 30°,如图 4-19 (b) 所示。

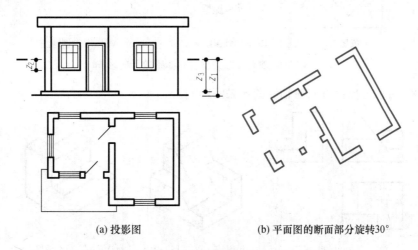

(a) 投影图   (b) 平面图的断面部分旋转30°

图 4-19 带断面的房屋水平斜轴测图 (一)

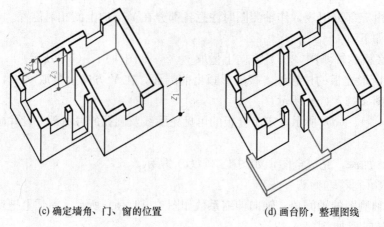

(c) 确定墙角、门、窗的位置   (d) 画台阶，整理图线

图 4-19 带断面的房屋水平斜轴测图（二）

（2）从旋转后的断面墙角向下画外墙角线（高度为 z_1）、内墙线及门洞（高度为 z_3）、窗洞（高度为 z_2），如图 4-19（c）所示。

（3）根据尺寸（z_1-z_3）由下向上画室外台阶线，并用不同粗细的图线加深轮廓线，完成全图，如图 4-19（d）所示。

4.3.3 轴测图的选择

绘制物体轴测投影时，应使所画图形能反映出物体的主要形状，富有立体感，而影响轴测图效果的因素主要是轴测投影类型和投射方向两个方面。

图 4-20 所示为轴测投影类型对立体感效果的影响。

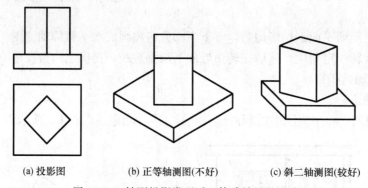

(a) 投影图   (b) 正等轴测图(不好)   (c) 斜二轴测图(较好)

图 4-20 轴测投影类型对立体感效果的影响

图 4-21 所示为投射方向对轴测图效果的影响。

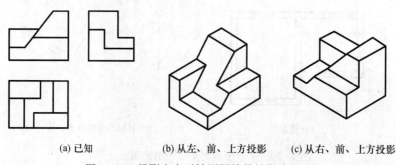

(a) 已知   (b) 从左、前、上方投影   (c) 从右、前、上方投影

图 4-21 投影方向对轴测图效果的影响（一）

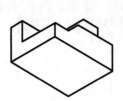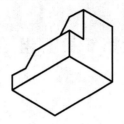

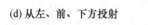

图 4-21 投影方向对轴测图效果的影响（二）

第5章 组合体及构型设计

5.1 组合体的形体分析

任何工程形体都可以看成是由若干基本几何体（柱、锥、球等）按照一定方式组合而成的。这种由两个或两个以上简单几何体组合而成的复杂形体，称为组合体。

5.1.1 组合体的组合方式

为了便于分析，根据形体的组合特点，其组合方式可分为叠加、切割（包括切槽和穿孔）和综合三种。

1. 叠加

叠加是指若干个基本体按一定的相对位置叠放在一起，构成组合体。图5-1（a）所示的三踏步台阶可以看成是由栏板Ⅰ、Ⅱ和台阶Ⅰ、Ⅱ、Ⅲ五个基本体叠加形成的。

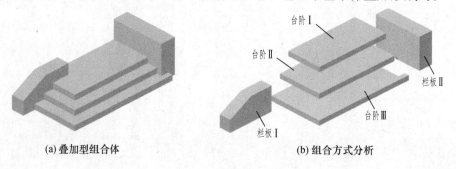

(a) 叠加型组合体　　　　　　　(b) 组合方式分析

图5-1　叠加型组合方式

2. 切割

切割是指基本体被平面或曲面截切，切割后表面会产生不同形状的交线。如图5-2（a）所示，形体Ⅰ可以看成是由圆柱体切去形体Ⅱ和形体Ⅲ后形成的，其截交线和相贯线的投影如图5-2（b）所示。

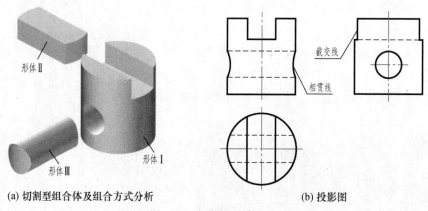

(a) 切割型组合体及组合方式分析　　　　　(b) 投影图

图5-2　切割型组合方式

3. 综合

最常见的是既有叠加又有切割的综合型组合体。如图 5-3 所示的轴承座，是由安装用的底板、放置轴用的套筒、连接底板与套筒的支承板、加强肋板和加油用的凸台五部分组成。

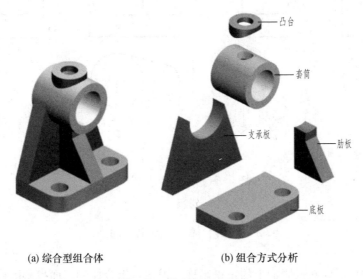

(a) 综合型组合体　　　　　　　(b) 组合方式分析

图 5-3　综合型组合方式

5.1.2　组合体的表面连接关系

组合体的表面连接关系分为平齐、不平齐、相交、相切四种情况。

1. 平齐

当相邻两形体的表面平齐（共面）时，即构成一个完整的平面，平齐处不应画线，如图 5-4 所示。

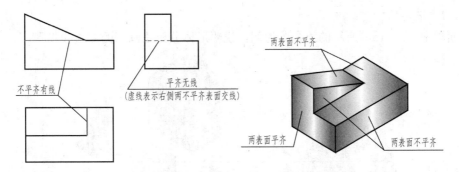

图 5-4　表面平齐与不平齐

2. 不平齐

当相邻两形体的表面不平齐时，两表面的交界处应画出分界线，如图 5-4 所示。

3. 相交

当相邻两形体的表面相交时，两表面的交界处应画出交线，如图 5-5（a）所示。

4. 相切

当相邻两形体的表面相切时，在相切处呈光滑过渡，不存在分界线，如图5-5（b）所示。

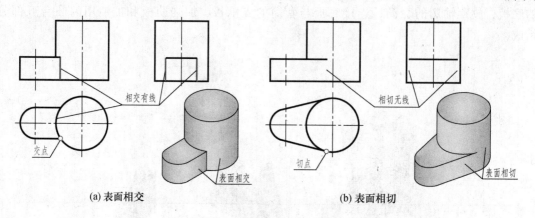

图5-5　表面相交与相切

5.2　组合体视图的画法

在工程中常把形体在投影面上的正投影称为视图，组合体的三面投影图称为三视图，其正面投影、水平投影、侧面投影分别称为主视图、俯视图、左视图。

绘制组合体视图的方法有两种：形体分析法和线面分析法。形体分析法就是假想把组合形体分解成若干个简单的基本形体，并弄清它们的形状、相对位置、组合方式及表面连接关系的分析方法，该方法也是读图、构型设计及尺寸标注的基本方法。线面分析法是在形体分析的基础上，对不易表达清楚的局部，运用线、面的投影特性来分析某些表面的形状、空间位置以及表面交线的方法，该方法特别适用于以切割为主的形体。

5.2.1　形体分析法画图

下面以图5-6（a）所示的组合体为例，说明形体分析法画图的方法和步骤。

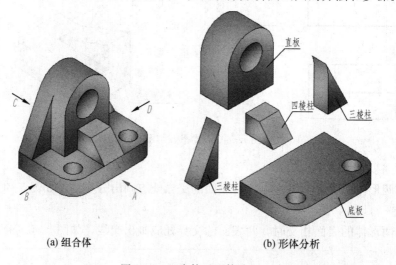

图5-6　组合体及形体分析

一、形体分析

首先对组合体进行分解——分块，其次是弄清楚各部分的形状及相对位置关系。从图 5 - 6（a）可以看出，该组合体左右对称，由底板，直板，左、右各一个三棱柱及一个四棱柱组成，如图 5 - 6（b）所示。底板在下，直板位于底板上方，左、右两三棱柱与直板相切，四棱柱位于直板的前侧。

二、视图选择

视图的选择包括确定物体的安放位置、选择主视图及确定视图数量三个方面。

（1）确定安放位置。组合体应安放平稳并符合自然位置、工作位置，使其对称面、主要轴线或较大端面与投影面平行或垂直。

（2）选择主视图。应将最能反映组合体主要部分的形状特征、各组成部分的组合关系以及相对位置特征的视图作为主视图，同时尽量减少其他视图的虚线及合理地利用图纸等。

如图 5 - 6（a）所示，将组合体按自然位置安放，从 A、B、C、D 四个方向投射所得的视图如图 5 - 7 所示，进行比较后，选择 A 向作为主视图的投射方向。

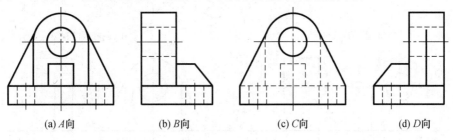

(a) A向   (b) B向   (c) C向   (d) D向

图 5 - 7　分析主视图的投射方向

（3）确定视图数量。为节省画图工作量，应在保证完整、清晰地表达形体结构形状及相对位置的前提下，尽量减少视图的数量。通常情况下，表达形体一般取三个视图，形状简单的也可以取两个视图，如图 5 - 8（a）所示；若标注尺寸，甚至只需一个视图，如图 5 - 8（b）、图 5 - 8（c）所示。

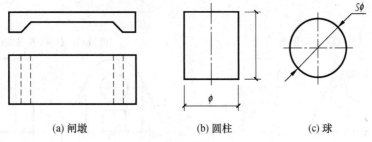

(a) 闸墩   (b) 圆柱   (c) 球

图 5 - 8　视图数量的分析

三、画组合体视图

（1）选定比例，确定图幅。根据组合体的结构形状、大小和复杂程度等因素，按国家标准选择适当的比例，再按选定的比例，计算出所画图形以及标注尺寸和标题栏所需的图纸面积，从而确定标准图幅。

（2）图面布置。视图布置要匀称、美观，便于标注尺寸及阅读；视图间不应太挤或集中于图纸一侧，也不要太分散。安排视图的位置时，应以中心线、对称线、底面等为画图的基准线，定出各视图之间的位置，如图 5 - 9（a）所示。

（3）画底稿。根据投影规律，用细实线逐个画出各基本体的三面视图。在作每个基本体的投影时，三个视图应联系起来画，先画最能反映形体形状特征的投影，再按投影规律画出其他两个投影，如图 5-9（b）～图 5-9（e）所示。

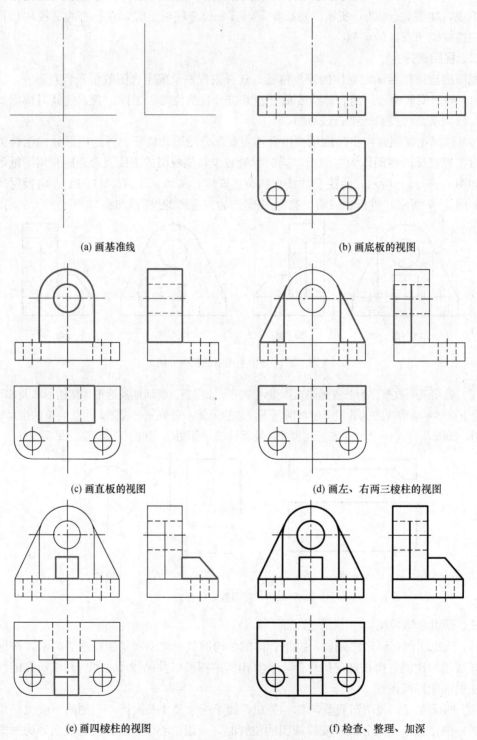

图 5-9　组合体三视图的画图步骤

（4）检查、整理、加深。组合体是一个完整的形体，底稿完成后，应仔细检查，对各基本形体间相邻表面处于平齐、相切或相交产生的交线的投影应予以重点校核，查缺补漏，擦去多余的分界线。在修正无误后，按规定的线型加深，结果如图 5-9（f）所示。注意：对称形体要画出对称线，回转体要画出轴线，圆孔要画出中心线。

5.2.2 线面分析法画图

对于切割型组合体来说，在挖切的过程中形成的面和交线较多，形体不完整。解决这类问题时，需要在用形体分析法分析形体的基础上，对某些线面的形状、空间位置、投影特性及表面交线作进一步分析。作图时，一般先画出组合体被切割前的原形，然后按切割顺序，画切割后形成的各个表面，先画有积聚性的线、面的投影，然后再按投影规律画出其他投影。

下面以图 5-10（a）所示的组合体为例，说明线面分析法的画图步骤。

【例 5-1】 绘制图 5-10（a）所示组合体的三视图。

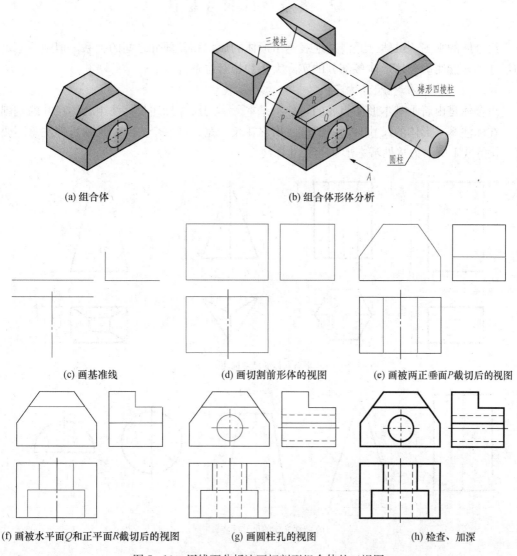

图 5-10 用线面分析法画切割型组合体的三视图

解 （1）进行形体分析。如图5-10（b）所示，该组合体的原形为一四棱柱，在它的左上方和右上方分别用正垂面 P 切去一个三棱柱，之后在前上方用一个水平面 Q 和正平面 R 切去一个梯形四棱柱，最后在下方正中位置上切去一个圆柱。

（2）选择主视图。选择箭头 A 所指方向作为主视图的投射方向。

（3）选比例、定图幅。一般情况下，尽可能按原值比例1∶1绘图。

（4）布图、画基准线。以组合体的底面、左右对称线和后表面为基准作图，如图5-10（c）所示。

（5）画底稿。先画被切割前四棱柱的三面视图，再按切割顺序分别绘制其视图，作图过程分别如图5-10（d）～图5-10（g）所示。

（6）检查、加深图线，结果如图5-10（h）所示。

5.3　组合体的尺寸标注

组合体的视图，虽然已经清楚地表达出形体的形状和各部分之间的关系，但须注上足够的尺寸，才能明确表达形体各部分的实际大小和相对位置。

5.3.1　基本形体的尺寸标注

组合体是由若干基本形体组成的，熟悉基本形体的尺寸标注是标注组合体尺寸的基础。

在标注基本形体的尺寸时，一般应注出它在长、宽、高三个方向的尺寸，但注意不要重复。图5-11所示为常见基本形体的尺寸标注。

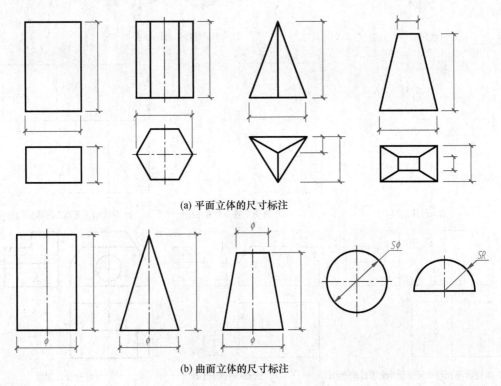

(a) 平面立体的尺寸标注

(b) 曲面立体的尺寸标注

图 5-11　基本形体的尺寸标注

对于回转体，可在其非圆视图上注出直径方向（简称"径向"）的尺寸"φ"，或在投影为圆的视图上标注半径"R"。这样不仅可以减少一个方向的尺寸，而且还可以省略一个视图，如图 5-11（b）所示；球的尺寸应在直径或半径符号前加注球的符号"S"，即"Sφ"或"SR"，如图 5-11（b）所示。

5.3.2 截切体和相贯体的尺寸标注

当形体被切割后，除应标注出基本形体的尺寸外，还应在反映切割最明显的视图上标注截平面的相对位置尺寸，但不能标注截交线的尺寸。同理，标注相贯部分的尺寸时，除需标注参与相贯的各立体的尺寸外，还要标注出它们之间相对位置的尺寸，但不能标注相贯线的尺寸，如图 5-12 所示（图中打"×"的尺寸是不应标注的尺寸）。

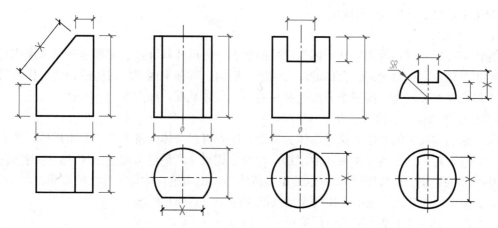

图 5-12 切割体和相贯体的尺寸标注

5.3.3 组合体的尺寸标注

1. 基本要求

组合体尺寸标注的基本要求是：正确、完整、清晰。

（1）正确：所注尺寸应符合制图标准的有关规定（参见第 1 章），尺寸数值要准确无误。

（2）完整：所注尺寸要能完全确定组合体中各基本形体的大小及相对位置，不遗漏，不重复。

（3）清晰：尺寸的布置要整齐、恰当，尽量避免纵横交错或引出标注过多，应便于看图和查找尺寸。

2. 尺寸分类

组合体一般应标注三类尺寸：定形尺寸、定位尺寸和总体尺寸。

（1）定形尺寸。确定组合体中各组成部分形状大小的尺寸，称为定形尺寸。如图 5-13 所示，底板的长、宽、高尺寸（300、260、60），圆孔尺寸（2×φ60）、圆角尺寸（R70）、竖板的

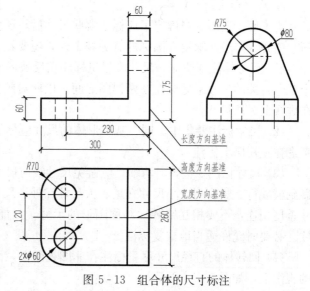

图 5-13 组合体的尺寸标注

宽度尺寸（60）、竖板半圆头圆弧尺寸（R75）、圆孔尺寸（φ80）均为定形尺寸。

（2）定位尺寸。确定组合体中各组成部分之间相对位置的尺寸，称为定位尺寸。如图 5 - 13 所示，底板圆孔长、宽方向的尺寸 230、120 及竖板圆孔的尺寸 175 均为定位尺寸。

（3）总体尺寸。确定组合体外形的总长、总宽、总高的尺寸，称为总体尺寸。当总体尺寸与组合体中某基本形体的定形尺寸相同时，无需重复标注。本例组合体的总长和总宽与底板相同，在此不再重复标注。另外，当组合体的端部为曲面立体结构时，该方向的总体尺寸不允许直接标注，而是注出曲面立体轴线的定位尺寸和曲面立体的半径或直径，如图 5 - 13 中就未直接标注总高，总高尺寸由竖板圆孔的定位尺寸（175）和半圆头定形尺寸（R75）来确定。

3. 尺寸基准

标注定位尺寸时，首先要确定标注尺寸的起点——尺寸基准，以便确定各基本形体在各方向的相对位置，一般选用组合体的较大端面、底面、对称平面或回转体的轴线等作为尺寸基准。组合体在长、宽、高三个方向上都应有一个尺寸基准，如图 5 - 13 所示。

4. 标注组合体尺寸的方法和步骤

标注组合体尺寸的基本方法是形体分析法，即先将组合体分解为若干基本形体，然后选择尺寸基准，逐一注出各基本形体的定形尺寸和定位尺寸，最后考虑总体尺寸，并对已注的尺寸作必要的调整。现以图 5 - 6 所示的组合体为例，说明组合体尺寸标注的步骤。

（1）确定尺寸基准。该组合体的尺寸基准如图 5 - 14 （a）所示。

（2）逐一标注每个基本形体的定形尺寸，如图 5 - 14 （b）所示。

（3）逐一标注每个基本形体的定位尺寸，图 5 - 14 （c）所示为所有圆孔的定位尺寸。

（4）标注总体尺寸，如图 5 - 14 （d）所示，总长 300 （与底板相同），总宽 200 （与底板相同），总高未直接标注，用高度方向圆孔的定位尺寸 170 代替。

（5）检查、校核。注意：尺寸数字必须正确无误，每一个方向细部尺寸的总和应等于该方向的总体尺寸。尺寸数字书写工整，同一张图幅内数字字号大小一致。

5. 尺寸标注的注意事项

为了便于读图，当确定了应标注哪些尺寸后，还应考虑尺寸如何配置才能达到明显、清晰、整齐等要求。除遵守国标的有关规定外，还要注意如下几点：

（1）尺寸标注要明显。尺寸应尽量标注在反映形体形状特征的视图上，就近标注。与两个视图有关的尺寸最好标注在两视图之间，以便对照。尺寸尽量标注在视图之外，且尽量不在虚线上标注尺寸。

（2）尺寸标注要集中。同一基本形体的尺寸应尽量集中标注，首先考虑主、俯视图，再考虑在左视图上标注。

（3）尺寸标注要整齐、清晰。应避免尺寸线与尺寸线或尺寸界线相交。尺寸布置应尽量做到横成行、竖成列，小尺寸在里、大尺寸在外，尺寸线间隔应相等。尽可能将同方向的尺寸首尾相连，不要相互错开。对称图形的尺寸，只能标注一个尺寸，不能分成两个尺寸标注。必要时允许适当地重复标注。

（4）回转体的直径尺寸尽量标注在非圆视图上，而圆弧的半径尺寸应标注在投影为圆弧的视图上，如图 5 - 14 所示。

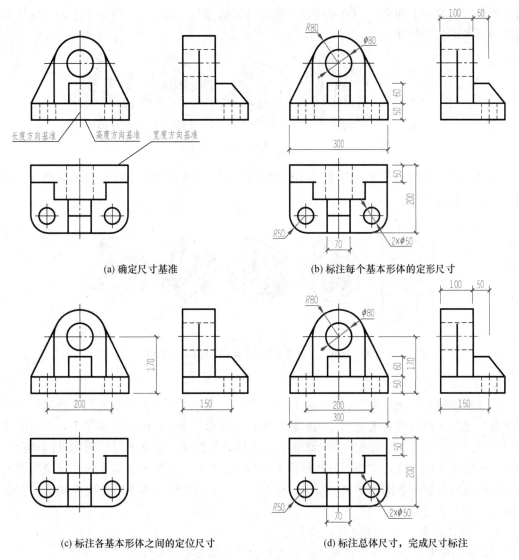

(a) 确定尺寸基准   (b) 标注每个基本形体的定形尺寸

(c) 标注各基本形体之间的定位尺寸   (d) 标注总体尺寸，完成尺寸标注

图 5-14 组合体的尺寸标注

5.4 组合体视图的识读

　　画图是用正投影法将空间三维形体用二维平面图形表达出来，而读图则是根据已给出的二维视图，运用形体分析法和线面分析法，想象出组合体的空间形状。由此可见，读图是画图的逆过程。为了能够正确而迅速地读懂组合体视图，必须掌握读图的基本知识和基本方法。

5.4.1 读图的基本知识

　　读图时除应熟练掌握基本形体的投影特点（如矩矩为柱、三三为锥、梯梯为台、三圆为球），掌握各种位置线、面以及截交线、相贯线的投影特点及作图方法外，还应注意以下几点。

　　1. 几个视图联系起来识读

　　物体的形状一般都是通过三个视图来表达，每个视图只能反映形体在一个投射方向的形状。因此，仅有一个视图，一般不能唯一确定物体的形状。图 5-15 列举了主视图完全相同的四种不同形状的物体。

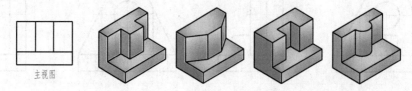

图 5-15　主视图相同的不同形体

有时，两个视图也不能完全确定形体的形状。图 5-16 列举了主视图和俯视图都相同的四种不同形状的物体。

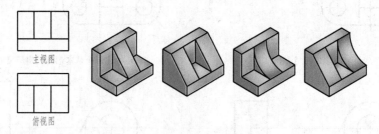

图 5-16　主视图和俯视图都相同的不同形体

2. 找出特征视图

特征视图就是最能反映组合体形状特征和各基本形体之间位置特征的那个视图，一般情况下是主视图。但形体各组成部分的形状特征，并非总是集中在同一个视图上，而可能分散在每个视图上。图 5-17 所示的组合体由三个形体叠加而成，主视图反映形体Ⅲ的特征，俯视图反映形体Ⅰ的特征，左视图反映形体Ⅱ的特征。此外，读图时还应从最能反映组合体各部分相对位置的那个视图入手来分析组合体。图 5-17 所示的主视图清楚地反映出三部分之间的上下和左右位置关系。

3. 明确视图中封闭线框和图线的含义

（1）视图中每个封闭线框可表示以下几种含义，如图 5-18 所示：

1）表示一个平面（实形或类似）、曲面或相切的组合面。

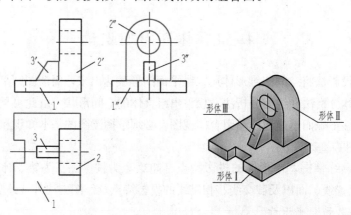

图 5-17　特征视图的分析

2）表示一个孔洞或坑槽。

3）表示一个基本形体（平面立体或曲面立体）。

（2）视图中每条图线可表示以下几种含义，如图 5-18 所示：

1）表示一个具有积聚性的平面或曲面。

2）表示两个面的交线（棱线、截交线、相贯线）。

3）表示曲面的转向轮廓线。

另外，两个相邻线框，表示物体上或相交或交错的位置不同的两个面，如图 5-18 主视图中，下面三个矩形线框表示六棱柱上左右、前后不同的三个棱面。大线框中套有小线框，表示大形体中凸出来或凹进去的小形体，如图 5-18 俯视图中，六边形线框中套有圆线框表示六棱柱上方凸出来的圆柱。

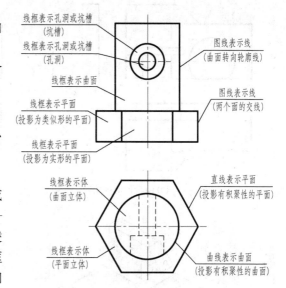

图 5-18　视图中封闭线框和图线的含义

5.4.2　读图的基本方法

形体分析法是读图的最基本方法，遇到难点部分辅以线面分析法进行分析。

1. 用形体分析法读图

形体分析法读图是以基本形体为读图单元，一般先从反映组合体形状特征较多的主视图着手，联系其他视图，将其划分为若干个封闭线框，然后利用投影关系，找出各个线框在其他视图中的投影，从而分析各部分的形状以及它们之间的相对位置，最后综合起来想象组合体的整体形状。

现以图 5-19（a）所示组合体的三视图为例，说明运用形体分析法读图的步骤。

【例 5-2】　根据图 5-19（a）所示组合体的三视图，想象其结构形状。

解　从已知的三视图看出，该形体是以四部分基本体叠加，结合切割方式组合而成的组合体。

作图步骤如下：

（1）分线框，找投影。视图中的每个封闭线框一般代表一个简单形体的投影。首先从反映各部分特征的视图中，根据组合体的组成关系，按照"先粗后细、先整体后局部"的原则划分线框。从特征明显的主视图入手，将该组合体划分为四个简单的线框，并利用三等关系，找出每个线框对应的俯视图和左视图，如图 5-19（b）所示。这四个线框可以设想为四个简单形体Ⅰ、Ⅱ、Ⅲ、Ⅳ。

（2）对投影，想形状。由线框Ⅰ的三个投影 1、$1'$、$1''$ 的外轮廓均为矩形可知，该形体Ⅰ的外形为长方体，再从主视图中的圆弧、俯视图和左视图的虚线可判断，在长方体的前端

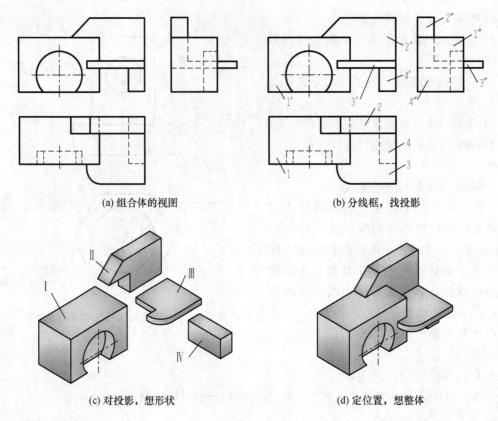

(a) 组合体的视图　　　　　　　　　(b) 分线框，找投影

(c) 对投影，想形状　　　　　　　　(d) 定位置，想整体

图 5 - 19　形体分析法读图

面上挖去大半个圆柱而形成一个槽。线框Ⅱ的正面投影 2′反映该形体的形状特征，再根据 2、2″，可判断出形体Ⅱ为多边形棱柱体。线框Ⅲ的水平投影 3 反映该形体的形状特征，再根据 3′、3″，可判断出形体Ⅲ为带圆角的 L 形棱柱体。线框Ⅳ的三个投影 4、4′、4″均为矩形，故形体Ⅳ为长方体。想象出的这四个简单形体的形状，如图 5 - 19（c）所示。

（3）定位置，想整体。根据视图中所显示各基本形体之间的相对位置，可判断出：形体Ⅰ位于组合体的左方，形体Ⅳ位于组合体的右下方，右方中间为形体Ⅲ，其左后角的缺口与形体Ⅰ的前表面和右侧面相重合，形体Ⅱ位于组合体的右、后、上方，其左下方的缺口与形体Ⅰ的顶面和右侧面相重合，前表面与形体Ⅲ的后表面、底面与形体Ⅲ的顶面相重合。形体Ⅰ、Ⅱ、Ⅳ的后表面为同一个平面，形体Ⅱ、Ⅲ、Ⅳ的右侧面为同一个平面。按照上述位置，将四个形体叠加在一起，获得该组合体的整体形状，如图 5 - 19（d）所示。

2. 用线面分析法读图

线面分析法是以线面为读图单元，一般不独立使用。当形体带有斜面，或某些细部结构比较复杂，用形体分析法难以判断其形状时，可采用线面分析法来帮助想象。通过分析视图上的图线及线框，找出它们的对应投影，从而分析出形体上相应线、面的形状和位置，综合想出该部分的空间形状。

【例 5 - 3】　如图 5 - 20（a）所示，根据形体的三视图，想象其结构形状。

解　根据形体的三视图可以看出：该形体是由长方体被多个平面截切而成，具体读图时主要运用线面分析法进行分析。注意：可根据平面"不类似必积聚"的投影特性来进行

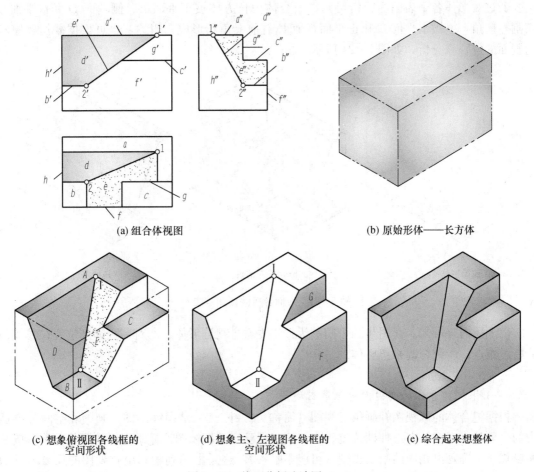

(a) 组合体视图　　　　　　　　　　　　　(b) 原始形体——长方体

(c) 想象俯视图各线框的
空间形状

(d) 想象主、左视图各线框的
空间形状

(e) 综合起来想整体

图 5 - 20　线面分析法读图（一）

分析。

作图步骤如下：

（1）将投影分成若干部分，按投影分析出各部分的形状。

1）将视图中封闭线框最多的俯视图中的封闭线框编号（a、b、c、d、e），按投影规律找出其对应投影，并判断其空间形状。

根据投影规律可知：L 形线框 a、矩形线框 b、矩形线框 c 的正面投影和侧面投影都积聚为水平线，故平面 A、B、C 均为水平面；梯形线框 D 的侧面投影 d'' 为斜线，说明 D 平面为侧垂面；线框 E 的正面投影 e' 为斜线，说明 E 平面为正垂面。注意：D、E 两平面的交线 Ⅰ Ⅱ 的投影 12、$1'2'$、$1''2''$ 都为斜线，故交线 Ⅰ Ⅱ 为一般位置直线，如图 5 - 20 （c）所示。

2）将主视图和左视图中剩下的封闭线框编号（f'、g'、h''），找出其对应投影，判断其空间形状。同理可以分析出：主视图中的线框 f'、g' 的水平投影都为水平直线，侧面投影都为竖直线，可判断 F、G 平面均为正平面；左视图中线框 h'' 的正面投影和水平投影都为竖直线，可知 H 平面为侧平面。如图 5 - 20 （d）所示。

（2）分析围成形体各个表面的相对位置，并综合起来想象出整体形状，如图 5 - 20 （e）所示。

通过对形体各个表面的分析可知，组合体为长方体被正垂面 E、侧垂面 D 和水平面 C 切割左前角，又被水平面 C 和正平面 G 切掉右前上角所形成。当然，也可根据截切顺序和切割面的位置来分析，如图 5-21 所示。

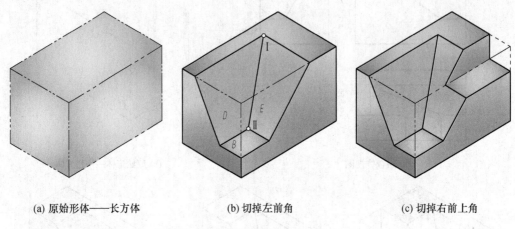

(a) 原始形体——长方体　　　　　(b) 切掉左前角　　　　　(c) 切掉右前上角

图 5-21　线面分析法读图（二）

由上述内容可知，读图步骤可归纳为：①先看主视分形体；②对照投影判位置；③线面分析解难点；④综合起来想整体。

5.4.3　读图训练

（一）根据组合体的两视图补画第三视图

根据组合体的两视图补画第三视图（简称"二补三"）是训练读图、画图和空间思维能力的一种基本题型。在这种训练过程中，要根据已知的两视图读懂组合体的形状，然后按照投影规律正确画出相应的第三视图（可能不唯一）。这是由图到物和由物到图的反复思维的过程，因此，它是提高综合画图能力和培养空间想象能力的一种有效手段。

【例 5-4】 已知如图 5-22（a）所示的涵洞进出口的主、俯视图，补画其左视图。

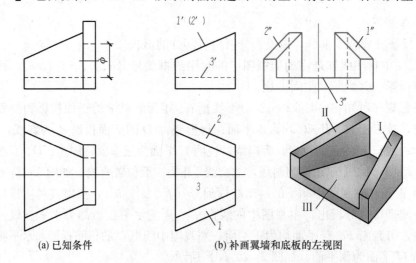

(a) 已知条件　　　　　　　　(b) 补画翼墙和底板的左视图

图 5-22　补画涵洞进出口的左视图（一）

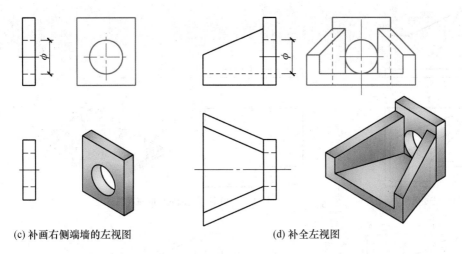

(c) 补画右侧端墙的左视图   (d) 补全左视图

图 5-22 补画涵洞进出口的左视图（二）

解 先对涵洞口进行形体分析。根据已知视图可知，该形体大致由左、右两部分组成，属于综合形体，然后再对各线框作线面分析，想象出各部分的形状和位置。左侧部分由三个四棱柱组成，棱柱Ⅰ、Ⅱ（前、后八字翼墙）前后对称分布在棱柱Ⅲ（底板）上，如图 5-22（b）所示。右侧部分是长方体（端墙），其上挖切圆形—洞口，如图 5-22（c）所示，进而确定并想象出涵洞口的形状。

作图步骤如下：

（1）画出左侧翼墙和底板的左视图，如图 5-22（b）所示。其中，翼墙顶面为正垂面，前后侧面为铅垂面，翼墙与底板左侧面平齐。

（2）画出右侧端墙的左视图，如图 5-22（c）所示。

（3）检查、校核、加深图线。左视图中右侧端墙前、后侧面被遮挡而不可见，应画成虚线，如图 5-22（d）所示。

【例 5-5】 如图 5-23（a）所示，已知挡土墙的主、俯视图，补画其左视图。

解 先对挡土墙进行形体分析，根据已知视图可知，该形体大致由上、下两部分组成，属于综合形体，然后再对各线框作线面分析，想象出各部分的形状和位置。对照正面和水平投影可知，下部形体为"⌐"形棱柱（基础底板）。上部挡土墙墙身部分斜面较多，可利用线面分析法分析其具体形状。

作图步骤如下：

（1）画出下部基础的侧面投影，如图 5-23（b）所示。

（2）画出墙身的侧面投影，如图 5-23（c）所示。其中，P 平面为侧垂面，空间形状为梯形，W 面投影积聚为一直线 $1''3''$；Q 平面为一般面，空间形状为三角形，即△Ⅰ Ⅱ Ⅲ，W 面投影为类似形△$1''2''3''$；R 平面为正垂面，空间形状为平行四边形，即▱Ⅰ Ⅱ Ⅴ Ⅳ，W 面投影为类似形▱$1''2''5''4''$；S 平面为正垂面，空间形状为梯形，W 面投影为类似形。

（3）检查、校核、加深图线。特别注意：因挡土墙墙身部分左高右低，且后表面从左后方向右前下方倾斜，故左视图中右侧端墙后棱线、后端面Ⅳ Ⅴ和Ⅱ Ⅴ棱线被遮挡而不可见，应画成虚线，如图 5-23（d）所示。

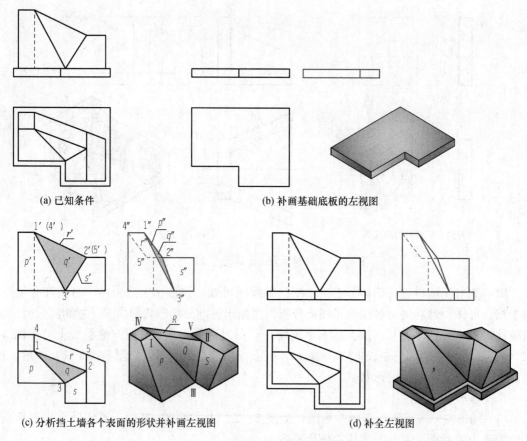

(a) 已知条件　　　　　　　　　　　(b) 补画基础底板的左视图

(c) 分析挡土墙各个表面的形状并补画左视图　　　　(d) 补全左视图

图 5-23　补画挡土墙的左视图

（二）补画视图中所缺的图线

补画三视图中所缺的图线是读图、画图训练的另一种基本题型。它往往是在一个或两个视图中给出组合体的某个局部结构，而在其他视图中遗漏。这就要从给定的一个投影中的局部结构入手，依照投影规律将其他的投影补画完整。这种练习进一步强调了形体的三视图是一个统一体，必须三面投影同时对应绘制，切忌画完一个投影再画另一个投影。

【例 5-6】　如图 5-24（a）所示，补画三视图中遗漏的图线。

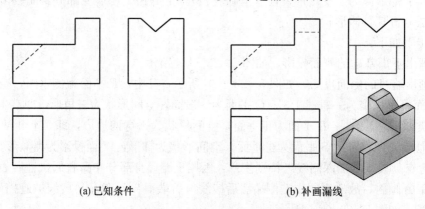

(a) 已知条件　　　　　　　　　　　(b) 补画漏线

图 5-24　补画视图中所缺的图线

　　解　由给出的三视图可以看出，主视图反映其形状特征，该形体为左低右高的"⌐"形棱柱体，形体的左侧中间部分切去一个三棱柱，形成三棱柱切口，在左视图没有画出该切口的投影以及左侧水平顶面的投影；由左视图明显看到一 V 形缺口，缺口交线以及与上部水平面的交线在主视图和俯视图两视图中漏画，均应根据投影规律补出相应的投影。

　　作图步骤如下：

　　(1) 补画左侧三棱柱切口和水平面的侧面投影。

　　(2) 补画上部 V 形缺口和中间侧平面的正面和水平投影。

　　(3) 检查、校核，完成全图，如图 5 - 24 (b) 所示。

补画图 5 - 25 (a) 所示三视图中遗漏的图线，读者可自行分析。

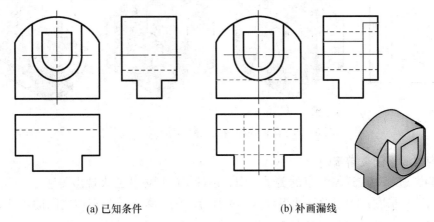

(a) 已知条件　　　　　　　　　　　　(b) 补画漏线

图 5 - 25　补画视图中所缺的图线

5.5　组合体的构型设计

　　根据已知条件，将基本形体按照一定的构型方法组合出一个新的几何形体，并用适当的图示方法表达出来的设计过程，称为组合体的构型设计。在掌握组合体形体分析和线面分析的基础上进行组合体构型设计方面的学习和训练，可以进一步提高空间想象力，培养空间形体的创新能力、设计构思和表达能力，初步建立工程设计意识。

5.5.1　组合体的构型原则

一、构型应以基本形体为主

　　采用平面体、回转体等基本形体进行构型，便于绘图和标注尺寸。构型设计时，一方面提倡所设计的组合体应尽可能体现工程产品的结构形状，并满足其功能特点，以培养观察、分析、综合能力；另一方面又不强调必须工程化，所设计的组合体也可以凭自己想象，以更利于开拓思路，培养创造力和想象力。因此，进行构型设计时应以基本形体为主，使组合形体中所使用基本体的类型、组合方式和相对位置应尽可能多样和变化。

二、构型应具有创新性

　　构造组合体时，在满足给定条件的情况下，应充分发挥想象力，力求构思出不同风格而且造型新颖、独特的形体。在创作过程中，可以采用多种手法来表现形体的差异，如直线与曲线、平面与曲面、凸与凹、大与小、高与低、实与虚的变化，避免构型单调，大胆创造，敢于突破常规。例如，要求按给定的水平投影［见图5-26（a）］设计组合形体。由于水平投影含有六个封闭线框，故可构想该形体有六个表面，它们可以是平面或是曲面，位置可高可低，还可倾斜；整个外框表示底面，它也可以是平面、曲面或斜面。这样就可以构想出许多方案。图5-26（b）所示方案均是由平面体叠加构成，由前向后逐层拔高，富有层次感，但显得单调；图5-26（c）所示方案也是叠加构成，但含有圆柱面、球面，各形体之间高低错落有致、形体变化多样；图5-26（d）所示方案采用切割式的组合方式，既有平面截切，又有曲面截切，构思独特。

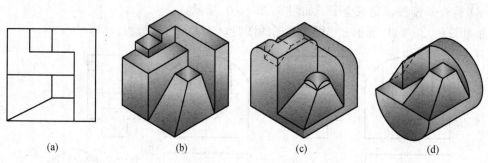

(a)　　　　　　　(b)　　　　　　　(c)　　　　　　　(d)

图5-26　由俯视图构思三种不同形状的物体

三、构型应遵循美学法则

形体构造过程中应遵循一定的美学法则，设计出的形体才能表现出美感。

（1）比例与尺度：构型设计的组合形体各部分之间、各部分与整体之间的尺寸大小和比例关系应尽可能合理。只有形体具有和谐的比例关系（如黄金矩形、$\sqrt{2}$矩形等），视觉上才具有美感。

（2）均衡与稳定：构型设计的组合形体各部分之间，前后左右相对的轻重关系要做到均衡，上下部分之间的体量关系要做到稳定。对称形体具有平衡和稳定感，而构造非对称形体时，应注意形体大小和位置分布等因素，以获得力学和视觉上的稳定和平衡感。

（3）统一与变化：构型设计时要注意在变化中求统一，使形体各部分之间和谐一致、主次分明、相互呼应；在统一中求变化，使形体各部分之间对比分明、节奏明快、重点突出，使物体形象自由、活跃、生动。

四、构型应具有合理性和便于成型

（1）两个形体进行组合时，应牢固连接，不能出现点接触、线接触和面连接，如图5-27所示。

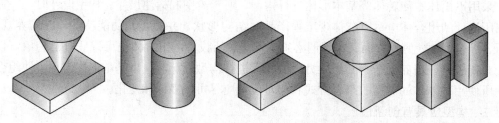

图5-27　错误的点接触、线接触和面连接

（2）一般采用平面或回转曲面造型，没有特殊需要尽量不采用其他曲面，否则会给绘

图、标注尺寸和制作带来诸多不便。

（3）封闭的内腔不便于成型，一般不要采用，如图 5-28 所示。

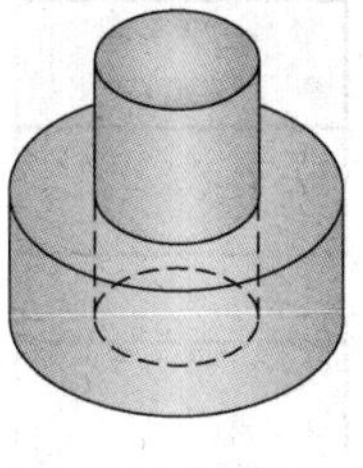

5.5.2　组合体构型的基本方法

一、叠加法

叠加是组合体构型的主要方式。单一形体可以通过重复、变位、渐变、相似等组合方式构成新的形体。形体间可以通过变换位置构成共面、相切、相交等相对位置关系。图 5-29 所示为平面立体叠加构成不同的组合体，图 5-30 所示为曲面立体叠加构成不同的组合体。

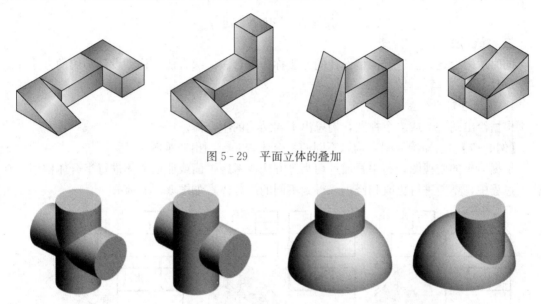

图 5-29　平面立体的叠加

图 5-28　不允许出现封闭的内腔

图 5-30　曲面立体的叠加

二、切割法

切割形体可以采用多种方式，如平面切割、曲面切割（包括贯通）、曲直综合切割等。将一个立体进行一次切割即得到一个新的表面，该表面可平、可曲、可凸、可凹等，变化切割方式或变换切割位置，即可生成形态各异的立体造型，图 5-31 所示为长方体的切割，图 5-32 所示为圆柱体的切割。

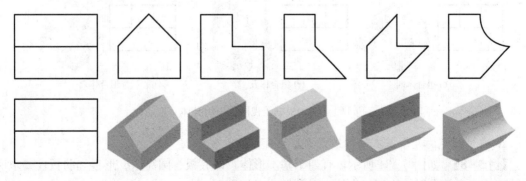

图 5-31　长方体的切割

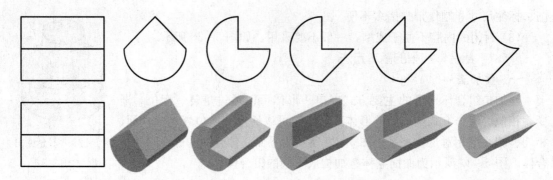

图 5 - 32 圆柱体的切割

三、综合法

同时运用上述方法进行构型设计的方法称为综合法。综合法是构型设计常用的方法。

5.5.3 组合体构型设计举例

1. 通过给定的视图进行构型设计

根据给出的一个或多个视图，构思出不同结构的组合体。

【例 5 - 7】 已知俯视图，构思不同的组合体，并绘制出三视图。

根据给出的俯视图，利用叠加、切割等方法，考虑平面或曲面立体进行组合体构型。在构型过程中，不断进行更改和修正，得到不同的组合体，如图 5 - 33 所示。

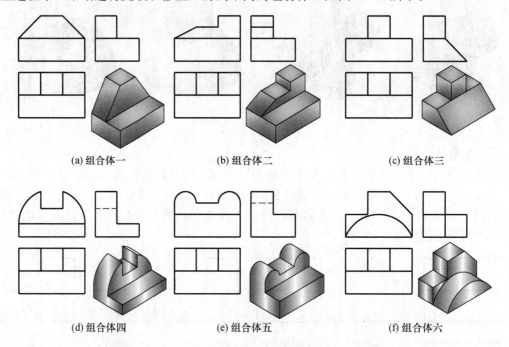

(a) 组合体一　　　　　(b) 组合体二　　　　　(c) 组合体三

(d) 组合体四　　　　　(e) 组合体五　　　　　(f) 组合体六

图 5 - 33　根据俯视图构思组合体

2. 通过给定的几个基本形体进行构型设计

【例 5 - 8】 如图 5 - 34 所示，有四个基本形体，即底板、圆筒、U 形板和肋板，要求利用给出的四个基本形体构型组合体，并绘制出三视图。

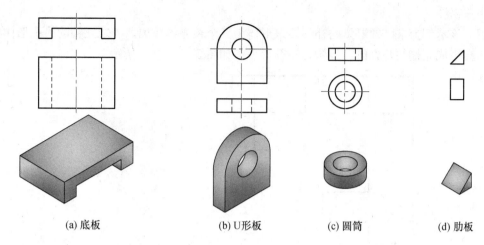

(a) 底板　　　　　　(b) U形板　　　　　　(c) 圆筒　　　　　　(d) 肋板

图 5-34　四个基本形体

解　根据已知基本形体，可以构造如图 5-35 所示的组合体。

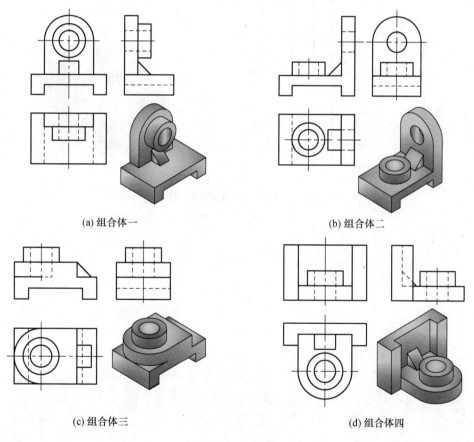

(a) 组合体一　　　　　　　　　　　　　(b) 组合体二

(c) 组合体三　　　　　　　　　　　　　(d) 组合体四

图 5-35　组合体

3. 通过求某一已知几何体的补形进行构型设计

【**例 5-9**】 图 5-36（a）所示为给出的已知形体，要求设计出与之互补的另一形体，并绘制出三视图。

    解   该示例为求已知形体的补形，该形体为三个长方体叠加，与之互补的另一形体将与该形体会组成完整的长方体，经构思知补形形体如图 5 - 36（b）所示。

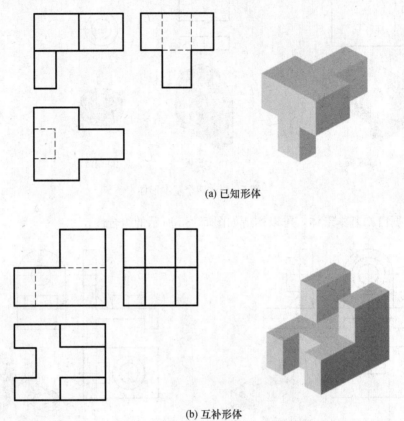

(a) 已知形体

(b) 互补形体

图 5 - 36   互为补形的两个形体

第6章　工程形体的表达方法

在实际工程中，由于工程建筑物形式多样、结构复杂，如仅用三视图这一表达方法，可能会出现表达重复、虚线过多、投影失真等问题，如图 6-1 所示。为此，在制图标准中规定了多种表达方法，绘图时可根据表达对象的结构特点，在完整、清晰表达各部分形状的前提下，选用适当的表达方法，并力求绘图简捷、读图方便。

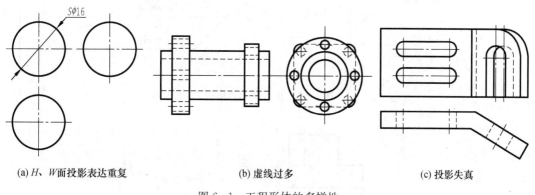

(a) H、W 面投影表达重复　　　　　　(b) 虚线过多　　　　　　(c) 投影失真

图 6-1　工程形体的多样性

6.1　视　　图

根据有关标准和规定，用正投影法绘制的物体的图形称为视图。视图主要用于表达形体的外部结构和形状，包括基本视图和辅助视图。

6.1.1　基本视图

在原有三个投影面 V、H、W 的基础上再增设三个与之对应平行的投影面 V_1、H_1、W_1，构成六面投影体系，这六个投影面称为基本投影面。采用第一角画法，即将形体放置在观察者和投影面之间，从形体的前、后、左、右、上、下六个方向分别向六个投影面作正投影，所得到的六个视图称为基本视图，即：

（1）正立面图：由前向后投射所得到的主视图。

（2）平面图：由上向下投射所得到的俯视图。

（3）左侧立面图：由左向右投射所得到的左视图。

（4）背立面图：由后向前投射所得到的后视图。

（5）底面图：由下向上投射所得到的仰视图。

（6）右侧立面图：由右向左投射所得到的右视图。

将各投影面按图 6-2 箭头所示方向展开到一个平面上，六个视图的位置如图 6-3（a）所示，六个视图仍符合"长对正、高平齐、宽相等"的投影规律。

当基本视图严格按 6-3（a）所示的位置配置时，可不标注视图名称。但在实际应用中，当在同一张图纸上绘制同一个物体的若干个视图时，为了合理地利用图纸，各视图宜按图 6-3（b）所示的位置进行配置，此时每个视图一般应标注图名。图名宜标注在视图的下方或上方，并在图名下方绘制一条粗横线。

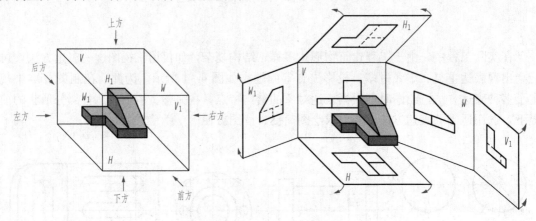

图 6-2　基本视图的形成

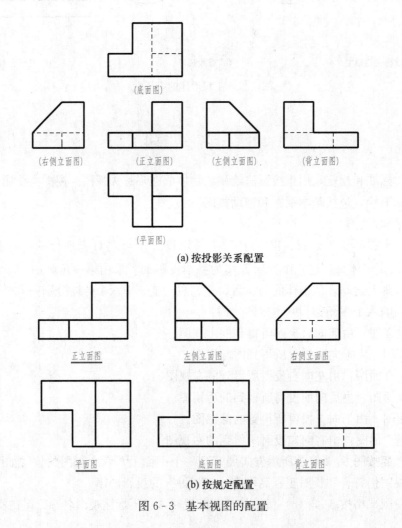

(a) 按投影关系配置

(b) 按规定配置

图 6-3　基本视图的配置

6.1.2 辅助视图

一、局部视图

将形体的某一部分向基本投影面投射所得的视图，称为局部视图。图 6-4 所示的形体采用主视图和俯视图，物体的主要形状已表示清楚，只有箭头所指的局部形状还没有表示清楚，这时可不画出整个物体的左视图和右视图，而只需画出没有表示清楚的那一部分，用波浪线或折断线将其与其他部分假想断开，如图 6-4 中的视图 A 所示。当所表示的局部结构是完整的，外形轮廓又是封闭图形时，可以省略波浪线或折断线，如图 6-4 中的视图 B 所示。

局部视图一般按投影关系配置，如图 6-4 中的视图 A 所示，也可以自由配置，如图 6-4 中的视图 B 所示。通常需要用大写拉丁字母"×"在视图上方标注图名，并在相应视图的附近用箭头指明投射方向，注上相同的字母。

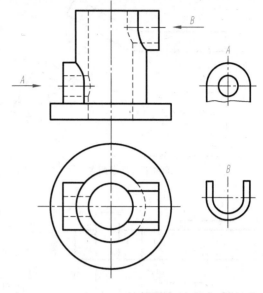

图 6-4　局部视图

二、斜视图

将形体向不平行于任何基本投影面的平面投射所得的视图，称为斜视图。如图 6-5 所示，为了表达板倾斜部分的真实形状，可设置一个与倾斜部分平行的辅助投影面，用正投影法在该辅助投影面上得到倾斜部分的实形投影，如图 6-6（a）所示。

斜视图一般只用来表达形体上倾斜部分的局部形状，其余部分用波浪线或折断线断开。画斜视图时，须用箭头指明投射方向，并用大写拉丁字母标注（字母水平书写），在斜视图的上方注写相同的字母。斜视图通常按投影关系配置，必要时也可将其旋转，但标注时应加旋转符号⌒或⌒，且字母靠近箭头端，如图 6-6（b）所示。

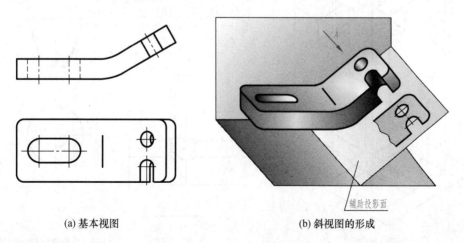

(a) 基本视图　　　　　　　　　(b) 斜视图的形成

图 6-5　支板的基本视图及斜视图的形成

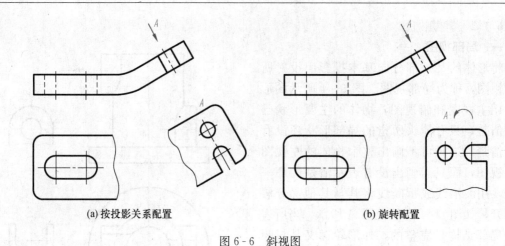

(a) 按投影关系配置　　　　　　　　　　　　(b) 旋转配置

图 6-6　斜视图

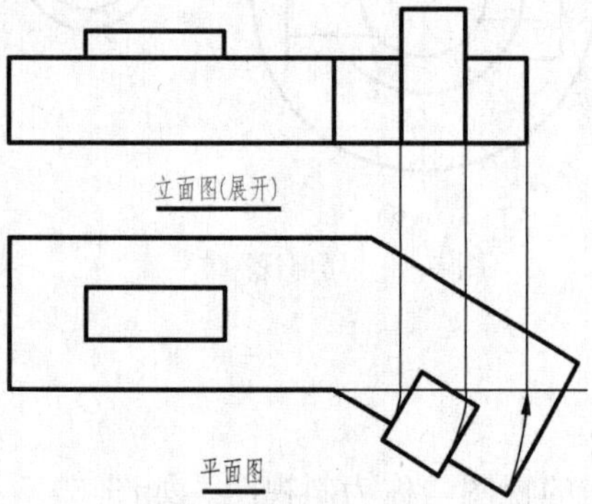

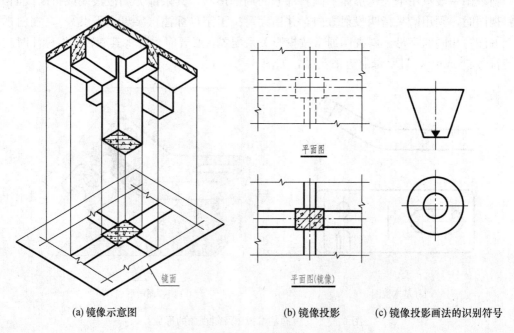

图 6-7　展开视图

三、展开视图

建（构）筑物的某些部分，有时与投影面不平行，如圆形、折线形、曲线形等，在画立面图时，可将该部分展开至与基本投影面平行，再以正投影法绘制，并应在图名后注写"展开"字样，如图 6-7 所示。

四、镜像视图

某些工程构造，如图 6-8（a）所示的梁板柱构造节点，当按第一角画法绘制平面图时，因梁、柱在

(a) 镜像示意图　　　　　　　(b) 镜像投影　　　(c) 镜像投影画法的识别符号

图 6-8　镜像视图

板的下方，需用虚线画出，这样既表达不清又看图不便。如果假想将一镜面放置在形体的下方，代替水平投影面，则该形体在镜面中的反射图形的正投影，称为镜像视图。用镜像投影法绘图时，应在图名后加注"镜像"二字，如图 6-8（b）所示，必要时画出镜像投影的识别符号，如图 6-8（c）所示。

在建筑装饰施工图中，常用镜像视图来表示室内顶棚的装修、灯具或古建筑殿堂室内房屋吊顶上藻井、图案花纹等构造。

6.1.3　第三角投影简介

《技术制图　投影法》（GB/T 14692—2008）规定："技术图样应采用正投影法绘制，并优先采用第一角画法。""必要时才允许使用第三角画法"。但国际上一些国家，如美国、英国、加拿大、日本等国则采用第三角画法。为了有效地进行国际间的技术交流和协作，应对第三角画法有所了解。

一、第三角投影法的视图形成

如图 6-9 所示，三个相互垂直的投影面 V、H、W 将空间分为八个分角。如图 6-10（a）所示，将形体置于第三分角之内，即投影面处于观察者与形体之间，分别向三个投影面进行投射得到三面投影图的方法，称为第三角投影法。

三个投影面的展开方法为：V 面不动，H 面绕 X 轴向上转 90°，W 面绕 Z 轴向前转 90°，三视图的位置如图 6-10（b）所示，三视图之间仍符合"长对正、高平齐、宽相等"的投影规律。

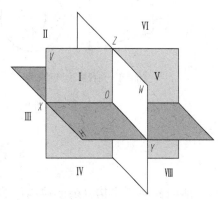

图 6-9　八个分角

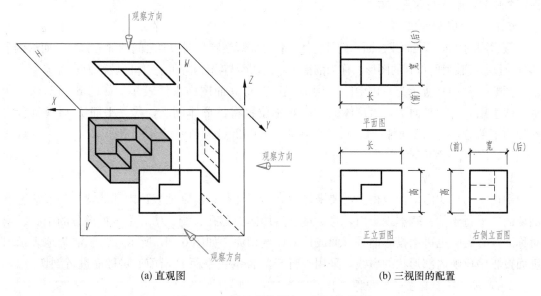

(a) 直观图　　　　　　　　　　　　(b) 三视图的配置

图 6-10　第三角投影中三视图的形成

二、第三角投影法与第一角投影法的区别

（1）投影面与形体的相对位置不同。第一角投影法是将形体置于 V 面之前、H 面之上，而第三角投影法是将形体置于V面之后、H面之下。

（2）观察者、形体与投影面的相对位置不同。第一角投影法的投射顺序是：观察者→形体→投影面；而第三角投影法的投射顺序则是：观察者→投影面→形体，这种画法假设投影面是透明的。

（3）视图的排列位置不同。第一角投影法中H面投影在V面投影的下方，W面投影（左侧立面图）在V面投影的右方；而第三角投影法中H面投影在V面投影的上方，W面投影（右侧立面图）在V面投影的右方，如图6-10所示。

三、第三角投影法的标志

GB/T 14692—2008中规定，采用第三角画法时，必须在图样中画出第三角投影的识别符号；而采用第一角画法时，如有必要，亦可画出第一角投影的识别符号，如图6-11所示。

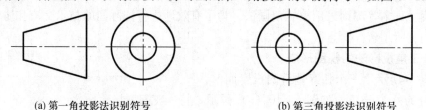

(a) 第一角投影法识别符号　　　　　　　　　　(b) 第三角投影法识别符号

图6-11　两种投影法的识别符号

6.2　剖　视　图

当物体的内部结构复杂或被遮挡的部分较多时，视图上就会出现较多的虚线，使图上虚、实线交错而混淆不清，这样既影响图形的清晰又不便标注尺寸，因此国家标准规定用剖视图❶来表达形体的内部结构。

6.2.1　剖视图的形成

假想用剖切面（平面或柱面）剖开物体，将处在观察者与剖切面之间的部分移去，而将剩余部分向投影面投射所得到的图形，称为剖视图；剖切面与物体接触的实体区域称为断面。

图6-12（a）所示为室内台阶的两面视图，正立面图中虚线较多。如图6-12（c）所示，假想用一剖切平面P，沿形体的前后对称位置将该形体剖开，移去平面P与观察者之间的前半部分，再向V面投射，从而得到如图6-12（b）所示的1-1剖视图。

6.2.2　剖视图的画法

1．确定剖切位置

剖视图的剖切面位置应根据需要来确定。为了完整、清晰地表达内部形状，一般情况下剖切面应平行于某一基本投影面，且尽量通过形体内部孔、洞、槽等不可见部分的中心线或对称面，必要时也可用投影面垂直面或柱面作剖切面。如图6-12所示，为了清楚地表示出正面投影中反映内部形状的虚线，采用平行于V面的正平面P沿前后对称面进行剖切。

2．画剖切符号及注写剖视图名称

剖视图的剖切符号由剖切位置线及投射方向线组成，两者均应以粗实线绘制。剖切位置

---

❶　"剖视图"图名取自《技术制图　图样画法　剖视图和断面图》（GB/T 17452—1998），除房屋建筑图外的各专业图均采用"剖视图"，在房屋建筑图中则习惯称之为"剖面图"，本书在第8～10章将使用"剖面图"。

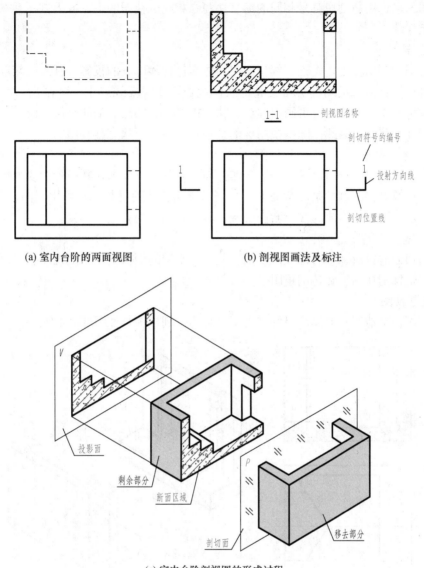

(a) 室内台阶的两面视图　　　　　　(b) 剖视图画法及标注

(c) 室内台阶剖视图的形成过程

图 6 - 12　剖视图的形成

线的长度宜为 6～10mm；投射方向线应垂直于剖切位置线，长度应短于剖切位置线，宜为 4～6mm，如图 6 - 12（b）所示。绘图时，剖切符号不应与其他图线相接触。

　　剖切符号的编号宜采用阿拉伯数字，按顺序由左至右、由下至上连续编排，并水平地注写在投射方向线的端部。需要转折的剖切位置线，若易与其他图线发生混淆，应在转角外侧加注与该符号相同的编号，如图 6 - 13 所示。

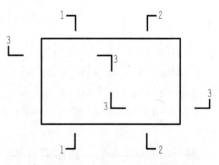

图 6 - 13　剖视图的剖切符号及其编号

剖视图的名称用与剖切符号相同的编号注写在相应剖视图的下方或上方，并在图名下方绘制一条粗实线。

3. 画出剖视图

按剖视图的剖切位置，先绘制剖切面与物体实体接触部分的投影，其断面轮廓线用粗实线画出；再绘制物体未剖到部分可见轮廓线的投影，用粗实线或中实线画出；看不见的虚线，一般省略不画，必要时也可画出虚线。特别需要注意的是，剖切是假想的，实际上形体并没有被切开和移去，因此，除剖视图外的其他视图应按原状完整画出。

4. 填绘材料图例

为了使剖视图层次分明，进一步区分实体与空心部分，要求在断面轮廓线内填绘材料图例，常用的建筑材料图例见第1章表1-8。当未指明物体的材料时，可用同向、等距的45°细实线来表示。同一个形体的多个断面区域，其材料图例的画法应一致。

6.2.3 常用的剖视图

根据剖切面的数量、相对位置以及剖切范围，常用的剖视图有全剖视图、半剖视图、局部剖视图、阶梯剖视图、旋转剖视图。

一、全剖视图

用剖切面完全地剖开形体所得的剖视图，称为全剖视图，如图6-14所示。

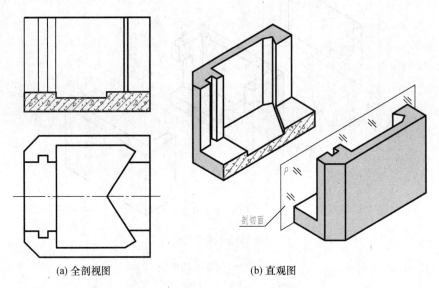

(a) 全剖视图　　　　　　　　　(b) 直观图

图6-14　船闸闸首的全剖视图

全剖视图一般适用于外形简单、内部结构复杂的形体。

当剖切平面通过形体的对称面，视图按投影关系配置，中间又没有其他图形隔开时，可省略标注，如图6-14所示。

【例6-1】 如图6-15（a）所示，已知房屋模型的三面视图，分别绘制其1-1、2-2剖视图。

解 （1）形体分析。该房屋模型的前墙面上有一个门洞和一个窗洞，门洞前面有一步台阶，屋顶、墙体和地面视为同一材料构成的整体。编号为1的水平面通过门窗洞进行剖切，向下投影；编号为2的侧平面通过前墙面上的门洞和台阶进行剖切，向左投影。

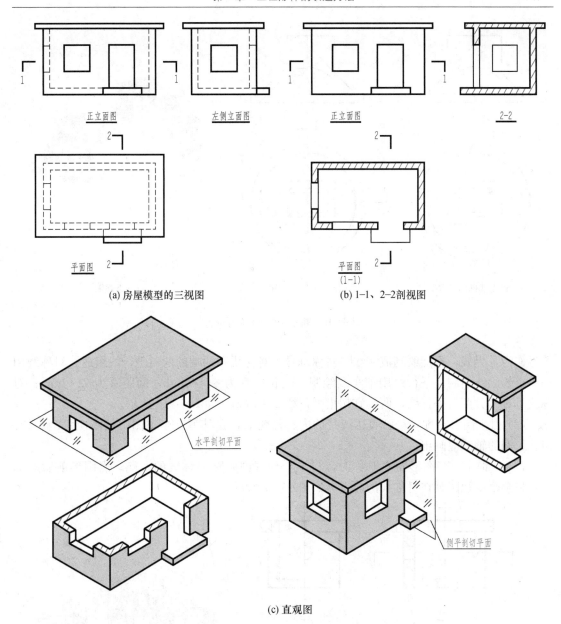

(a) 房屋模型的三视图　　　　　　　(b) 1-1、2-2剖视图

(c) 直观图

图 6-15　房屋模型的全剖视图

（2）绘制剖视图。其中 1-1 为房屋在窗台以上位置用水平面剖切后的全剖视（面）图，此图样在建筑施工图中仍称为平面图，且省略剖切符号。因 2-2 剖视图的投影方向向左，注意其画法。

二、半剖视图

当形体对称或基本对称时，在垂直于对称平面的投影面上的投影，以对称中心线为分界，一半画表示内形的剖视图，一半画表示外形的视图，这种组合而成的图形称为半剖视图。半剖视图相当于把形体切去 1/4 之后的投影，如图 6-16 所示的锥壳基础。

半剖视图适用于内、外结构都比较复杂的对称形体。绘制半剖视图时应注意以下几点：

（1）半剖视图中，视图与剖视图应以对称线（细单点长画线）为分界线，也可以用对称

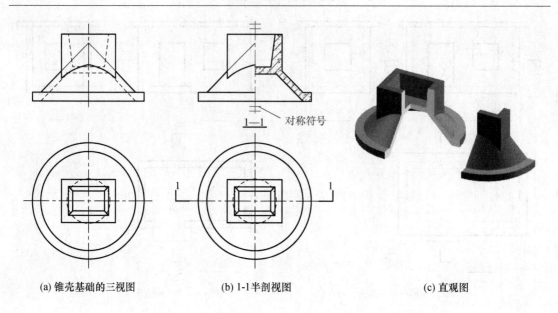

(a) 锥壳基础的三视图　　　　(b) 1-1半剖视图　　　　(c) 直观图

图 6-16　锥壳基础的半剖视图

符号作为分界线，不能绘制成实线。对称符号由对称线和两端的两对平行线组成。对称线用细单点长画线绘制；平行线用细实线绘制，其长度宜为 6～10mm，间距宜为 2～3mm；对称线垂直平分两对平行线，两端宜超出平行线 2～3mm，如图 6-16 所示。

（2）由于图形对称，对已表达清楚的内、外轮廓，在其另一半视图中就不应再画虚线，但孔、洞的轴线应画出。

（3）习惯上，当图形左右对称时，将半个剖视图画在对称线的右侧；当图形前后对称时，将半个剖视图画在对称线的前方，如图 6-17 所示。

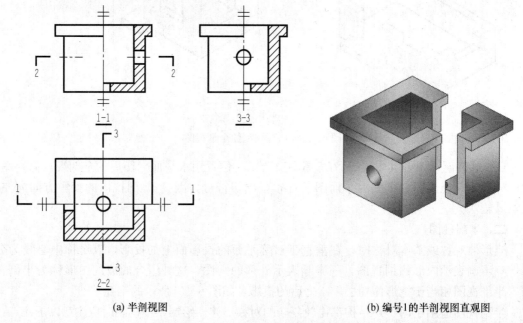

(a) 半剖视图　　　　　　　　(b) 编号1的半剖视图直观图

图 6-17　工程形体的半剖视图（一）

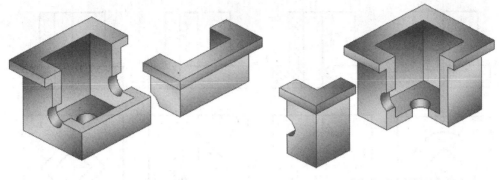

(c) 编号2的半剖视图直观图　　　　　　　(d) 编号3的半剖视图直观图

图 6-17　工程形体的半剖视图（二）

（4）半剖视图的标注方法与全剖视图相同。

三、局部剖视图

用剖切面局部地剖开物体，一部分画成视图以表达外形，其余部分画成剖视图以表达内部结构，这样所得的图形称为局部剖视图。如图 6-18 所示的杯形基础的局部剖视图，图中假想将杯形基础局部地剖开，从而清楚地表达了其基础底板内部钢筋的配置情况。

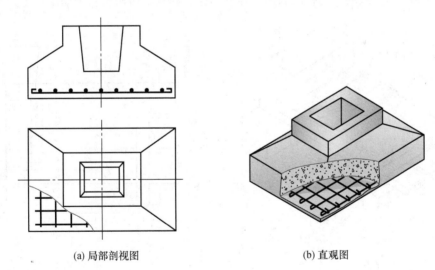

(a) 局部剖视图　　　　　　　　　　(b) 直观图

图 6-18　杯形基础的局部剖视图

局部剖视图适用于内、外结构都需要表达，且又不具备对称条件或仅局部需要剖切的形体。绘制局部剖视图时应注意以下几点：

（1）在局部剖视图中，视图与剖视图的分界线为细波浪线，波浪线可认为是断裂面的投影。波浪线只能画在形体的实体部分，不能超出轮廓线，也不能与图上其他图线重合或画在其他图线的延长线上。

（2）当形体的轮廓线与对称中心线重合，不宜采用半剖视图时，可采用局部剖视图来表达，如图 6-19 所示。

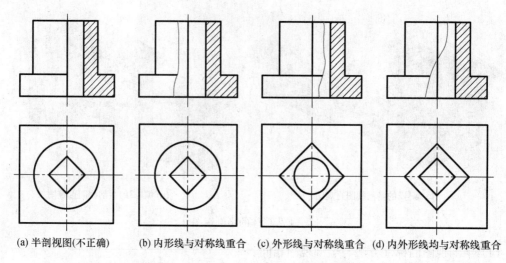

(a) 半剖视图(不正确)　(b) 内形线与对称线重合　(c) 外形线与对称线重合　(d) 内外形线均与对称线重合

图 6-19　轮廓线与对称线重合时作局部剖视图

（3）局部剖视图的标注与全剖视图的标注相同，剖切位置明显时不必标注。

在建筑工程和装饰工程中，为了表示楼地面、屋面、墙面及水工建筑的码头面板等的材料和构造做法，常用分层剖切的方法画出各构造层次的剖视图，称为分层局部剖视图。如图 6-20 所示，用分层局部剖视图表示了地面的构造和各层所用材料和做法。

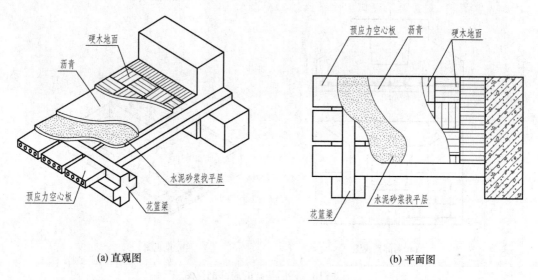

(a) 直观图　　　　　　　　　　　　　(b) 平面图

图 6-20　楼层地面分层局部剖视图

四、阶梯剖视图

当用一个剖切平面不能将形体上需要表达的内部结构都剖到时，可将剖切平面转折成两个或两个以上相互平行的平面，沿需要表达的地方剖开，由此得到的剖视图称为阶梯剖视图。如图 6-21 所示的组合体，为了表示其内部轴线不在同一个正平面内的阶梯孔和方孔，主视图采用阶梯剖的方法。

绘制阶梯剖视图时应注意以下几点：

（1）由于剖切面是假想的，故在阶梯剖视图中，两个剖切平面的转折处不画分界线。

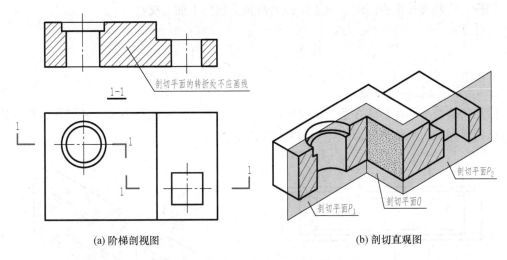

(a) 阶梯剖视图　　　　　　　　(b) 剖切直观图

图 6-21　阶梯剖视图剖切阶梯孔和方孔

（2）在剖切平面的转折处，若易与图中其他图线发生混淆，应在转角外侧加注与该符号相同的编号，如图 6-21 所示。

五、旋转剖视图

当形体在不同的角度都要表达其内部构造时，假想用两个相交的剖切平面（交线垂直于基本投影面，且其中一个剖切平面与基本投影面平行）剖切形体，再将倾斜于基本投影面所剖开的部分旋转到与投影面平行后再进行投影所得到的剖视图，称为旋转剖视图。如图 6-22 所示的检查井，为了能清楚地反映底部圆孔和方孔，采用两相交于检查井轴线的正平面和铅垂面分别沿孔的轴线切开，再将右侧与 V 面倾斜的铅垂面剖切得到的图形，一起绕轴旋转到与 V 面平行的位置，再进行投影，便得到 2-2 旋转剖视图。

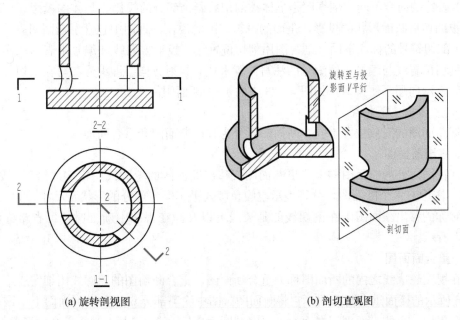

(a) 旋转剖视图　　　　　　　(b) 剖切直观图

图 6-22　旋转剖视图剖切圆孔和方孔

同样，绘制旋转剖视图时，也不应画出两相交剖切平面的交线。

6.3 断 面 图

6.3.1 断面图的基本概念

假想用剖切平面将形体在适当的位置切开，仅画出剖切平面与形体接触部分，即截断面的形状所得到的图形称为断面图，如图 6-23 所示。

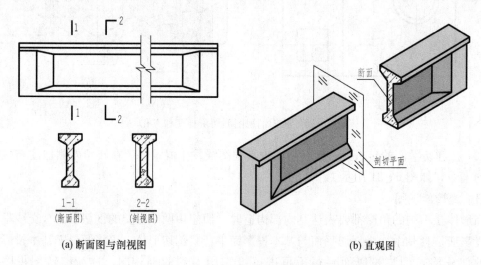

(a) 断面图与剖视图   (b) 直观图

图 6-23　断面图与剖视图的异同

断面图主要用来表示形体（如梁、板、柱等构件）上某一局部的断面形状，它与剖视图的区别在于：

（1）表达的内容不同。剖视图是形体被剖切后剩余部分的投影，是体的投影；而断面图是形体被剖切后断面形状的投影，是面的投影。因此说，剖视图中包含了断面图。

（2）剖切符号的标注不同。剖视图用剖切位置线、投射方向线和编号来表示；而断面图则只画剖切位置线与编号，用编号的注写位置来代表投射方向。即编号注写在剖切位置线哪一侧，就表示向那一侧投射，如图 6-23 中的 1-1 断面图。

6.3.2 断面图的种类

根据断面图的安放位置不同，断面图可分为移出断面图和重合断面图。

一、移出断面图

画在视图之外的断面图称为移出断面图，移出断面图的轮廓线用粗实线绘制。如图 6-24 所示，图中有六个断面图，分别表示空腹鱼腹式吊车梁各部分的形状及尺寸。

当对称的移出断面图画在剖切线的延长线上以及画在视图中断处时，可省略标注，如图 6-25 所示。

二、重合断面图

画在视图轮廓线之内的断面称为重合断面图。重合断面图的轮廓线用细实线绘制。如图 6-26 所示的楼面重合断面图，它将断面图（图中涂黑部分）画在了平面图上。该重合断面图是假想用一个侧平面剖切楼面后，再将截断面旋转 90°，与基本视图重合后形成的。

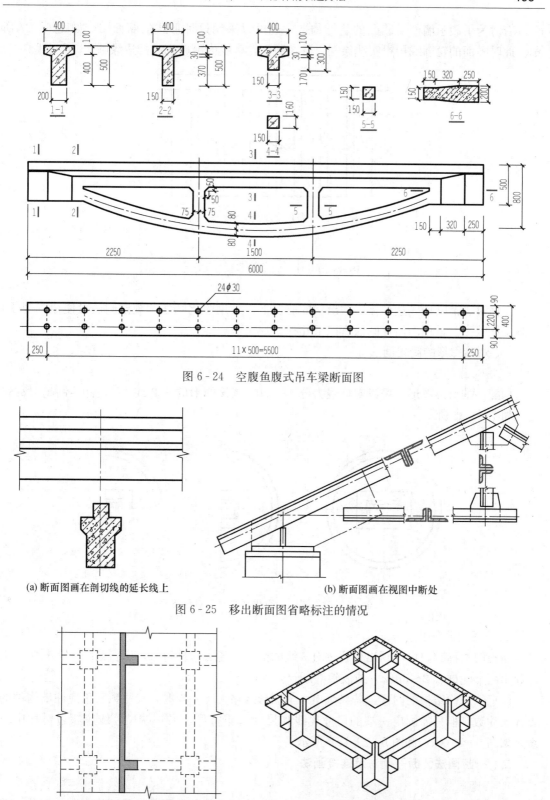

图 6-24　空腹鱼腹式吊车梁断面图

(a) 断面图画在剖切线的延长线上　　　　(b) 断面图画在视图中断处

图 6-25　移出断面图省略标注的情况

(a) 平面图中的重合断面　　　　　　　(b) 楼面的直观图

图 6-26　楼面的重合断面图

有时为了表示墙面上凹凸的装饰构造，也可以采用这种形式的断面图，如图 6-27 所示。此时断面的轮廓线用粗实线绘制，并在断面轮廓线内沿轮廓线的边缘画 45°细实线。

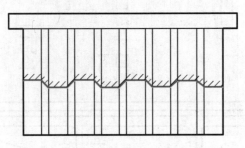

图 6-27　墙上装饰线的重合断面图

6.4　简化画法和简化标注

在完整、清晰地表达形体结构形状的前提下，采用简化画法和规定画法可使绘图简便，提高工作效率。常用的简化画法有以下几种。

一、对称图形的简化画法

1. 用对称符号

构配件的对称图形，可以对称线为分界，只绘制该图形的 1/2 或 1/4，并绘制出对称符号，如图 6-28 所示。

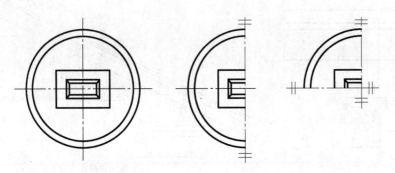

图 6-28　对称图形的简化画法（用对称符号）

2. 不用对称符号

当视图对称时，也可画出稍超过对称线的部分，省去对称符号，以折断线（折断线两端应超出图形轮廓线 2～3mm）或波浪线断开，如图 6-29 所示。

注意：对称结构的图样，若只画出一半图形或略大于一半时，尺寸数字仍应注出构件的整体尺寸数，但只需画出一端的尺寸界线和尺寸起止符号，另一端尺寸线应超过对称中心线，如图 6-29（a）和图 6-29（c）所示。

二、折断画法、断开画法及连接画法

1. 折断画法

当只需表达形体某一部分的形状时，可假想将不要的部分折断，只画出需要的部分，并在折断处画出折断线。不同材料的形体，折断线的画法如图 6-30 所示。

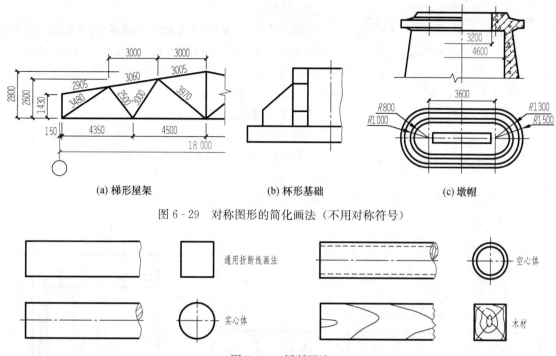

(a) 梯形屋架　　　　　　　(b) 杯形基础　　　　　　(c) 墩帽

图 6 - 29　对称图形的简化画法（不用对称符号）

通用折断线画法　　　　空心体

实心体　　　　　　　木材

图 6 - 30　折断画法

2. 断开画法

对于较长的等断面构件，或按一定规律变化的物体，可断开后缩短绘制，断裂处用波浪线或折断线表示，但尺寸应按总长标注，如图 6 - 31 所示。

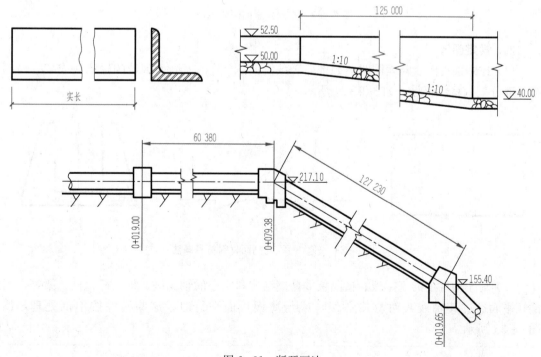

图 6 - 31　断开画法

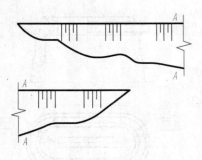

图 6-32 连接画法

3. 连接画法

当构件较长，图纸空间有限，但需全部表达时，可分段绘制，并标注连接符号（折断线）和字母（需注写在折断线旁的图形一侧），以示连接关系，如图 6-32 所示。

三、相同要素的简化画法

当形体内有多个完全相同且连续排列的构造要素时，可仅在两端或适当位置画出其完整图形，其余部分以中心线或中心线交点表示，如图 6-33 左图所示。均匀分布的相同构造，可只标注其中一个构造图形的尺寸，构造间的相对距离用"间距数量×间距尺寸数值"的方式标注，如图 6-33 右图所示。

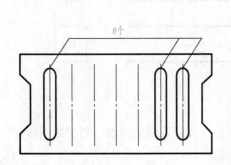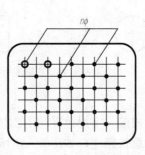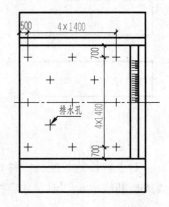

图 6-33　相同要素的简化画法

四、规定画法

（1）在画剖视图、断面图时，如剖面区域较大，允许沿着断面区域的轮廓线或某一局部画出部分剖面材料符号，如图 6-34 所示。

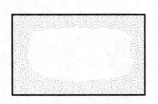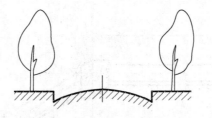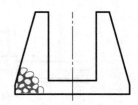

图 6-34　较大面积的剖面材料符号画法

（2）对于构件上的支撑板、横隔板等薄壁结构和实心的轴、墩、桩、杆、柱、梁等，当剖切平面通过其轴线或对称中心线，或与薄板板面平行时，这些构件按不剖处理，如图 6-35 所示。

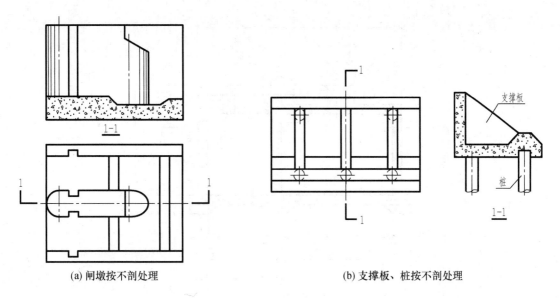

(a) 闸墩按不剖处理　　　　　　　　(b) 支撑板、桩按不剖处理

图 6 - 35　规定画法

6.5　综合运用举例

前面讨论了形体内外形状的各种表达方法，包括各种视图、剖视图和断面图等，着重说明其形成、应用条件和标注方法。在绘制工程图时，要根据不同形体的具体结构形状特点，正确、灵活地综合运用制图标准规定的各种图示方法（包括简化画法和规定画法等），以便在准确表达设计意图的前提下，使视图、剖视图、断面图等数目最少，且能将物体完整、清晰、简明地表达出来。本节将结合实例的分析和读图对此加以介绍。

【例 6 - 2】　如图 6 - 36 所示，试阅读化污池的两面投影，选择合适的表达方法并补绘 W 面投影（比例 1∶100）。

解　1. 形体分析

（1）分析投影图。V 面投影采用全剖视图，剖切平面通过该形体的前后对称平面，省略标注。H 面投影采用半剖视图，从 V 面投影上所标注的剖切位置线和名称可知，水平剖切平面通过小圆孔的中心线和方孔。

（2）分析形体。该形体由四个主要部分组成，现由下至上逐个分析：

1）长方体底板。长方形底板（6000×3200×250）的下方，近中间处有一个与底板相连的梯形断面，左右各有一个没有画上材料图例的梯形线框，它们与 H 面投影中的虚线线框各自对应。可知底板下近中间处有一四棱柱加劲肋，底板四角有四个四棱台的加劲墩子。由于它们都在底板下，因此画成虚线，如图 6 - 37 所示。

2）长方体池身。底板上部有一箱形长方体池身（5500×2700×2400），分隔为两个空间，构成一个两格的池子。四周池壁及横隔板厚度均为 250。左右池壁上及横隔板上各有一个 $\phi250$ 的小圆柱孔，位于前后对称的中心线上，其轴线距池顶面的高度为 600。横隔板的前后端又有对称的两个方孔，其大小是 250×250，其高度与小圆柱孔相同。横隔板正中下

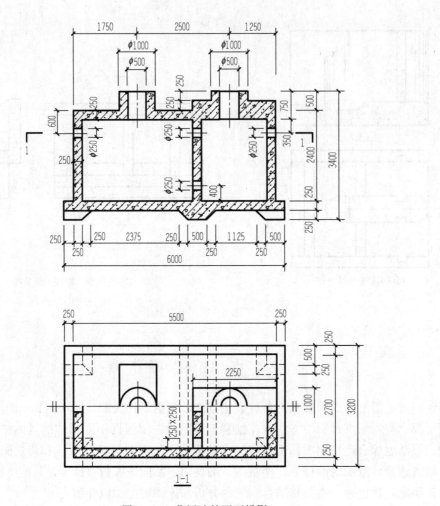

图 6-36 化污池的两面投影

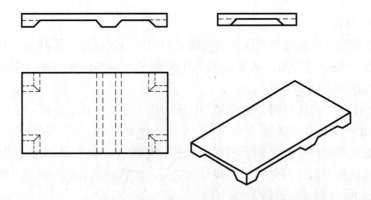

图 6-37 长方体底板

方距底板面 400 处，还有一个 $\phi250$ 的小圆柱孔，如图 6-38 所示。

3）长方体池身顶面。顶面有两块四棱柱加劲板。左边一块横放，其大小是 1000×2700×250；右边一块纵放，其大小是 2250×1000×250，如图 6-39 所示。

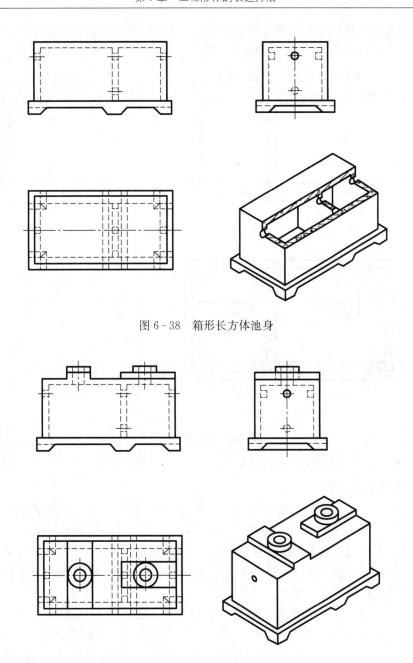

图 6-38　箱形长方体池身

图 6-39　化污池整体形状

4）圆柱通孔。两块加劲板上方，各有一个 $\phi1000$ 的圆柱体，高 250，其中挖去一个 $\phi500$ 的圆柱通孔，孔深 750，与箱内池身相通，如图 6-39 所示。

（3）综合分析。把以上逐个分解开的形体综合起来，即可确定化污池的整体形状，如图 6-36 所示。

2. 补绘 W 面投影

在形体分析过程中，自下而上逐个补出各基本形体的 W 面投影，如图 6-36～图 6-39 所示。最后把 W 面投影画成半剖视图，剖切位置选择通过左边垂直圆柱孔的轴线。当向右投射时，即可反映出横隔板上的圆孔和方孔等的形状和位置，如图 6-40 所示。

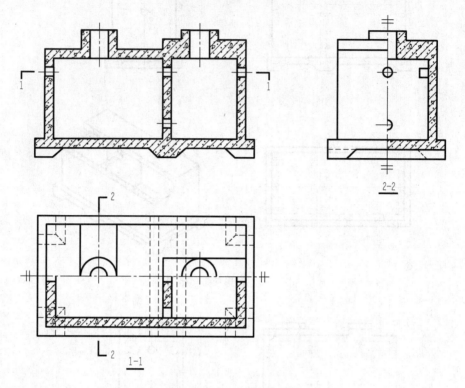

图 6-40　补绘 W 面投影

【例 6-3】 涵洞的视图表达分析及视图。

解　1. 视图表达分析

图 6-41（b）所示为涵洞的轴测图。涵洞系过水建筑物，其各部分的名称、结构、材料如图所示。

（1）涵洞按工作位置放置，水流自左向右。

（2）采用的视图包括主视图、俯视图、左视图和局部视图，移出断面。其中，主视图采用全剖视图，左视图采用半剖视图。

（3）主视图的全剖视图着重表达洞身、底板的内部结构形状及材料。A-A 半剖视图除表达进口段底板、翼墙和胸墙的立面外形外，同时表达洞身的形状特征。平面图表达平面布置情况。C 向局部视图表达底板凹槽的形状。B-B 断面表达翼墙的断面形状及材料。

2. 读图

（1）识读视图，了解涵洞各部分的结构形状。

1）底板：由主视图、左视图、俯视图和局部视图可知。

2）洞身：以左视图为主，结合主视图和平面图进行识读。

3）翼墙：俯视图表达其平面布置形式，剖视图、A-A 半剖视图表达立面外形，B-B 断面表达断面形状及材料。

4）胸墙：由三个基本视图表达。

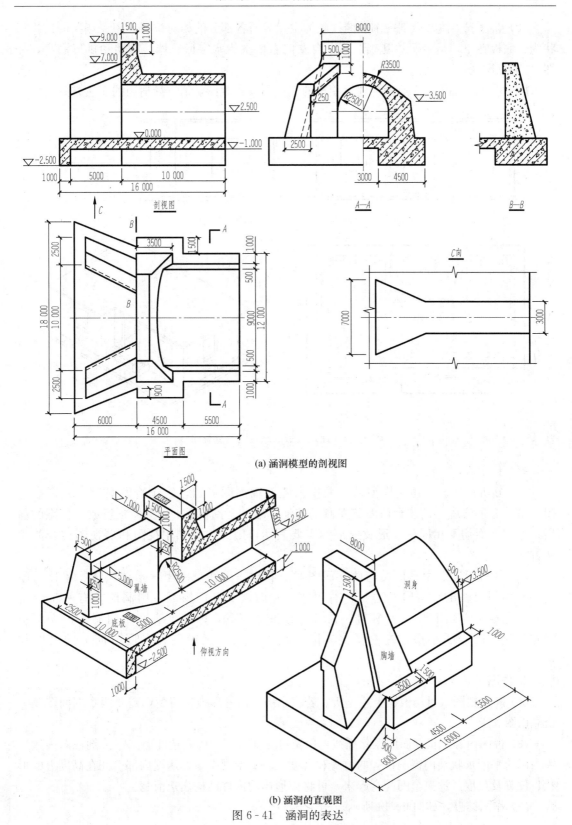

(a) 涵洞模型的剖视图

(b) 涵洞的直观图

图 6-41　涵洞的表达

（2）综合成整体。以剖视图和俯视图为主，分析各部分的相对位置，想象涵洞的结构形状为：底板在下，是涵洞的基础，其上自左向右依次为八字形翼墙、胸墙和拱形洞身，如图6-41（b）所示。

【例6-4】 图6-42所示为建筑模型的三视图及直观图，请选择适当的表达方案。

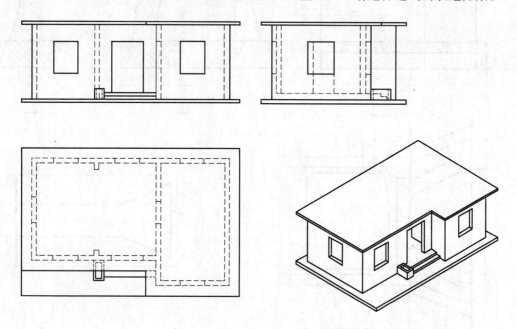

图6-42　建筑模型的三视图及直观图

解 1．读图

（1）分析形体。从建筑模型的三面投影图及轴测图可知，该建筑模型为一L形小房屋，由长方形底座、两步台阶及其左侧的花池、墙体、门窗洞、L形屋顶组成，模型的前后、左右立面均不相同，外形及内部均需要表达，因此，应采用视图和剖视图结合的表达方案。

（2）分析视图。由平面图与两立面图对应看出，虚线反映了该形体墙体、屋顶的厚度。平面图反映出小房屋左边窄、右边宽；左前墙上开门窗洞，门洞前方有两步台阶和一个花池；左墙上开一个窗洞，后墙上有三个窗洞，内墙上有一个门洞。正立面图和左侧立面图表明小房屋左右同高，同时反映了门洞及窗洞在高度方向上的尺度与定位。

2．作图

（1）确定视图数目。根据上述分析，若将小房屋内外形表达清楚，需要两个剖面图及一个立面图。

（2）视图内容。正立面图删除虚线，保留可见实线，用以表达外形。1-1剖视图表达房屋内部的平面形状及门窗洞口等的位置和尺度。2-2剖视图表达房屋内部空间在高度上的形状、位置及尺度。这三个图配合起来，可将该形体的内外结构表达清楚。

（3）作图结果，如图6-43所示。

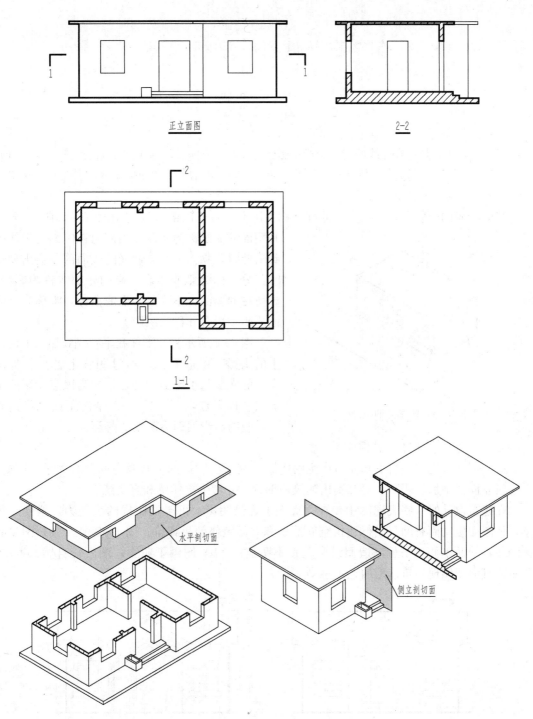

正立面图　　　　　　　　　　　2-2

1-1

水平剖切面

侧立剖切面

图 6 - 43　建筑模型的表达

第7章 阴影、透视投影

7.1 阴影概述

日常生活中，物体在光线照射下会产生影子。在建筑立面图和透视图中加绘阴影，会增加建筑立面图的立体感和真实感，使建筑物生动、明快，同时也增进了图面的美感，表现效果更好。

7.1.1 阴和影的概念

物体在光的照射下，直接受光的部分称为阳面，背光的部分称为阴面（简称阴），阳面

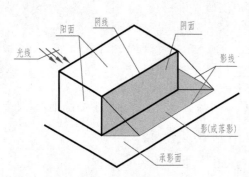

图7-1 阴和影的概念

和阴面的交线称为阴线。当照射在阳面的光线受到阻挡时，物体上原来迎光的表面部分会出现阴暗部分，称为影或落影。影的轮廓线称为影线。影所在的阳面，不论是平面或曲面，都称为承影面。阴和影合并称为阴影。

图7-1所示为一形体在平行光线照射下所产生的阴影。可以看到，通过阴线上各点（称阴点）的光线与承影面的交点，即为该点在影线上的点（称影点）。所以，一般情况下阴和影是相互对应的，影线即为阴线的落影。

7.1.2 正投影中加绘阴影的作用

人们可凭借光线照射下物体所产生的阴影，判断出物体的形状及空间组合关系。因此，在建筑立面图中加绘阴影，可判别出建筑物形状，并增强立体感和真实感。

在建筑设计的一些表现图中，在立面图上加绘阴影，可丰富图样的表现力，增强立体感，使图面生动而有助于进行建筑空间造型和立面装修效果评价。图7-2中，（a）图没有画阴影，图面单调、呆板，造型组合关系不明显；（b）图画了阴影，图面较自然、生动、美观，有助于体现建筑造型的艺术感染力。

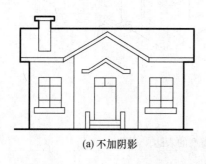

（a）不加阴影 　　　　　　　　　　（b）加绘阴影

图7-2 立面图中加绘阴影的作用

在正投影图中加绘阴影，是画出阴和影的正投影，而且只着重于绘出阴和影的轮廓形状，不考虑明暗强弱变化。

7.1.3　常用光线

自然光线照射下，物体的阴影是不断变化的，为作图方便统一，可采用特定的平行光线，称常用光线。常用光线的方向是和正方体从左、前、上至右、后、下对角线的方向一致的。如图 7-3 (a) 所示，投影即正方体各投影中的对角线，均与轴成 45°夹角，习惯上称45°光线，如图 7-3 (b) 所示。该光线与各投影面的实际倾角相等，约等于 35°，如图 7-3 (c) 所示即为旋转法求倾角的作图过程。

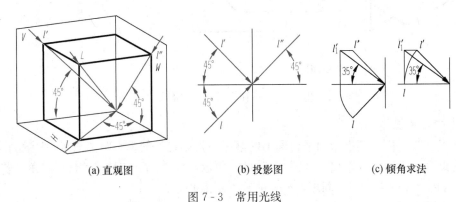

(a) 直观图　　　　　　　(b) 投影图　　　　　　　(c) 倾角求法

图 7-3　常用光线

7.2　点和直线的落影

从图 7-1 可知，求影线就是求阴线的落影，而阴线一般由直线或曲线构成，而曲线又是由点构成的，所以，求点和直线的落影是求建筑物阴影的基础。

7.2.1　点的落影

1. 点的落影位置

(1) 空间点在承影面上的落影，是通过该点的光线延长后与该承影面的交点。

如图 7-4 所示，求作点 A 在平面 P 上的落影：过点 A 的光线 L 延长后与 P 相交于 A_P，A_P 即为 A 在 P 上的落影。点 B 位于平面 P 上，则落影与自身重合，即 B_P 与 B 重合。

(2) 空间点在投影面上的落影，是通过该点的光线对投影面的迹点，过空间点的光线与投影面首先相交的迹点为点在投影面上的落影。如图 7-5 所示，过点 A 的光线先与 V面相交于 A_V，A_V 为落影。假设 V 投影面是透明的，光线延伸后与 H 面相交于 A_H，A_H 为虚影。同理，过点 B 的光线与 H、V 面的交点 B_H、B_V 分别为落影和虚影。

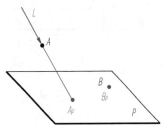

图 7-4　点的落影

图 7-5 (b) 所示为展开的落影投影，由投影可知 A_V 在 V 面上，所以 A_V 的 V 面投影a'_V 与 A_V 重合，H 面投影 a_V 在 OX 轴上，且 $a'_V a_V$ 连线垂直于 OX 轴，并且 $a'_V a_V$ 又必在光线的投影 l' 及 l 上。

l 先交于 OX 轴，为 A 在 V 面落影 A_V 的 H 面投影 a_V，过 a_V 作垂线交于 l'，为 A_V 及a'_V。若图中光线投影继续延长，l' 与 OX 相交于 a'_H，为 A 在 H 面上虚影的 V 面投影，作垂线与 l 的延长线相交，为 A 在 H 面上虚影 A_H 及投影 a_H。

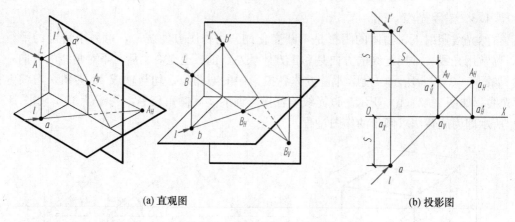

（a）直观图   （b）投影图

图 7 - 5   点在投影面上的落影

2. 点的落影规律

空间点在投影面及其投影面平行面上的落影与投影之间的垂直距离与水平距离相等，即等于空间点到该投影面的距离。如图 7 - 5 （b）所示，因 l'、l 与 OX 轴均成 45°角，若 $aa_X =$ S，则 $a'a_V'$ 的水平距离为 S；同理，$a'a_V'$ 的垂直距离亦为 S。

3. 点的落影求法

点在投影面上的落影求法上文中已作了介绍，下面介绍在投影面平行面、垂直面和曲面上落影的求法。

（1）点在投影面平行面上的落影，必在该平面的积聚投影上，可按规律或光线投影求出，如图 7 - 6 （b）所示。当给定两投影时，求光线 l 交于 P_H 上为 A_P 的水平投影 a_P，作垂线与 l' 相交，为 A_P 及 a_P'，如图 7 - 6 （a）所示。

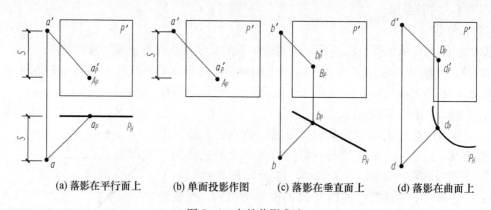

（a）落影在平行面上   （b）单面投影作图   （c）落影在垂直面上   （d）落影在曲面上

图 7 - 6   点的落影求法

（2）承影面为投影面垂直面时的落影。可利用投影面垂直面的积聚性求出。求光线 l 交于 P_H 上为 B_P 的水平投影 b_P，作垂线与 l' 相交为 B_P 及 b_P'，如图 7 - 6 （c）所示。

（3）点在曲面上的落影。当承影面为曲面时，落影同样可利用曲面的投影积聚性求出。求光线 l 交于 P_H 上为 D_P 的水平投影 d_P，作垂线与 l' 相交为 D_P 及 d_P'，如图 7 - 6 （d）所示。

7.2.2   直线在平面上的落影

1. 直线的落影

直线在承影面上的落影，是通过该直线的光线平面（称光平面）与承影面的交线；当直线平行于光线时，落影为光线与承影面的交点，如图 7-7 所示。当直线在承影面上时，落影与直线重合。

　　2. 直线落影的求法

　　直线落影在平面上时一般为直线或折线。求直线落影，实际上是求过直线的光平面与承影面的交线。

　　(1) 直线落影在一个承影面上。只要求出直线上两端点（或任意两点）的落影，再连线，即为直线的落影。

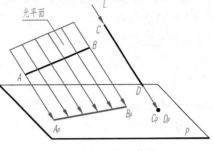

图 7-7　直线的落影

　　图 7-8（a）所示为直线在投影面上的落影，求 a'_V、b'_V，再连线，即为 AB 在 V 面落影的 V 面投影，连 $a_V b_V$，为 H 面投影；图 7-8（b）所示为直线在投影面垂直面上的落影，同样利用投影面垂直面积聚性求两端点落影再连线。

　　(2) 直线落影在两个承影面上。直线落影在两个投影面上，落影为折线，求出两端点后，不能直接连线。如图 7-9 所示，可用虚影法求出 B_H，连 $A_H B_H$ 交于 OX 轴上为折影点 k，连 $A_H k$、$k B_V$ 即为所求；也可用任意点法求得直线上任意点 C 的落影 C_V，连 $B_V C_V$ 交于轴上为折影点 k，再连 $k A_H$ 完成落影。

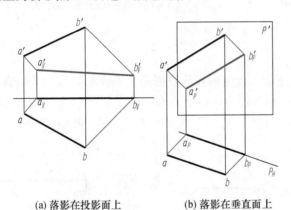

(a) 落影在投影面上　　　(b) 落影在垂直面上

图 7-8　直线落影在一个承影面上

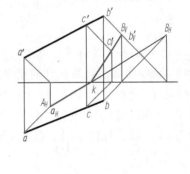

图 7-9　直线落影在两个承影面上

7.2.3　直线的落影规律

　　掌握直线的落影规律，对求直线的落影会有很大的帮助，尤其是后面求解形体阴影时可以直接应用这些规律。

　　1. 直线落影的平行规律

　　(1) 直线平行于承影面时，直线的落影与空间直线平行且等长。图 7-10（a）所示，AB 平行于 P 平面，$A_P B_P$ 必平行于 AB，则 $a'_P b'_P$ 必平行于 $a'b'$ 且其长度与 $a'b'$ 相等，所以可以任求一个端点的落影，再根据平行等长求另一端点的落影。

　　(2) 空间两条平行直线在同一承影面上落影仍平行。图 7-10（b）所示，$AB // CD$，则 $A_V B_V // C_V D_V$，落影的同面投影也一定互相平行。因此，先求一直线落影及另一直线一个端点的落影，再根据平行求另一端点的落影。

（3）一条直线在两个平行的承影面上的落影互相平行。图 7 - 10（c）所示承影面 P 平行于 V 面，过 AB 的光平面与 P、V 面的交线必平行，所以 AB 在 P、V 面上的落影一定平行，落影的同面投影也一定平行。可先求出两端点落影 A_V、B_P，但不能直接连线。直线在两承影面上的落影可用下列方法之一求得：①任意点法，求线上任意点 C 的落影 C_P，连 $B_P C_P$ 为所求 P 平面落影，过 A_V 作 $b'_P C'_P$ 的平行线即为 V 面上的落影；②虚影法，将 V 面扩大并求虚影 B_V，连 $A_V B_V$ 为所求，根据平行求得 P 平面上的落影；③返回光线法，直线上必须有一点落影在 P 平面的边框上，过 P_H 端点作返回光线交于直线上的点 d，则 d′落影在 P 边框上得 d'_P，连 b'_P 为所求，根据平行规律求 V 面落影。

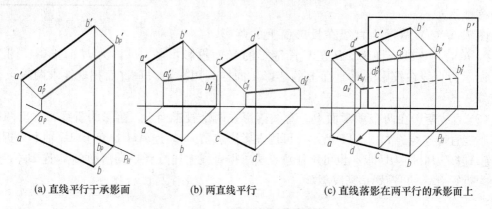

(a) 直线平行于承影面　　　　(b) 两直线平行　　　　(c) 直线落影在两平行的承影面上

图 7 - 10　直线落影的平行规律

2. 投影面垂直线的落影规律

（1）某投影面垂直线在任何承影面上落影，此落影在该投影面上的投影是与光线投影方向一致的 45°直线。如图 7 - 11（a）所示，铅垂线 AB 在地面和台阶上的落影为过该直线的光平面与地面、台阶的交线。该光平面为铅垂面，且与 V 面的倾角为 45°，所以落影的水平投影为 45°直线，如图 7 - 11（b）所示。

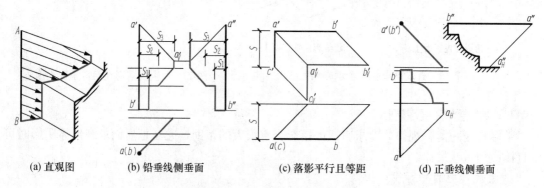

(a) 直观图　　　(b) 铅垂线侧垂面　　　(c) 落影平行且等距　　　(d) 正垂线侧垂面

图 7 - 11　投影面垂直线的落影规律

（2）某投影面垂直线在另一投影面（或其平行面）上的落影，不仅与原直线的同面投影平行，且其距离等于该直线到承影面的距离。如图 7 - 11（c）所示，AC 垂直于 H 面，AB 垂直于 W 面，其 V 面落影分别平行于 a′b′、a′c′，且其距离等于这两条直线与 V 面的距离 S。

（3）某投影面垂直线落影在另一投影面的垂直面上（平面或曲面）时，落影在第三投影面上的投影总是与该承影面有积聚性的投影成对称形状。如图 7 - 11（b）所示，铅垂线 AB 落影在侧垂面上，落影的 V 面投影与台阶的积聚投影成对称形状，图中落影的 V 面投影与 W 面投影对称，OZ 轴为对称平面轴，作图时量取 AB 线的 W 面投影到承影面的距离 s_1、s_2、s_3，即为直线的 V 面投影到其落影的距离。图 7 - 11（d）所示为正垂线落影在侧垂面上，落影的水平投影与侧垂面的积聚投影成对称形状。

7.2.4 直线构成的平面多边形的落影

求直线构成的平面多边形落影，就是求构成平面多边形各边线的落影，该落影的集合即为平面落影的影线。

1. 平面多边形落影的求法

求多边形各顶点（及折影点）的落影，再顺次连线，阴影涂黑，如图 7 - 12（a）所示。

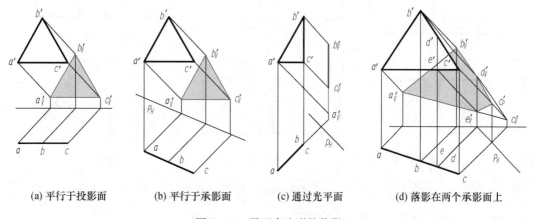

| (a) 平行于投影面 | (b) 平行于承影面 | (c) 通过光平面 | (d) 落影在两个承影面上 |

图 7 - 12 平面多边形的落影

2. 平面多边形的落影

（1）当平面平行于投影面（或承影面）时，落影反映平面实形或其投影与平面的同面投影相同。如图 7 - 12（a）所示，平面平行于正立面，则落影与平面投影相同且反映平面实形；图 7 - 12（b）所示为平面平行于承影面 P，则在 P 平面上的落影与平面的同面投影相同。

（2）当平面与光线平行时，平面的积聚投影通过光线投影，则其落影为直线。如图 7 - 12（c）所示，平面平行于光线，过平面的光平面与承影面的交线即为落影。

（3）当平面落影在两个相交的承影面上时，影线在两个承影面的交线上产生折影点。图 7 - 12（d）所示为平面 ABC 落影在两个相交承影面 V 和 P 上，折影点可按前述直线落影求法求得。本例选用返回光线法求得 d、d' 及 e、e'，求得落影 d'_V 和 e'_V 即为折影点；也可利用虚影求得 c'_V 而得折影点 d'_V、e'_V。

7.2.5 平面图形阴面和阳面的判别

在光线照射下，平面图形的一侧迎光，称为阳面，另一侧背光，称为阴面，因而平面投影有阳面投影和阴面投影之分，这是确定形体上阴线的基础。

1. 投影面平行面

如图 7 - 13（a）所示，投影面平行面沿光照方向的一侧为迎光面，其投影为阳面投影。

水平面 P 迎光，水平投影为阳面投影；正平面 R 迎光，V 面投影为阳面投影。

2. 投影面垂直面

当平面为投影面垂直面时，利用平面的积聚投影与光线的同面投影加以检验。

如图 7-13（b）所示，正垂面夹角不同，当倾角小于 45°时，光线照在上面，水平投影为阳面投影；当倾角为 45°时，平面通过光平面，平面的两个面均呈阴面，水平投影为阴面投影；当倾角为 45°～90°时，光线照在下面，水平投影为阴面投影；当倾角大于 90°时，光线照在上面，水平投影为阳面投影。图 7-13（c）所示为铅垂面的投影情况，读者可自行分析。

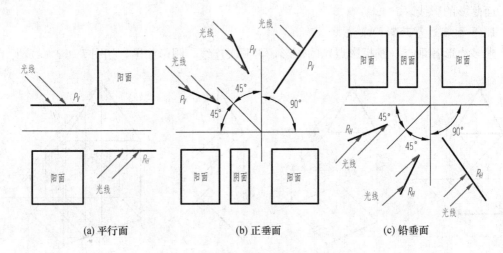

(a) 平行面　　　　　(b) 正垂面　　　　　(c) 铅垂面

图 7-13　平面投影阴面、阳面的判别

7.2.6　曲线及曲线平面图形的落影

一、曲线的落影

曲线为不规则曲线时，可求一系列特征点的落影，再圆滑地连线。如图 7-14 所示，求 A、B、C 各点的落影再圆滑地连线即为曲线的落影。当曲线为圆时，参见下述曲线平面的落影求法。

二、曲线平面的落影

1. 不规则曲线平面的落影

求不规则曲线平面的落影时，可求曲线上一系列特征点的落影，再圆滑地连线，参见图 7-14 所示曲线落影求法。

2. 圆曲线平面图形的落影

（1）当圆平面落影在所平行的投影面（或承影面）上时，落影反映圆实形或其投影与圆的同面投影相同。如图 7-15 所示，与 V 面平行的圆落影在 V 面上，落影为圆实形。求出圆心落影 O'_V，以原来的半径作圆即为圆的落影。

（2）当圆平面落影在与其不平行的承影面上时，圆的落影通常为椭圆。圆心的落影即为落影的椭圆中心，圆的一对互相垂直直径的落影，成为落影椭圆的一对共轭轴。图 7-16 所示为一水平圆，其在 V 面上的落影是一个椭圆，可利用圆的外切正方形作为辅助作图线来图解求得，方法如下：

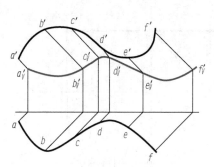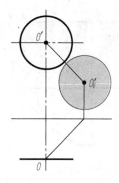

图 7 - 14　不规则曲面的落影　　　　　图 7 - 15　圆曲线落影在平行的承影面上

1) 首先作圆外切正方形的投影 $abcd$，并与圆相切于 1、2、3、4 各点，求圆外切正方形的 V 面落影及切点 1、2、3、4 的落影 $1'_v$、$2'_v$、$3'_v$、$4'_v$；再求对角线上点 5、6、7、8 点的落影 $5'_v$、$6'_v$、$7'_v$、$8'_v$，将各影点圆滑地连线，即为圆的落影，如图 7 - 16（a）所示。

2) 用图 7 - 16（b）所示方法，直接在圆曲线上作八个点的落影，再连线求得。

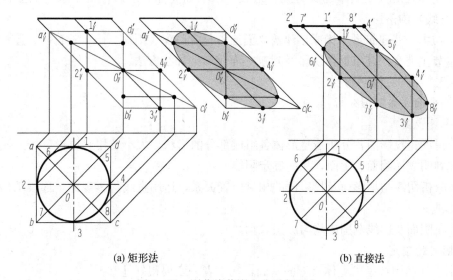

(a) 矩形法　　　　　　　　　　　(b) 直接法

图 7 - 16　圆曲线落影在非平行面上

当水平半圆形平面垂直贴于 V 面上时，在 V 面上的落影也是半个椭圆，通常采用五点法作出，如图 7 - 17（a）所示。求出平面上五个特殊点 1~5 的投影和落影：点 1、5 在 V 面上，落影 $1'_v$、$5'_v$ 与 1、5 重合；点 3 在前方，落影 $3'_v$ 在 $5'$ 的垂线上；点 2 在圆左前方，落影 $2'_v$ 在圆的中线垂线上；点 4 在圆右前方，落影 $4'_v$ 在过 $2'_v$ 的水平线上，又从水平投影知 4_v4O 为等腰三角形，所以 $4'_v$、$4'$ 到中心线上 $2'_v$ 为等腰三角形，即 $4'_v$ 到中心线的距离为 $4'$ 到中心线距离的 2 倍。圆滑连接各落影点即为半圆的落影——半个椭圆。

掌握上述方法后，可利用半圆单面投影求其落影，如图 7 - 17（b）所示。在 V 面投影上作半圆，求得半圆上五个点的 V 面投影 $1'$~$5'$，落影 $1'_v$、$5'_v$ 与 1、5 重合；点 3 在前方，落影 $3'_v$ 在 $5'$ 的垂线上；点 2 在圆左前方，落影 $2'_v$ 在圆的中线垂线上；点 4 在圆右前方，落影 $4'_v$ 在过 $2'_v$ 的水平线上，圆滑连接各落影点即为半圆的落影。

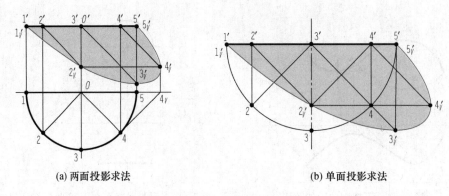

(a) 两面投影求法　　　　　　　　　　　　(b) 单面投影求法

图 7 - 17　半圆的落影

7.3　平面立体与建筑形体的阴影

平面立体是由构成立体棱面的棱线组成，求平面立体的阴影，就是求平面立体上阴线（阴线为直线）的落影。

建筑物由一些建筑形体构成，建筑立面通常包含门窗、雨篷、阳台、台阶、屋檐等建筑形体。本节主要介绍建筑形体阴影及建筑立面阴影的加绘方法。

7.3.1　平面立体阴影的求法

（一）平面立体阴影分析

1. 一般步骤

（1）识读正投影图，分析清楚形体各组成部分的形状、大小及相对位置。

（2）判明立体阴面、阳面，从而确定阴线。

（3）分析阴线与承影面及投影面的相对位置关系，运用直线落影规律，逐段求出阴线落影——影线。

（4）在阴面及影线范围内均匀涂黑表示。

2. 阴线的确定

确定立体的阴线是求立体落影的基础，初学者一定要很好地掌握。

（1）根据积聚投影确定阴线。若构成形体的平面是投影面平行面或垂直面，可根据平面是迎光面还是背光面确定是阳面还是阴面（见图 7 - 13），并根据阳面与阳面交线确定阴线（见图 7 - 1）。如图 7 - 18（a）所示，棱柱由水平面、正平面和侧平面构成，在光线照射下，左、前、上三个面为阳面，右、后、下三个面为阴面，所以棱线 *CD*、*DE*、*EF*、*FG*、*GB*、*BC* 为阴线。

（2）画立体图确定阴线。直接判定有困难时，也可绘出立体图确定阴线，如图 7 - 18（b）所示，根据阳面与阴面确定阴线。

（3）根据落影包络线确定阴线。若形体由一般位置平面构成，投影没有积聚性，阳面和阴面不好判定，则可求出形体各棱线的全部落影，构成落影的外包络线为影线，返回到形体上确定阴线，从而确定阴面，如图 17 - 18（c）所示。棱线 *AD*、*AB*、*BD* 为阴线，所以平面 *ABD* 为阳面，其余平面为阴面。

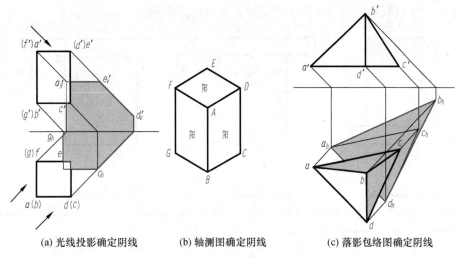

| (a) 光线投影确定阴线 | (b) 轴测图确定阴线 | (c) 落影包络图确定阴线 |

图 7-18　立体阴线的确定

（二）平面立体阴影求法

1. 投影面平行面构成立体

图 7-18 所示四棱柱已确定阴线，侧垂线 BC 在 H 面上的落影平行且等长，落影与其投影的距离等于 BC 到 H 面的距离；同理求得正垂线 BG 的落影。铅垂线 CD 在 H 面上的落影是与光线投影一致的 45° 线，其在 V 面上的落影平行且等距；其他各阴线的落影如图所示。最后将阴影均匀涂黑。

2. 投影面垂直面构成立体

图 7-19（a）所示为贴于墙面上的三棱柱饰物，求其墙面上的落影。经检验，投影面垂直面为阳面，其阴线为 AB、BC，A、C 两点在墙面上，落影与自身重合，求得 B 点的落影 B_V，落影的投影 $a'b'_V$、b'_Vc' 即为所求影线，最后将落影均匀涂黑。

图 7-19（b）所示同样为贴于墙上的三棱柱饰物，但右侧铅垂面为阴面，其阴线为 AB、BC 及 CD，分别求得各阴线落影的投影 $a'b'_V$、$b'_Vc'_V$、c'_Vd'，最后将阴面和落影均匀涂黑。

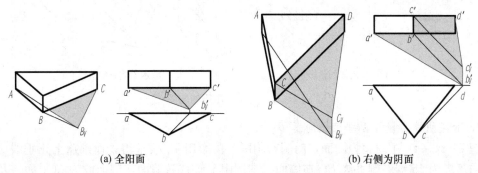

| (a) 全阳面 | (b) 右侧为阴面 |

图 7-19　垂直面形体的阴影

7.3.2　窗洞口的阴影

首先确定窗洞口的阴线，再按直线的落影规律求出影线，主要求出正立面图的阴影。图 7-20 给定了几种常见的窗洞口的阴影。从实例中分析可见，窗口阴影宽度 m 等于窗口深度 m，挑台落影宽度 n 等于其挑出宽度 n，挑檐落影在洞口的宽度 s 等于其挑出宽度 s_1 加上

洞口深度 s_2。也可利用光线的投影求出阴线各端点的落影再连线完成阴影。

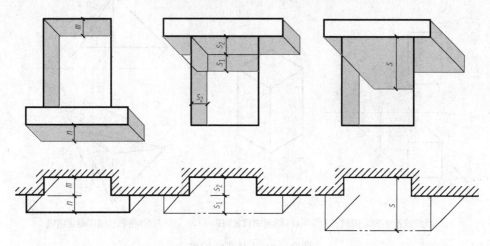

图 7 - 20　窗洞口的阴影

7.3.3　门洞、雨篷的阴影

因为门洞的造型较窗口复杂，加之雨篷的造型较多，致使其阴线常常发生变化，所以阴影求作较为复杂，但仍可利用规律求得阴影。图 7 - 21 介绍了两种门洞、雨篷的阴影，具体求作方法分述如下。

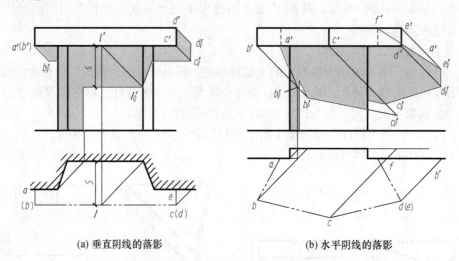

(a) 垂直阴线的落影　　　　　　　　　(b) 水平阴线的落影

图 7 - 21　门洞、雨篷的阴影

1. 雨篷阴线为投影面垂直线的落影

图 7 - 21（a）中门脸为阴面，门洞有阴影，落影用 45°线求得；而雨篷上正垂线 AB 在墙上的落影为 45°线，侧垂线 BC 在墙面（本例用 V 面代替墙面，门面设为 Q 平面）及门洞上的落影利用对称形求得；也可利用反回光线求得 l' 及落影 l_Q' 再作平行线得落影。

2. 雨篷阴线为投影面平行线的落影

图 7 - 21（b）中雨篷阴线 AB 为水平线，其落影不是 45°线，需求出 b_V'，连 $a'b_V'$ 为 AB 在墙面上的落影（本例用 V 面代替墙面，门面设为 P 平面），再求得 b_P' 作 $a'b_V'$ 的平行线，即为 AB 在门洞口上的落影；求得 C 点在门洞口上的虚影 c_P'，连 $b_P'c_P'$ 为 BC 在门洞上的落

影；同理求得阴线 BC、CD、DE 在墙面上的落影，如图所示。

7.3.4　台阶的阴影

本节讲述由直线平面构成挡板的台阶的阴影求法。台阶挡板的阴线一般为投影面垂直线、侧平线、水平线，求作方法分述如下。

1. 挡板阴线为投影面垂直线的落影

图 7-22 所示为常见的一种台阶形式，台阶挡板阴线由正垂线和铅垂线构成，右侧挡板阴线的落影在墙面及地面上，如图所示。要求左侧挡板阴线 AB、BC 的落影，可用侧面投影求得 B 点落影，其侧面投影为 b''_{P1}，利用投影关系求得 b'_{P1} 及 b_{P1}，再根据投影面垂直线的落影规律求得落影，如图所示。若投影图中没有侧面投影，可直接根据水平投影和正面投影求得 B 点落影 b_{P1}，即过 b' 作光线投影 l' 和过 b 作光线投影 l，同时相交于 P_1 平面即为 B 点落影 B_{P1}（可假设其光线投影交于任一台阶面检验之）。

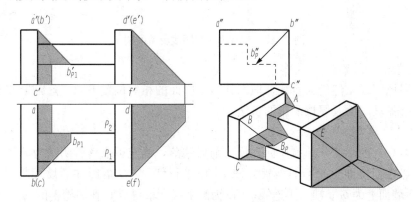

图 7-22　垂直阴线台阶投影

2. 挡板阴线为侧平线的落影

图 7-23 所示为挡板带有侧平阴线的台阶，右侧挡板阴线有三段，分别为 AB、BC、CD。首先求得正垂线 AB 及铅垂线 CD 的落影，如图所示。对于侧平线 BC 的落影，可采用下列方法之一求得：①返回光线法。利用侧面投影用返回光线法求得阴线 BC 上点 K 的侧面投影 k''，再求得正面投影 k' 及折影点 K_V 的投影 k'_V、k_V，连 $c_H k_V$、$b'_V k'_V$ 为 BC 在地面和墙面上的落影。②线面交点法。将阴线 BC 延长与墙面相交于 E 点，其正面投影为 e'，连 $e'b'_V$ 延长与地面和墙面交线相交于 k'_V，即为折影点的投影。③虚影法。求得 B 点或 C 点的虚影 B_H 或 C_V，连线得折影点的投影 k_V、k'_V，如图所示。

左侧挡板阴线同样为 12、23 和 34，对于正垂线 12 和铅垂线 34，落影求法参见图 7-22，此处不再详述。而侧平线 23 的落影，同样可采用返回光线法求得，如求得 P_1R_3 棱线上的落影点 f''_W，返回光线到阴线求得 $f''f'$，并求得落影 f'_V。同理可求得其他台阶棱线上的落影点，连线可求其在台阶上的落影。

下面介绍一种新方法——返回光线虚影法。如图 7-23 所示，求阴线 23 在台阶踢面 R_2 上的落影，3 点在平面 R_2 的前方求得其在平面 R_2 上的落影 3_{R2} 及 $3'_{R2}$，而 2 点在平面 R_2 的后面，可利用返回光线求得 2 点在平面 R_2 上的虚影 2_{R2}、$2'_{R2}$，连线即为阴线 23 在平面 R_2 上的落影，取图形内的有效部分。同理可求得台阶踢面 R_1、R_3 上的落影，并根据正投影关系求得台阶踏面 P_1、P_2、P_3 上的落影。

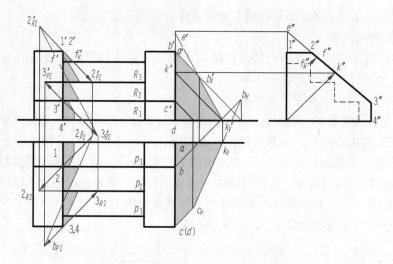

图 7 - 23　带有侧平线阴线台阶的阴影

7.3.5　坡屋面及屋檐的阴影

坡屋面屋檐阴线虽然仍为直线，但因其与承影面的相对位置不同，落影也各不相同，下面介绍两种常见坡屋面及屋檐阴影的求法。

1. 单坡屋面及屋檐阴影

图 7 - 24（a）所示为一单坡屋面，檐口前后错落，确定可求落影阴线为 AB、BC、CD、EF。AB 落影在前墙面上平行且等距，求 a'_V 作平行线；AB 落影在后墙面上平行且等距；BC 落影在后墙面上为 b'_V、c'_V，再连线；CD 为侧平线，求得点 C 在屋檐上的落影 c'_P，连 $c'_P d'$ 即为 CD 在檐上的落影，过 c'_V 作 $c'_P d'$ 的平行线即为 CD 在墙面上落影，也可从 CD 在檐上的落影处 l' 引光线投影交于檐口的落影 l'_V，连 $l'_V c'_V$ 即为 CD 在墙面上的落影（或求点 D 在墙面上的虚影 d'_V，连 $d'_V c'_V$ 即为 CD 在墙面上的落影）；最后完成墙角阴线的落影。

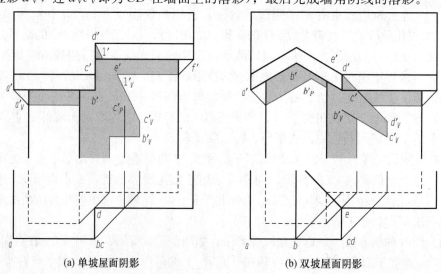

（a）单坡屋面阴影　　　　　　　　（b）双坡屋面阴影

图 7 - 24　屋面阴影

2. 双坡屋面及屋檐的落影

图 7 - 24（b）所示为双坡屋面，檐口前后错落，檐口阴线确定为 AB、BC、CD、

DE 等。根据平行规律求得 AB、BC 在前墙面上的落影。CD 在后墙面上的落影平行，

DE 为正垂线，在墙面上及屋檐上落影的投影为 45°线，BC 线在墙面上的落影可求出点 B 在墙上的虚影 b'_v，连 $b'_v c'_v$ 为所求，同时也可采用重影点的概念求得，完成阴影。

7.3.6 工程实例

图 7-25 所示为建筑立面阴影实例，图中绘出了烟囱、挑檐、门窗、窗台、雨篷、台阶等处阴影，请读者自行分析。

图 7-25　建筑立面阴影实例

7.4 曲面立体的阴影

曲面立体的阴线可能是直线、平面曲线或空间曲线，承影面可能是平面或曲面等，所以阴线的确定及阴影求法均比较复杂，有时采用描点法来确定。本书只介绍正圆柱面阴线、阴影及正圆柱面上落影的求法。

7.4.1 圆柱面的阴线

1. 圆柱面阴线的概念

圆柱面上的阴线是光平面与圆柱面相切的素线，如图 7-26 所示。在常用光线的照射下，一系列与圆柱面素线相切的光线形成了光平面。这样相切的光平面有两个，将圆柱面分成阳面和阴面相等的两部分，而光平面与圆柱面相切的素线正好是阳面与阴面的分界线，所以该素线为圆柱面阴线，如图 7-26 中的 AB、CD 素线。又因圆柱垂直于 H 面放置，故圆柱上顶面为阳面，下底面为阴面，又产生两半圆阴线 AC、DB（图中逆时针半圆方向）。

2. 圆柱面阴线的求法

图 7-27 所示为根据投影求圆柱面阴线的几种方法。当圆柱垂直于 H 面放置时，根据

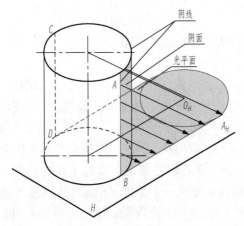

图 7-26　圆柱面阴线

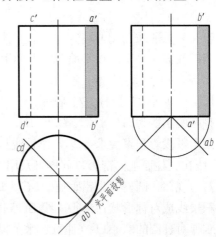

图 7-27　圆柱面阴线的求法

正面及水平投影求阴线。从图 7 - 26 知，圆柱面上的阴线有两条对称且与光平面相切的素线，这两条素线水平投影积聚的点必与光平面积聚的 45°线相切，所以切点在过水平投影圆心的 45°线上。图 7 - 27 左图所示为通过水平投影圆心作 45°线与圆柱面积聚投影相交，素线 ab、cd 即为阴线的投影，引到圆柱面得 $a'b'$、$c'd'$ 为阴线的 V 面投影。图 7 - 27 右图所示为利用单面投影作半圆与 45°线相交求圆柱面阴线的方法。

7.4.2　圆柱面的阴影

要求圆柱面的阴影，需求出圆柱面的阴线及阴线的落影。图 7 - 28（a）所示为圆柱面半圆阴线落影在平行面上时的阴影求法。从图 7 - 15 知，圆在平行面上的落影仍为圆，而垂直于 H 面的素线阴线的水平落影投影为 45°线。具体作法：①求圆柱阴线 AB、CD；②求圆心落影 O_H，并以 O_H 为圆心、圆柱的半径为半径画圆；③作阴线落影的投影 45°线与圆相切为圆柱落影。图 7 - 28（b）所示为半圆落影在非平行面上的阴影，求法如图 7 - 16 所示。具体作法：①求得圆心的落影 O'_V；②求圆外切正方形的落影；③求椭圆及椭圆与素线阴线落影的切点，完成落影。

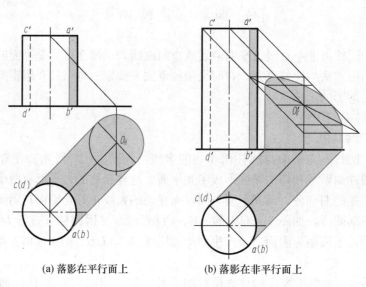

（a）落影在平行面上　　　　（b）落影在非平行面上

图 7 - 28　圆柱的阴影

7.4.3　圆柱面上的落影

当圆柱面垂直于某投影面时，可利用其积聚性求出圆柱面的阴影。

1. 圆柱方柱帽的阴影

图 7 - 29 所示为圆柱方柱帽的阴影。具体作法：①求圆柱面的阴线及落影，如图所示。②方柱帽的阴线为 AB、BC、CD、DE。③正垂线 AB 在 V 面上的落影的投影为 45°线，所以利用水平投影积聚性求得 b_P，作垂线与过 b' 的 45°线相交于 b'_P，连 $a'b'_P$ 即为 AB 的落影。④BC 线在圆柱面上的落影，同样可采用求 b'_P 的方法找一系列点的落影连线求得。本例介绍直线落影规律：圆柱面为铅垂面，BC 为侧垂线，故 BC 在圆柱面上落影的正面投影与水平投影积聚线成对称形状；求得阴线 BC 到圆柱回转轴的距离 S，量出 $b'c'$ 到回转轴为 S 的距离即求得对称圆的圆心 O'（注意：水平投影 O 在 bc 后面，正面投影 O' 在 $b'c'$ 下面）。以 O' 为圆心、圆柱半径为半径画圆，即为 BC 在圆柱面上的落影。⑤其他落影如图中所示。

2. 圆柱圆柱帽的阴影

图 7-30 所示为圆柱圆柱帽的阴影。具体作法：①求得圆柱帽阴线 *ABC*、*CD*、*DE* 及圆柱上的阴线。②按五点法求出圆柱帽在墙面上的落影，求得圆柱阴线在墙面上的落影。③圆曲线阴线 *ABC* 在圆柱面上的落影求法：利用圆柱积聚投影求，如图所示，过圆柱中心作对称光平面将柱分成对称的两部分，所以阴线及落影也成对称的两部分。而对称平面上阴线上的点 2 到承影圆柱面的距离最短，所以过 $2'$ 作出落影 $2'_P$ 为落影的最高点，而最前素线上的点 3 与最左素线上的点 1 对称，故该两点的落影对称，所以过 $1'_P$ 作水平线得 $3'_P$，并从 *ABC* 在墙面上的落影与圆柱面上落影的重影点 k'_V 处返回到圆柱面上得落影点 k'_P，圆滑连线完成落影。

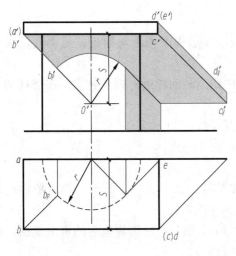

图 7-29　圆柱方柱帽的阴影

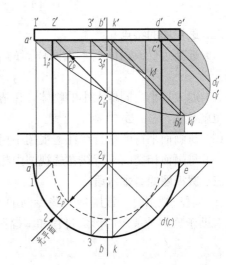

图 7-30　圆柱圆柱帽的阴影

7.5　透视投影的基本知识

7.5.1　透视图的形成及特点

一、透视图的形成

透视投影就是以人眼为投射中心的中心投影，它相当于人们透过一个透明的画面来观看物体，观看者的视线与画面的交点所组成的图形就是形体的透视图，如图 7-31 所示。透视投影和透视图都简称为透视。

透视图和轴测图一样，都是单面投影图，但轴测图是用平行投影法绘制的，而透视图是用中心投影法绘制的，因此透视图的立体感更强，形象逼真，如同目睹实物一样。透视图广泛应用于建筑设计中，用来研究空间造型、立面处理、室内装饰，进行方案比较。在道路工程中，常利用透视图进行选线规划。此外，在艺术造型、广告设计中

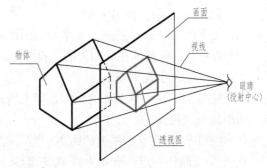

图 7-31　透视图的形成

也常用到透视图，如图 7-32 所示。

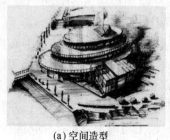
(a) 空间造型

(b) 室内设计

(c) 广告设计

图 7-32　透视图的应用

二、透视图的特点

（1）近高远低。物体上本来同样高的竖直线，在透视图中距画面近的显得高，远的显得低。

（2）近大远小。同样大小的物体，在透视图中距离画面越近，视角越大，在透视图上的尺度也就越大。

（3）与画面平行的平行线在透视图中仍然相互平行。

（4）与画面相交的平行线在透视图中相交线汇交于一点。

三、透视图的基本术语

在绘制透视图时，常用到一些专门的术语和符号，如图 7-33 所示，弄清楚它们的含义，有助于理解透视图的形成过程和掌握透视图的作图方法。

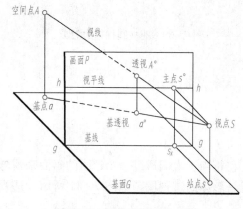

图 7-33　透视图的基本术语

（1）基面 G：建筑物坐落的水平地面，相当于 H 投影面。

（2）画面 P：透视图所在的平面，一般以铅垂面作为画面，相当于 V 投影面。

（3）基线 g-g：画面与基面的交线，在画面上用 g-g 表示，在基面上 p-p 用表示，相当于 OX 投影轴。

（4）视点 S：投射中心，相当于人眼所在的位置。

（5）站点 s：视点 S 在基面上的正投影，相当于人站立的位置。

（6）视平线 h-h：过视点的水平面与画面的交线。

（7）心点 $s°$：视点 S 在画面上的正投影 $s°$，也称主点，$Ss°$ 称为主视线。当画面为铅垂面时，主点 $s°$ 一定位于视平线上。

（8）视高 Ss：视点到基面的距离，即人眼离地面的高度。当画面为铅垂面时，视平线与基线的距离反映视高。

（9）视距 $Ss°$：视点到画面的距离。当画面为铅垂面时，站点与基线的距离反映视距。

点 A 为空间任一点，点 a 为 A 在基面 G 上的正投影，称为点 A 的基点。自视点 S 向点 A 作视线 SA 与画面 P 的交点即为点 A 的透视 $A°$，自视点 S 向基点 a 作视线 Sa 与画面 P

的交点即为点 A 的基透视 $a°$。

7.5.2　点、直线和平面的透视

一、点的透视

图 7-34（a）表达了点 A 透视作图的空间分析情况。当画面与画面垂直时，为了求出点 A 的透视和基透视，自视点 S 分别向 A 和 a 引视线 SA 和 Sa，这两条视线的画面投影分别为 $s°a'$ 和 $s°a_x$，而这两条视线的基面投影重合成一条直线 sa，sa 与基线 g-g 相交于一点 a_g，由该点向上作竖直线分别与 $s°a'$、$s°a_x$ 相交，得点 A 的透视 $A°$ 和基透视 $a°$。

具体作图时，将画面 P 与基面 G 沿基线 g-g 分开后画在一张图纸上，并保持两投影面的上下对应关系，基面可以画在画面的正上方或正下方，如图 7-34（b）所示。去掉投影边框后如图 7-34（c）所示。

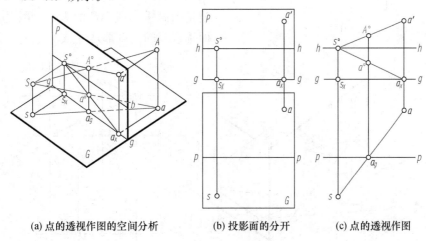

|(a) 点的透视作图的空间分析 | (b) 投影面的分开 | (c) 点的透视作图|

图 7-34　点的透视

由图 7-34 可以看出，点的透视具有以下特性：

（1）点 A 的透视 $A°$ 位于通过该点视线的画面投影 $s°a'$ 上。

（2）点 A 的基透视 $a°$ 位于通过该点的基点 a 的视线的画面投影 $s°a_x$ 上。

（3）点 A 的透视 $A°$ 与基透视 $a°$ 位于同一条铅垂线上，且通过该点视线的基面投影 sa 与基线 g-g 的交点 a_g。

（4）位于画面上的点，其透视为该点本身，基透视必在基线上。

二、直线的透视

（一）直线的迹点和灭点

1. 直线的迹点

直线（或延长）与画面的交点 T 称为直线的画面迹点。如图 7-35 所示，将直线 AB 向画面延长，与画面的交点 T_1 即为直线 AB 的画面迹点；同理，T_2 为直线 CD 的画面迹点。迹点是属于画面的点，其透视就是其本身。

2. 直线的灭点

直线上距画面无穷远点的透视 F 称为直线的灭点。根据几何原理，平行两直线在无穷远处相交，因此，过视点 S 作视线 SF 与直线 AB 平行，SF 与画面的交点 F 即为直线 AB 的灭点。

直线的迹点和灭点的连线称为直线的全长透视，如图 7-35 中的 T_1F 所示，直线 AB 上

所有点的透视必然在直线的全长透视 T_1F 上。

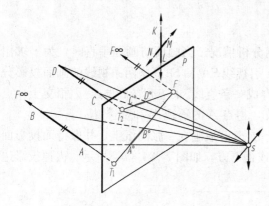

图 7-35　直线的迹点 T 和灭点 F

显然，一组平行线共有一个灭点，如 7-35 图中的两平行直线 AB 与 CD 共有一个灭点 F；与画面平行的线没有灭点，如图 7-35 中的直线 MN 与 KL。

（二）各种位置直线的透视

1. 画面垂直线

如图 7-36 所示，直线 AB 垂直于画面 P，过视点 S 与其平行的视线只有一条，即主视线 $Ss°$。主视线与画面的交点——主点 $s°$ 就是画面垂直线 AB 的灭点。因此，任何画面垂直线的灭点都是主点。

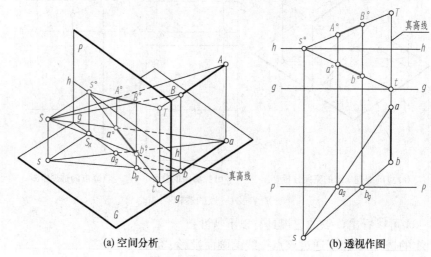

(a) 空间分析　　　　　　　　(b) 透视作图

图 7-36　画面垂直线的透视

2. 基面垂直线

我们可以把图 7-36 中的 Aa 和 Bb 看成铅垂直线，不难看出其透视 A_Pa_P 和 B_Pb_P 仍为铅垂线，但长度都比原来短，且 $A°a°<B°b°$。因此，透视图中位于画面后方的同样高度的直线随着距离画面远近的不同，其透视高度也不同。距离画面越远，其透视越短；距离画面越近，其透视越长；位于画面上的直线，其透视长度不变。因此，位于画面上的铅垂线称为真高线，如图 7-36 中的铅垂线 Tt；不在画面上的铅垂线，可以通过真高线来确定其透视高度。

3. 画面平行线

如图 7-37 所示，由于直线 AB 与画面 P 平行，因此 AB 没有画面迹点，也没有灭点。

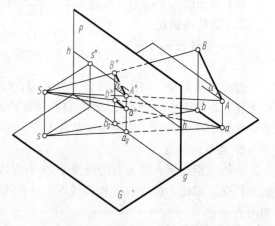

图 7-37　画面平行线的透视

从图中还可以看出，直线 AB 的透视 $A°B°$ 与 AB 平行，其透视与基线的夹角反映了直线对基面的夹角 α。同样，平行于基线 g-g 的直线 $a°b°$，其基透视 ab 与基线平行。

4. 基面平行线

如图 7-38（a）所示，直线 AB 平行于基面，也必平行于基面上的投影 ab，过视点 S 引与其平行的视线 SF 与画面相交，交点 F 为 AB 和 ab 的灭点且位于视平线 h-h 上。延长 ab 与基线交于点 t，点 t 为 ab 的画面迹点。过点 t 作 p-p 的垂线与 AB 的延长线相交，其交点 T 即为 AB 的画面迹点，图中 Tt 是位于画面上的铅垂线，反映了水平线 AB 到基面的真实距离，因此 Tt 为真高线，连线 FT 和 Ft 分别为 AB 和 ab 的全透视。图 7-38（b）所示为具体的投影作图过程：

（1）过 s 作 $sf /\!/ ab$，与 p-p 线交于 f，再过 f 作竖直线与视平线 h-h 相交，得灭点 F。

（2）延长 ab 与 p-p 线交于点 t，过点 t 向上作竖直线，在高度 H 处作出 AB 的迹点 T，其中 Tt 为真高线。

（3）由站点 s 连 sa、sb，与 p-p 线交于点 a_g 和 b_g。

（4）过 a_g、b_g 向上引竖直线分别与 Ft、FT 相交于交点 $a°$、$b°$ 和 $A°$、$B°$。

（5）连线 $a°b°$ 为 AB 的基透视，$A°B°$ 为 AB 的透视。

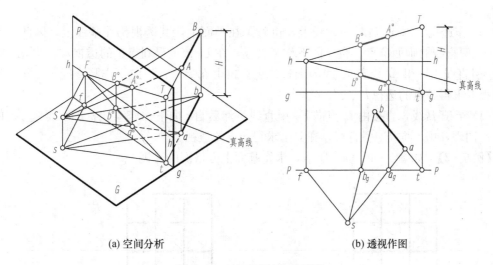

(a) 空间分析　　　　　　　　　(b) 透视作图

图 7-38　基面平行线的透视

三、平面的透视

作平面图形的透视，实际上就是求作组成平面图形的各条边的透视，或作出平面多边形上各个顶点的透视。

【例 7-1】　如图 7-39（a）所示，求作基面上某房屋平面图的透视。

解　由透视特性可知，基面上的图形，其透视与基透视重合，其透视作图如图 7-39（b）所示。

（1）求灭点。从图中可以看出，该平面图上有两组互相平行的直线，因此有两个灭点，且灭点在视平线 h-h 上。自站点 s 分别作两主方向直线的平行线与 p-p 线分别相交于 f_x 和 f_y，再由 f_x 和 f_y 向下作竖直线与视平线 h-h 相交，即得两组平行线的灭点 F_X 和 F_Y。

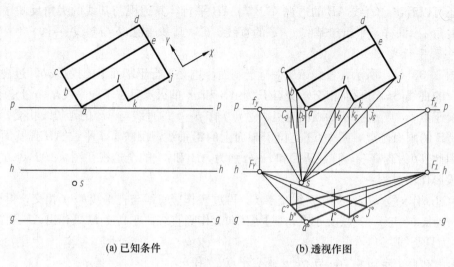

(a) 已知条件　　　　　　　(b) 透视作图

图 7 - 39　房屋平面图的透视

（2）引视线。过站点 s 分别向 b、c、j、k、l 各点引视线，与 p-p 线交于 b_g、c_g、j_g、k_g、l_g 点。

（3）作透视。因 a 点在 p-p 线上，也就是在画面上，其透视仍在基线上，因此 a 点是 ac 和 al 两直线的画面迹点。自 a 向下作竖直线，在 g-g 上得到点 a 的透视 $a°$。自 a_P 向 F_X 和 F_Y 引直线，即得 al 线和 ac 线的全长透视；再由 b_g、c_g、l_g 向下作竖直线，在相应的全长透视上求得各点的透视 $b°$、$c°$、$l°$。

（4）至于 jk 线，直接由 l_g 点向 F_Y 引直线，然后自 k_g 向下作竖直线，即可得到 k 点的透视 $k°$。同理，由 $k°$ 向 F_X 引直线，在其上求得 j 点的透视 $j°$。

【例 7 - 2】　如图 7 - 40（a）所示，求作基面上方格网的透视。

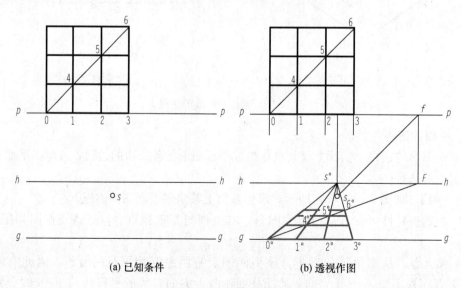

(a) 已知条件　　　　　　　(b) 透视作图

图 7 - 40　方格网的透视

解　该方格网有两组方向的直线，一组为画面垂直线，其灭点是主点 $s°$；另一组为画面平行线，其透视仍与 g-g 线平行。为作出该方格网的透视，需引用对角线作为辅助线，再求对角线的灭点。

作图步骤如图 7-40 （b） 所示：

（1）作主点和对角线的灭点。在视平线 h-h 上作出画面垂直线的灭点——主点 $s°$；过站点 s 作对角线 06 的平行线与 p-p 线相交于 f，再由 f 在 h-h 线上得到对角线 06 的灭点 F。

（2）作透视。方格网的一端在基线上，故可直接在 g-g 上得到各点的透视 $0°$、$1°$、$2°$、$3°$，并将各点与主点 $s°$ 相连，可得到画面垂直线的透视。再利用对角线找出画面平行线与画面垂直线的交点 4、5、6 各点的透视 $4°$、$5°$、$6°$，然后过各交点作 g-g 线的平行线，即可完成整个方格网的透视。

7.5.3 透视图的分类

由于建筑物与透视画面的相对位置不同，其长、宽、高三组主要方向的轮廓线可能与画面平行或相交，平行的轮廓线没有灭点，相交的轮廓线有灭点。透视图一般以画面上灭点的多少分为以下三类。

一、一点透视

如图 7-41 （a） 所示，当画面与基面垂直时，建筑物的一个主要立面（长度和高度方向）与画面平行，另一个方向（宽度方向）的轮廓线与画面垂直，只有一个方向的灭点——主点，这样画出的透视图称为一点透视或平行透视，如图 7-41 （b） 所示。

一点透视的特点是建筑形体的主立面不变形、纵深感强、作图相对简易，多用于表现建筑门廊、入口、室内及街景等需显示纵向深度的景观。图 7-41 （c） 所示为一点透视实例。

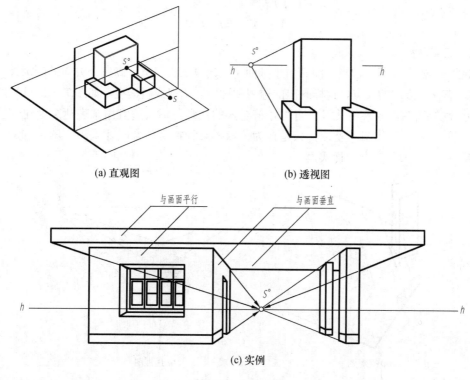

(a) 直观图　　　　　　　　　(b) 透视图

(c) 实例

图 7-41　一点透视

二、两点透视

如图 7 - 42（a）所示，当画面与基面垂直时，建筑物两相邻主立面与画面倾斜，高度方向的轮廓线与画面平行，在画面上形成两个方向的灭点 F_1、F_2，这样画出的透视图称为两点透视或成角透视，如图 7 - 42（b）所示。

两点透视的特点是图面效果活泼、自由，比较接近人的一般视觉习惯，因此在建筑设计、室内设计中广泛应用。图 7 - 42（c）所示为两点透视实例。

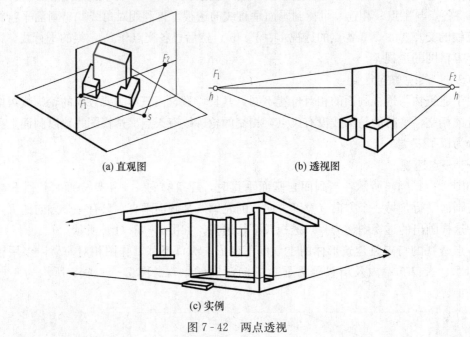

(a) 直观图　　　　　　　　(b) 透视图

(c) 实例

图 7 - 42　两点透视

三、三点透视

如图 7 - 43（a）所示，当画面倾斜于基面时，建筑物长、宽、高三个方向的轮廓线均与画面相交，有三个方向的灭点，这样画出的透视图称三点透视或斜透视，如图 7 - 43（b）所示。

三点透视的图面效果更活泼、自由，符合人的视觉习惯，适宜用来表达高大建筑物的仰视或俯视效果，但因作图太复杂，只是在为了取得某种特殊效果时才采用。图 7 - 43（c）和图 7 - 43（d）所示为三点透视实例。

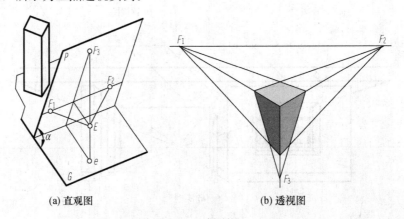

(a) 直观图　　　　　　　　(b) 透视图

图 7 - 43　三点透视（一）

(c) 俯视效果实例

(d) 仰视效果实例

图 7 - 43 三点透视（二）

本书只介绍一点透视和两点透视的画图方法。

7.5.4 视点、画面和建筑物相对位置的选择

视点、画面、建筑物是透视成图的三要素，它们之间的相对位置关系决定了透视图的形象。在画透视图之前，要进行筹划，恰当地安排三者间的相互位置，使所绘的透视图既能反映出设计意图，又能使图面达到最佳效果。

一、人眼的视觉范围

当人以一只眼睛直视前方时，其视觉范围是一个以人眼为顶点、以主视线为轴线的椭圆视锥，其视域对应的水平视角 α 为 $120°\sim148°$，垂直方向的视角 β 为 $110°\sim125°$，如图 7 - 44 所示。然而，清晰可见的范围只是其中一小部分，因此在绘制透视图时，常将视角控制在 $60°$ 以内，以 $28°\sim37°$ 为最佳。在特殊情况下，如画室内透视，由于受到空间的限制，视角可稍大于 $60°$，但也不宜超过 $90°$。

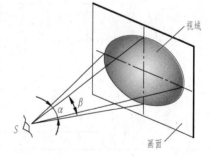

图 7 - 44 人眼的视觉范围

二、视点的选择

视点的选择实际体现在站点的位置和视高的选择两个方面。

1. 站点的位置

站点位置的选择原则是：①保证视角大小适宜。如图 7 - 45 所示，站点在 s_1 处，视距较小，其水平视角 α_1 较大，两灭点相距过近，透视图轮廓线收敛得过于急剧，透视效果较差；如将站点 s_1 移至 s_2 处，此时视角 α_2 在 $30°$ 左右，两灭点相距较远，透视图真实感强，透视效果好。通常情况下，视距 D 的大小以 $(1.5\sim2.0)B$ 为宜，其中 B 称为画面幅度或画宽，如图 7 - 46 所示。②站点应选在能反映建筑物形状特征的地方，一般控制在画面幅度 B 的中部 $1/3$ 范围以内，以保证画面不失真，如图 7 - 46 所示。

2. 视高的选择

视高的选择及视平线高度的选择，通常取人的身高 $1.5\sim1.8m$，此时会获得一般视平线的透视效果，给人以亲切、自然的感觉，如图 7 - 47（a）所示。但有时为了使透视图取得某种特殊效果，可将视平线适当提高或降低。提高视平线可获得俯视效果，给人以舒展、开

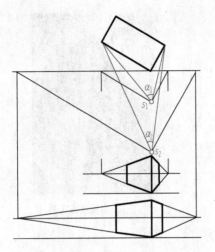

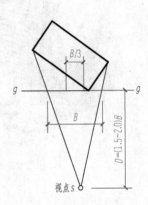

图 7-45　视角大小对透视效果的影响　　　　图 7-46　站点位置的选定

阔、居高临下的远视感觉，如图 7-47（b）所示；降低视平线可获得仰视效果，给人以高耸、雄伟、挺拔的感觉，如图 7-47（c）所示。

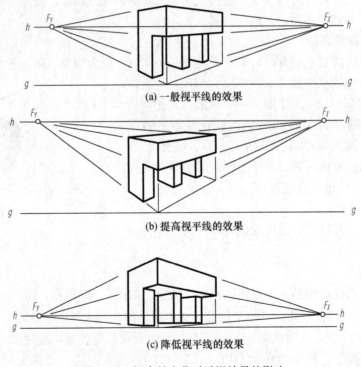

(a) 一般视平线的效果

(b) 提高视平线的效果

(c) 降低视平线的效果

图 7-47　视高的变化对透视效果的影响

三、画面与建筑物的相对位置

画面与建筑物主要立面偏角的大小对透视图的形象有直接的影响，其偏角 θ 越小，该立面上水平线的灭点越远，立面的透视越宽阔。随着 θ 角的增大，立面上水平线的灭点越近，立面的透视就逐渐变窄，如图 7-48 所示。因此，为使建筑物的两个立面在透视中的宽度较为符合实际，一般选择画面与建筑物主要立面的夹角 $\theta=20°\sim40°$，以 30°左右为宜。

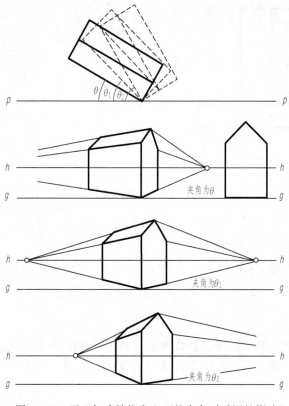

图 7 - 48 画面与建筑物主立面的夹角对透视的影响

7.6 建筑形体透视图的画法

作建筑形体的透视图，一般分两步进行：①先作建筑形体的基透视，即建筑平面图的透视，解决长度与宽度两个方向上的度量问题；②利用重合于画面上的真高线作形体高度的透视图，解决高度方向上的度量问题。透视图的作图方法很多，下面介绍常用的两种方法。

一、迹点灭点法

迹点灭点法是利用直线的迹点和灭点来作形体透视的一种方法。

图 7 - 49 所示为迹点灭点法应用于两点透视作图的全过程，具体为：

（1）求作两组主要方向线的迹点和灭点的投影。延长平面图中所有直线与 p - p 线相交，得全部迹点，其中 1、5 两迹点到 s_g 的距离分别为 m、n；再过站点 s 作平面图两主方向线的平行线与 p - p 线相交，得 f_x、f_y，如图 7 - 49（a）所示。

（2）求平面图的基透视。改变作图条件，将画面旋转为水平，并将 p - p 线上各点的相对位置移至 g - g 线上，同时在 h - h 线上确定灭点的位置。将各迹点分别与相应的灭点相连，得平面图的基透视，如图 7 - 49（b）所示。

（3）完成形体的透视。角点 $A°$ 在画面上，过 $A°$ 作真高线 $A°B°=H$，以此即完成整个形体的透视图，如图 7 - 49（c）所示。

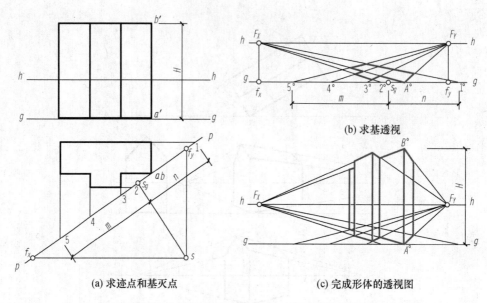

(a) 求迹点和基灭点　　　　　　　　　　　(c) 完成形体的透视图

(b) 求基透视

图 7 - 49　用迹点灭点法作形体的两点透视图

二、建筑师法

建筑师法是通过迹点和灭点确定直线的全长透视，再借助基面上过站点的视线的水平投影求得平面上各点的透视，从而作出形体透视的方法。这种方法也称为视线法，是建筑师经常采用的一种方法。

（一）两点透视举例

【例 7 - 3】　如图 7 - 50 所示，完成房屋的透视图。

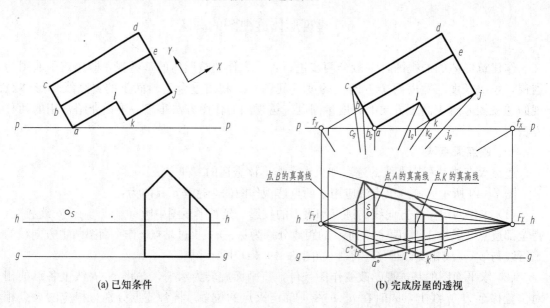

(a) 已知条件　　　　　　　　　　　(b) 完成房屋的透视

图 7 - 50　用建筑师法作房屋的两点透视

解　具体作图步骤如下：

（1）求基面上房屋平面图的透视，具体过程如［例7-1］。

（2）利用真高线求屋脊和矮檐的透视图。屋脊的透视图通过延长 eb 与画面相交，利用该处的真高线求得；矮檐的透视图通过延长 jk 与画面相交求得，如图7-50（b）所示。

（3）擦去多余的线条，完成整个房屋的透视图。

【例7-4】 如图7-51所示，完成带挑檐房屋的透视图。

解　具体作图步骤如下：

（1）用与［例7-3］相同的方法完成下部墙体的透视图。

（2）作挑檐的透视图。前挑檐 kc 与画面相交于 e，此处 $e_p E_p$ 反映实际檐高，分别将其与灭点 F_X 相连即为透视方向；同理，左挑檐 kb 与画面相交于 d，此处 $d_p D_p$ 反映实际檐高，分别将其与灭点 F_Y 相连确定透视方向，即可完成挑檐的透视图。如图7-51所示。值得注意的是，位于画面前面的挑檐，其透视高度大于实际尺寸，但作法相同。

总之，用建筑师法求形体的透视可概括为：平行线组共灭点，透视方向是关键，视线交点求端点，画面上定真高线。

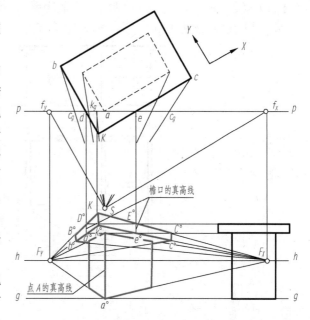

图7-51　带挑檐房屋的两点透视

【例7-5】 如图7-52所示，完成带台阶及雨篷门洞的透视图（台阶宽度与雨篷相同）。

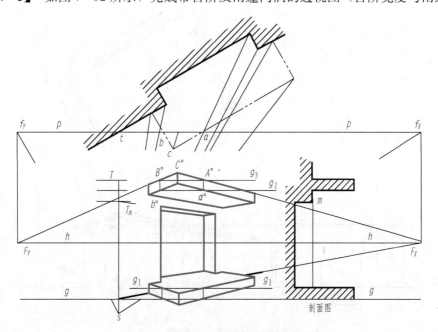

图7-52　带台阶、雨篷门洞的两点透视

解 其作图过程如图 7 - 52 所示。根据设定的画面位置，求出灭点 F_X、F_Y，利用辅助基线 g_1- g_1 等以及台阶、雨篷与画面的交线（真高线），将其分别与相应的灭点 F_X、F_Y 连线确定透视方向，再通过视线水平投影与基线的交点求出透视长度，完成台阶和雨篷的透视。同理，真高线上截取 T_m 为门高，作 $T_m F_X$ 为门高透视方向，截取透视长度，求出门的透视图。

【例 7 - 6】 如图 7 - 53（a）所示，完成房屋的透视图。

解 作图过程分别如图 7 - 53（b）、图 7 - 53（c）所示。

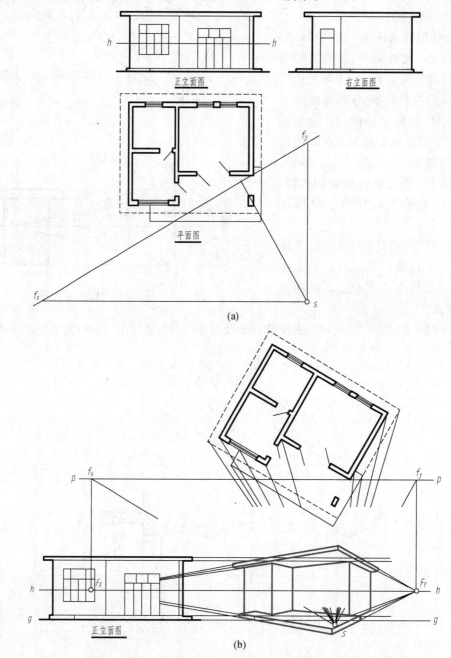

图 7 - 53 房屋的两点透视（一）

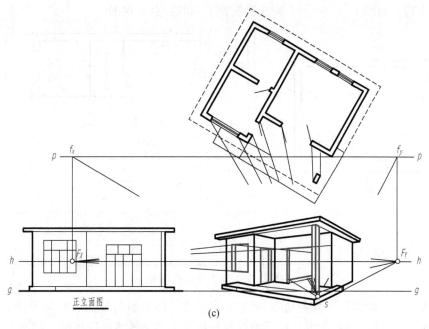

图 7 - 53 房屋的两点透视（二）

（1）确定画面位置、站点 s 及视平线的位置，并求出灭点的投影 f_X、f_Y。

（2）改变作图条件——将画面旋转为水平，先作出平台、墙体及屋顶的透视图。

（3）作出柱子、门窗的透视图，擦去多余的线条，完成整个房屋的透视图。

（二）一点透视举例

一点透视图同样可以采用建筑师法求作。其作图过程为先求透视方向，迹点与灭点连线；再求透视长度，利用视线的水平投影与基线的交点确定透视长度；最后根据画面上的真高线确定透视高度。

图 7 - 54 所示为某室外台阶的一点透视图。台阶两侧的挡墙在画面上，其透视反映前面实形。台阶宽度方向的直线垂直于画面，其灭点就是主点 S°，将立面图上的各点与主点相连，即为踏步及两侧挡墙上所有与画面垂直的棱线的全长透视。然后利用视线的水平投影与基线的交点分别画出台阶踏步各踢面与踏面的透视。需注意的是，由于各踢面均为画面平行面，故其透视均为类似形。

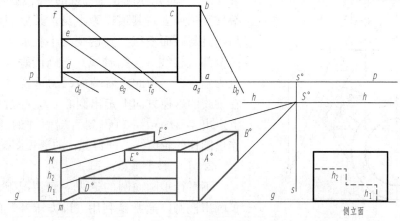

图 7 - 54 台阶的一点透视

【例 7 - 7】　如图 7 - 55 所示，完成建筑物室内的一点透视图。

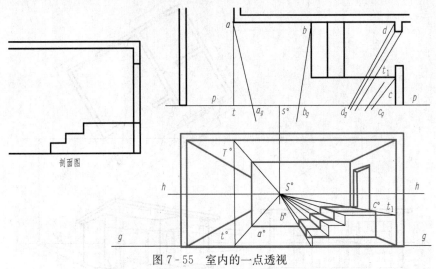

图 7 - 55　室内的一点透视

解　先求出剖面实形，将各角点与主点 $S°$ 连线，即为墙与地面、墙与顶棚交线的透视方向；通过 d_g 等确定透视长度，然后根据平行线规律作出各墙面透视图，如图 7 - 55 所示。其中，走廊处墙角点 A、台阶等不与画面相交，均可延长至与画面相交来确定其透视高度。

7.7　圆和曲面体的透视

求曲线、曲面及曲面形体的透视图，方法和步骤同求平面立体透视图一样：首先通过迹点、灭点解决透视方向，用视线法解决透视长度，但因曲面的特殊性，求作透视图的方法又不完全相同，现分述如下。

一、圆的透视

1. 平行于画面的圆

平行于画面圆的透视仍为一个圆，其透视的大小依圆距画面的远近而定。作图时只要找出圆心的透视和半径的透视长度，便可画出透视圆来。

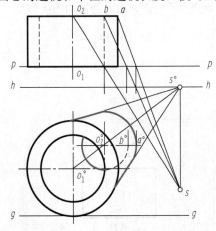

图 7 - 56　正垂圆柱的一点透视

图 7 - 56 所示为正垂圆柱的一点透视。圆柱的前端位于画面上，其透视为本身；其后端面位于画面后，且与画面平行，其透视为半径缩小的圆。圆柱的全部直素线（包括轴线）与画面垂直，它们的灭点为主点 $s°$。为此，后端面圆的透视可用建筑师法在轴线的透视方向上定出圆心 $o_2°$，在过圆的中心线上定出半径 $o_2°a°$，就得到后端面圆的透视。最后，作出圆柱的轮廓线，即得圆柱的透视图。

2. 不平行于画面的圆

不平行于画面圆的透视一般情况下为椭圆。为了画出椭圆，通常是利用"以方求圆"的方法求出圆周上八个点（外切正方形与圆周的四个切点以及对角线与圆周的四个交点）的透视，然后把它们光滑地连接成椭圆，其作图方法如图 7 - 57 所示，这种方法也称为八点法。此时需注意的是，圆的透视仍然是真正的椭圆，但圆心的透视位置与椭圆本身的中心（即长、短轴的交点）不重合。

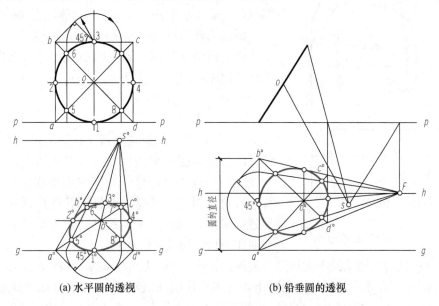

(a) 水平圆的透视　　　　(b) 铅垂圆的透视

图 7 - 57　不平行于画面圆的透视

二、曲面体的透视

（一）一点透视

1. 拱柱型门洞的一点透视

图 7-58 所示为拱柱型门洞的透视。在平面图上设画面 p-p、站点 s 及圆心投影 o，圆拱的前侧位于画面上，其透视为其本身。在视平线上确定主点 $s°$，后端面圆拱的透视可用建筑师法在轴线的透视方向上定出圆心 $o_1°$，在过圆的中心线上定出半径 $2°o_1°$，从而得到后端面圆拱的透视。最后，再作出台阶、交线及墙角的透视。

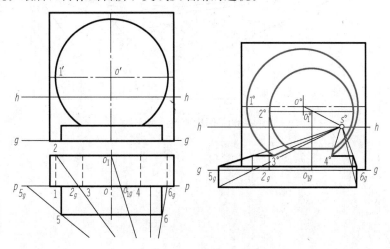

图 7 - 58　拱柱型门洞的透视

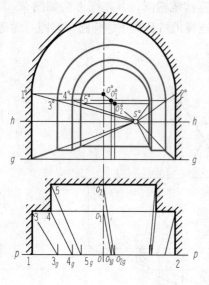

图 7 - 59　圆柱拱券的透视

2. 圆柱拱券的一点透视

图 7 - 59 所示为圆柱拱券的透视。其作图方法与拱柱型门洞类似，首先在平面图上求出各点视线投影与基线的交点 1_g、2_g…，o、o_{1g}、o_{2g} 等，直接确定位于画面上的前拱圆的透视。连接轴线的透视方向 $s°o°$，并在其上确定后墙面处拱的透视圆心 $o_1°$、$o_2°$，过圆心作水平线求出相应圆拱的半径 $o_1°3°$、$o_1°4°$ 和 $o_2°5°$，最后完成整个拱券的一点透视。

（二）两点透视

图 7 - 60 为圆拱两点透视实例。采用图 7 - 57（b）的方法作外切正方形透视，并确定各切点及正方形对角线与圆交点透视 $a°b°c°d°e°$，光滑地连接各点即为前拱面透视。同理，可得出前拱面其他点透视。对于拱厚透视求法，可将后拱面的外切正方形透视求出，连线并作两拱线切线完成透视。

本例也可以采用辅助截平面法完成透视。如图 7 - 60 所示，a_1 的透视 $a_1°$ 在 $a°F_Y$ 线上，截取 a_{1g} 得 $a_1°$；c_1 在矩形的透视方向线上，过 b 点作辅助截平面 P_V，求得截交线透视 $b°1°$、$1°2°$，而 $b_1°$ 必在 bb_1 的透视方向线与过 $2°$ 的垂线上；求得 b_1 点的透视 $b_1°$。用同样的方法求得其他各点的透视。

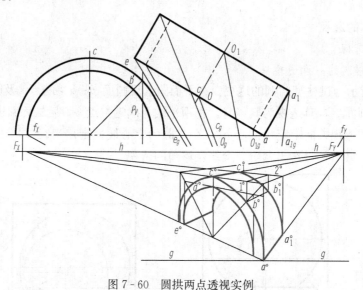

图 7 - 60　圆拱两点透视实例

第8章 标 高 投 影

8.1 点、直线和平面的标高投影

各种工程建筑物（如房屋建筑、水利工程、道路、桥梁等）通常都建在高低不平的地面上，它们的设计与施工和地面的形状有着密切的关系。但地面形状复杂、起伏不平，没有规则，不宜用多面正投影表达。因此，在工程图中如何表达地面以及求作建筑物与地面的交线，是投影法需要解决的问题，标高投影则是表达地面及复杂曲面的常用投影方法。

假想用一组相互平行且等距的水平面与地面截交，所得的每条截交线都为水平曲线，其上每一点距某一水平基准面 H 的高度都相等，这些水平曲线称为等高线。一组标有高度数字的地形等高线的水平投影，能清楚地表达地面起伏变化的形状。将所有等高线向水平基准面 H 作正投影，并注写相应的高程数值，所得的投影图称为标高投影，如图 8 - 1 所示。这种用形体的水平投影与标注高度数字相结合来表达空间形体的方法称为标高投影法。

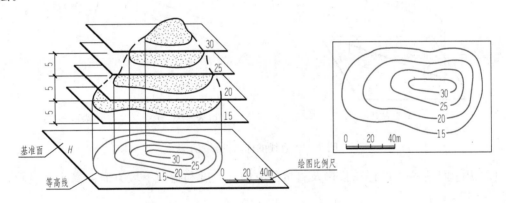

图 8 - 1 标高投影的基本概念

标高投影图中的基准面一般为水平面，高程以"m"为单位，在图上不需注明，但必须注明绘图比例或画出比例尺。在实际工作中，通常以我国青岛附近的黄海平均海平面作为基准面，所得的高程称为绝对高程，否则称为相对高程。

8.1.1 点的标高投影

空间点的标高投影，就是在点的水平投影字母的右下角加注点的高程。规定：水平基准面 H 的高程为零，基准面以上的高程为正，基准面以下的高程为负。如图 8 - 2 所示，已知空间点 A 在 H 面上方 5m，其标高投影记为 a_5；点 B 在 H 面上，其标高投影记为 b_0；点 C 在 H 面下方 3m，其标高投影记为 c_{-3}。

8.1.2 直线的标高投影

（一）直线的表示法

直线的空间位置由直线上的两个点或直线上一点及该直线的方向来确定。以图 8 - 3（a）

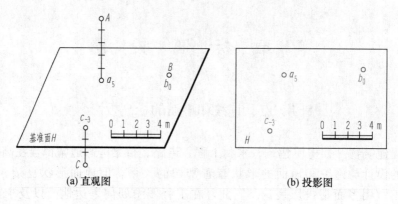

图 8-2 点的标高投影

所示的直线 BC 为例，直线的标高投影表示法有两种：

（1）用直线上两点的标高投影表示，如图 8-3（b）所示。

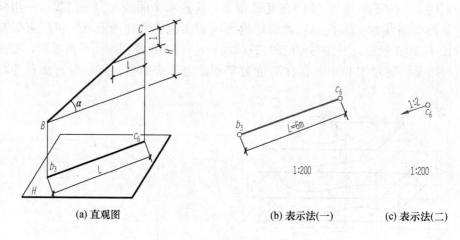

图 8-3 直线的标高投影表示法

（2）用直线上一点的标高投影及直线的方向（坡度和指向下坡方向的箭头）表示，如图 8-3（c）所示。

（二）直线的坡度与平距

（1）直线的坡度。直线上任意两点的高差 H 与其水平距离 L 之比，称为该直线的坡度，记为"i"。例如，图 8-3 中直线 BC 的坡度为

$$i = \frac{H}{L} = \tan\alpha = \frac{3}{6} = \frac{1}{2} \quad (\text{记作 } i = 1:2)$$

直线的坡度大小反映了直线对水平面倾角的大小。

（2）直线的平距。直线上两点的高差为一个单位长度时的水平距离，称为该直线的平距，记为"l"，即

$$l = \frac{1}{i} = \frac{L}{H} = \cot\alpha$$

由此可见，平距与坡度互为倒数，坡度大则平距小，坡度小则平距大。

【例 8 - 1】　如图 8 - 4（a）所示，已知直线 AB 的标高投影 a_8b_3 和直线上点 C 到点 A 的水平距离 $L_{AC}=4$m，求直线 AB 的坡度 i、平距 l、实长、对 H 面的倾角和点 C 的高程。

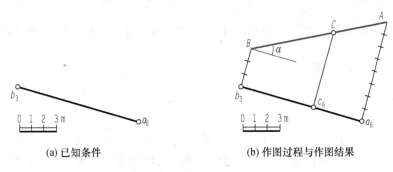

(a) 已知条件　　　　　　　　　(b) 作图过程与作图结果

图 8 - 4　求直线的实长、倾角和点 C 的高程

解　根据图中所给出的比例尺，在图中量得点 a_8 与 b_3 之间的水平距离为 10m，则直线 AB 的坡度 $i=\dfrac{H}{L}=\dfrac{8-3}{10}=\dfrac{1}{2}$，平距 $l=\dfrac{1}{i}=2$m，对 H 面的倾角 $\alpha=\arctan i$，如图 8 - 4（b）所示。

因 $L_{AC}=4$m，$H_{AC}=iL_{AC}=\dfrac{1}{2}\times 4=2$m，则 $H_C=H_A-H_{AC}=8-2=6$m。

实长 AB 如图 8 - 4（b）所示。

【例 8 - 2】　如图 8 - 5（a）所示，已知直线上 B 点的高程及该直线的坡度，求该直线上高程为 2.4m 的点 A，并求作该直线 AB 上的整数标高点。

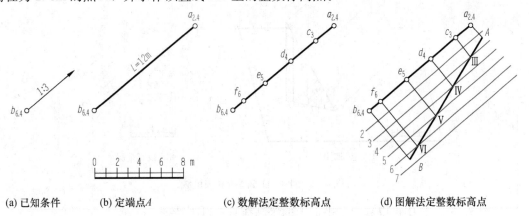

(a) 已知条件　　　(b) 定端点 A　　　(c) 数解法定整数标高点　　　(d) 图解法定整数标高点

图 8 - 5　求直线上已知高程的点和整数标高点

解　1. 先求点 A，如图 8 - 5（b）所示，有

$$H_{BA}=6.4-2.4=4\text{m}$$

$$L_{BA}=\frac{H_{BA}}{i}=\frac{4}{\dfrac{1}{3}}=12\text{m}$$

从 $b_{6.4}$ 沿箭头所示的下坡方向，按图中比例尺量取 12m，即得 A 点的标高投影 $a_{2.4}$。

2. 求直线 AB 上的整数标高点

方法一：数解法

如图 8-5 （c） 所示，在 B、A 两点间的整数标高点有高程为 6、5、4、3m 的四个点 F、E、D、C。高程为 6m 的点 F 与高程为 6.4m 的点 B 之间的水平距离 $L_{BF}=\dfrac{H_{BF}}{i}=(6.4-6)\div\dfrac{1}{3}=1.2m$，由点 $b_{6.4}$ 沿 ba 方向，根据图中比例尺量取 1.2m，即得点 F 的标高投影 f_6。因平距 l 是坡度 i 的倒数，则 $l=\dfrac{1}{i}=3m$，自 f_6 点起用平距 3m，依次量得 e_5、d_4、c_3 各点，即为所求。

方法二：图解法

如图 8-5 （d） 所示，在任意位置处，作一组与 $b_{6.4}a_{2.4}$ 平行的等距直线，分别作为标高等于 2、3…、7 的整数高度线。在过点 $b_{6.4}$ 和 $a_{2.4}$ 所引垂线上，结合各整数高度线，按比例插值定出点 B 和 A。连接 AB，它与整数高度线的交点 Ⅲ、Ⅳ、Ⅴ、Ⅵ，就是 AB 上的整数标高点。过这些点向 $b_{6.4}a_{2.4}$ 引垂线，垂足 f_6、e_5、d_4、c_3 就是 $b_{6.4}a_{2.4}$ 上的整数标高点。

8.1.3 平面的标高投影

（一）平面上的等高线

在标高投影中，平面上的水平线称为平面上的等高线，它们是一组相互平行的直线，如图 8-6 （a） 所示。

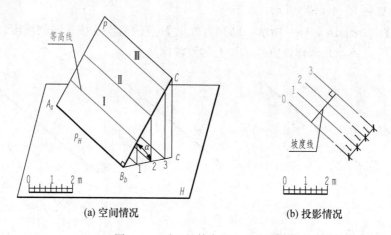

(a) 空间情况   (b) 投影情况

图 8-6　平面的等高线和坡度线

从图 8-6 （b） 中可以看出，平面上的等高线具有以下特征：

（1）平面上的等高线是直线且彼此平行。

（2）等高线的高差相等时，其水平间距也相等。当高差为 1m 时，水平距离即为平距 l。

（二）平面上的坡度线

平面上与等高线相垂直的直线称为平面上的坡度线，如图 8-6 （a） 中的直线 BC。平面上的坡度线具有以下特征：

（1）平面上的坡度线与等高线互相垂直，由直角投影定理可知，它们的水平投影也互相垂直，如图 8-6 （b） 所示。

（2）由图 8-6 可知，因为坡度线 BC 和 bc 同时垂直于 P 面与 H 面的交线 P_H，所以坡

度线对 H 面的倾角 α 等于该平面对水平面的倾角，即坡度线的坡度就是该平面的坡度，常用指向下坡方向的箭头表示。

【例 8 - 3】 如图 8 - 7（a）所示，已知平面 Q 由 $a_{4.2}b_{7.5}c_1$ 三点确定，试求作该平面的坡度线以及该平面对 H 面的倾角 α。

解 只要先作出平面的等高线，就可以画出坡度线，从而求出平面对 H 面的倾角 α。

1. 求该平面的坡度线

连接各点，任选两边，如 $a_{4.2}b_{7.5}$ 和 $b_{7.5}c_1$，并在其上定出整数标高点 7、6、5、4 等。连接两边相同标高的点，就得等高线；然后在适当位置任作等高线的垂线，即为该平面的坡度线。

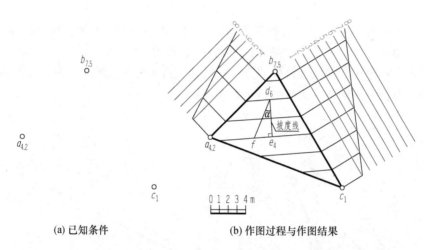

(a) 已知条件　　　　　(b) 作图过程与作图结果

图 8 - 7　求平面 P 的坡度线及其对 H 面的倾角

2. 求平面 Q 对 H 面的倾角 α

坡度线对 H 面的倾角 α，就是平面 Q 对 H 面的倾角。α 角可用直角三角形法求得。以 d_6e_4（两个平距）为一直角边，再用比例尺量得两个单位的高差（$e_4f=2m$）为另一直角边，斜边 d_6f 与坡度线 d_6e_4 之间的夹角 α，就是平面 Q 对 H 面的倾角。作图方法如图 8 - 7（b）所示。

（三）平面的标高投影表示法

平面的标高投影可用几何元素的标高投影来表示，从易于表达和求解问题的角度考虑，常用的表示法有以下三种：

（1）用平面上的一条等高线和一条坡度线表示平面，如图 8 - 8（a）所示。

（2）用平面上的一组等高线表示，如图 8 - 6（b）所示。

【例 8 - 4】 如图 8 - 8（a）所示，已知平面上一条高程为 8 的等高线，又知平面的坡度 $i=$ 1:2，求作平面上高程为 7、6、5 的等高线。

解 根据坡度 $i=1:2$，求出平距 $l=2m$。在图 8 - 8 中表示坡度的坡度线上，自与等高线 8 的交点起，顺箭头方向按已知比例尺连续截取三个平距，得三个点。过这三个点作高程为 8 的等高线的平行线，即得平面上高程为 7、6、5 的等高线。

（3）用平面上的一条倾斜直线和平面的坡度方向线表示平面，如图 8 - 9（b）所示。

图 8 - 9（a）表示一标高为 3m 的平台，一坡度为 1:2 的斜坡道，由地面通向台顶。斜

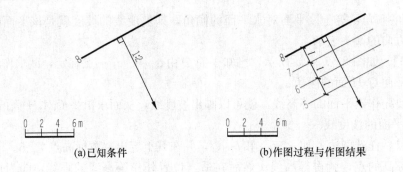

图 8-8　在由等高线和平面的坡度线表示的平面上作等高线

坡道两侧的斜面的坡度为 1∶1，这种斜面可由斜面上的一条倾斜直线和斜面的坡度方向来表示。例如，图 8-9（b）用 AB 的标高投影 a_3b_0 及坡度 1∶1 表示了图 8-9（a）中斜坡道右侧的斜面，a_3b_0 旁边所画坡度符号的箭头，只表示斜面的大致坡向。为了与准确的坡度方向有所区别，习惯上用虚线箭头表示斜面的大致坡向。

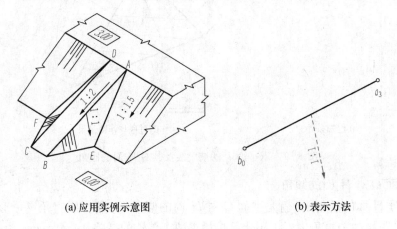

图 8-9　用平面上的倾斜线和平面的坡向线表示平面

　　【例 8-5】　如图 8-10（a）所示，已知平面上的一条倾斜直线 AB 的标高投影 a_3b_0，以及平面的坡度 $i=1∶0.5$。求作该平面的等高线和坡度线。

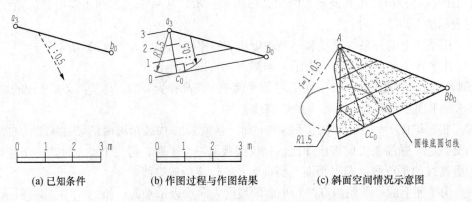

图 8-10　在由斜线和平面的坡向线表示的平面上作等高线

解　先求出平面上高程为 0 的等高线，该等高线必通过已知倾斜直线上的 b_0 点，且与 a_3 点的水平距离 $L = \dfrac{H}{i} = 3 \div \dfrac{1}{0.5} = 1.5\text{m}$。

作图过程如图 8 - 10（b）所示，以 a_3 点为圆心、1.5m 为半径画圆弧，过 b_0 点作圆弧的切线 b_0c_0，即为平面上高程为 0 的等高线。由 a_3 点向切线 b_0c_0 作垂线 a_3c_0，即是平面上的坡度线。三等分 a_3c_0，过各等分点即可作出平行于 b_0c_0 的倾斜平面上高程为 1、2 的等高线。

如图 8 - 10（c）所示，上述作图过程可理解为过 AB 作一平面与锥顶为 A、素线坡度为 1：0.5 的正圆锥相切。切线 AC（是一条圆锥素线）就是该平面的坡度线。已知 A、B 两点的高差 $H = 3\text{m}$，平面坡度 $i = 1$：0.5，则水平距离 $L = \dfrac{H}{i} = 3 \div \dfrac{1}{0.5} = 1.5\text{m}$。因此，所作正圆锥顶高 $H = 3\text{m}$，底圆半径 $R = L = 1.5\text{m}$。那么，过标高为 0 的 B 点作圆锥底圆的切线 BC，便是平面上标高为 0 的等高线。

（四）两平面的交线

在标高投影中，求两平面的交线时，最简便的方法是以整数标高的水平面作辅助平面。这时，所引辅助平面与两已知平面的交线，分别是两已知平面上相同整数标高的等高线。这两条等高线必相交于一点，该点就是两平面交线上的点。如图 8 - 11 所示，引两个辅助平面 H_{10}、H_{12}，可得两个交点 M、N，连接起来，即得交线 MN。由此可以看出：两平面上相同高程等高线的交点的连线，就是两平面的交线。在工程中，相邻两坡面的交线称为坡面交线，坡面与地面的交线称为坡脚线（填方坡面）或开挖线（挖方坡面）。

【例 8 - 6】　在高程为 0 的地面上挖一基坑，坑底标高为 -3m，基坑坑底形状、大小以及各坡面坡度如图 8 - 12（a）所示。求作开挖线和坡面交线，并在坡面上画出示坡线。

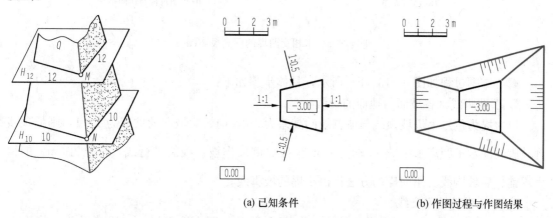

图 8 - 11　两平面的交线

(a) 已知条件　　　　　　(b) 作图过程与作图结果

图 8 - 12　求开挖线、坡面交线和示坡线

解　作图过程如图 8 - 12（b）所示，具体步骤如下：

1. 作开挖线

地面高程为 0，因此开挖线就是各坡面上高程为 0 的等高线，它们分别与坑底相应的边线平行，其水平距离 $L = \dfrac{H}{i}$，则各边坡的水平距离为 $L_{左、右} = 3 \div \dfrac{1}{1} = 3\text{m}$，$L_{前、后} = 3 \div \dfrac{1}{0.5} =$

1.5m；然后按图中比例尺截取后，画出各坡面的开挖线。

2. 作坡面交线

相邻两坡面上标高相同的两等高线的交点，就是两坡面交线上的点。因此，分别连接开挖线（高程为 0 的等高线）的交点与坡底边线（高程为 -3m 的等高线）的交点，即得四条坡面交线。

3. 作示坡线

为了增加图形的视觉效果，在坡面高的一侧，按坡度线方向画出长短相间的、用细实线表示的示坡线，示坡线应垂直于坡面上的等高线。

【例 8-7】 已知大堤与小堤相交，堤顶标高分别为 3m 和 2m，地面标高为 0；各坡面的坡度如图 8-13（a）所示。求作相交两堤的标高投影图。

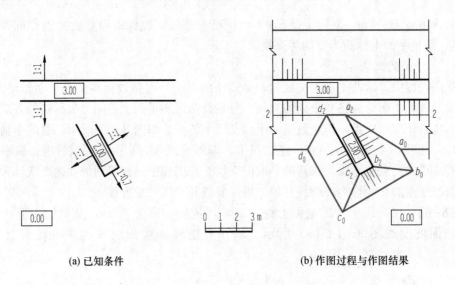

(a) 已知条件　　　　　　　　　　　(b) 作图过程与作图结果

图 8-13　求相交两堤的标高投影图

解　作图过程如图 8-13（b）所示，具体步骤如下：

1. 求坡脚线（各坡面与地面的交线）

以大堤为例：大堤坡顶线与坡脚线的高差为 3m，前、后坡面的坡度为 1∶1，则坡顶线到坡脚线的水平距离 $L = \dfrac{H}{i} = 3 \div \dfrac{1}{1} = 3\text{m}$。按比例尺作坡顶线的平行线，间距为 3m，即得大堤前、后坡脚。用同样的方法作出小堤的坡脚线。

2. 作小堤的坡面交线

连接两坡面上两条相同高程等高线的两个交点，即为坡面间的交线。因此，将小堤顶面边线的交点 c_2、b_2 分别与小堤坡脚线的交点 c_0、b_0 相连，$c_2 c_0$、$b_2 b_0$ 即为所求的交线。

3. 作小堤顶面与大堤前坡面的交线

小堤顶面标高为 2m，它与大堤坡面的交线就是大堤前坡面上标高为 2m 的等高线上（也属于小堤顶面）的一段，于是便可作出这一段交线 $a_2 d_2$。

4. 求大堤与小堤坡面的交线

分别将小堤顶面边线的交点 a_2、d_2 与两堤坡脚线的交点 a_0、d_0 相连，a_2a_0、d_2d_0 即为所求的交线。

5. 在各坡面上画出示坡线

如图 8-13（b）所示，在各个坡面上按坡度线方向作出示坡线，示坡线可以在各坡面上只画出一部分，也可以全部画出。

【例 8-8】 如图 8-14（a）所示，在高程为 0 的地面上，修建一个高程为 4m 的平台，一条斜坡引道通到平台顶面。平台坡面的坡度为 1：1，斜坡引道两侧边坡的坡度为 1：1。求作坡脚线和坡面交线。

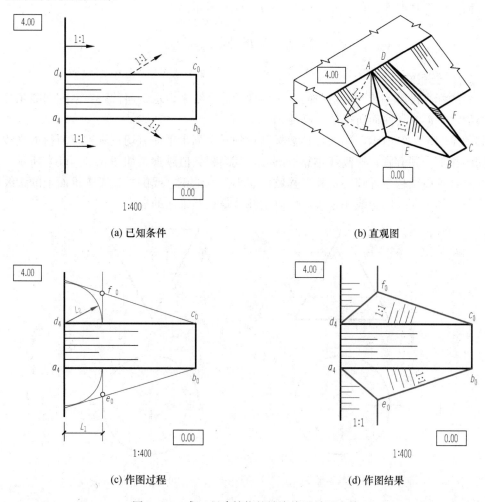

(a) 已知条件

(b) 直观图

(c) 作图过程

(d) 作图结果

图 8-14　求工程建筑物的坡脚线及坡面交线

解 空间分析如图 8-14（b）所示，具体步骤如下：

1. 作坡脚线

因地面的高程为 0，所以坡脚线即为各坡面上高程为 0 的等高线。平台边坡的坡脚线与平台边线平行，水平距离 $L = \dfrac{H}{i} = 4 \div \dfrac{1}{1} = 4\text{m}$。

引道两侧坡面坡脚线的求法与［例8-5］相同：分别以 a_4、d_4 为圆心，$R=L=\dfrac{H}{i}=4\div\dfrac{1}{1}=4\mathrm{m}$ 为半径画弧，再分别过 b_0、c_0 作圆弧的切线，即为引道两侧坡面的坡脚线，如图8-14（c）所示。

2. 作坡面交线

a_4、d_4 是平台坡面与引道两侧坡面的两个共有点。平台边坡坡脚线与引道两侧坡脚线的交点 e_0、f_0 也是平台坡面与引道两侧坡面的共有点，如图8-14（c）所示，连接 a_4 与 e_0、d_4 与 f_0，即为所求的坡面交线。

3. 画各坡面示坡线

各个坡面的示坡线都分别与各个坡面上的等高线垂直，注意引道两侧坡面的示坡线应垂直于坡面上的等高线 b_0e_0 和 c_0f_0，如图8-14（d）所示。

8.2 曲面的标高投影

8.2.1 圆锥面

曲面的标高投影一般可以由曲面上一系列的等高线来表示，通常用一系列间隔相等的整数标高的水平面截切曲面所得的等高线。

如图8-15（a）所示，用通过整数标高点的一系列水平面截切正圆锥，所得的交线是一系列间距相等的同心圆，等高线越靠近圆心，其高程数值越大。如图8-15（b）所示，当圆锥倒立时，等高线越靠近圆心，其高程数值越小。不论正立或倒立，正圆锥面上的素线都与正圆锥面上的等高线的切线相垂直，所以素线就是正圆锥面的坡度线。

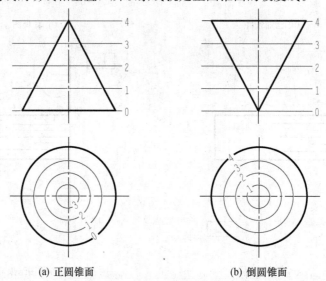

(a) 正圆锥面　　　　　　　(b) 倒圆锥面

图8-15　圆锥面的标高投影

【**例8-9**】　在高程为2m的地面上，修筑一高程为6m的平台，台顶形状及边坡的坡度如图8-16（a）所示，求其坡脚线和坡面交线。

解　作图过程如图8-16（b）所示，具体步骤如下：

1. 作坡脚线

各坡面的坡脚线是各坡面上高程为2m的等高线。平台左右两侧的坡面为平面，其坡脚

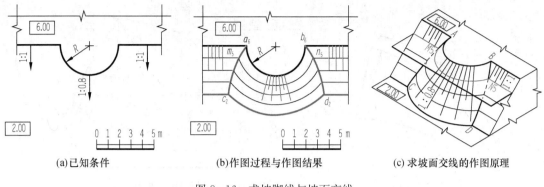

(a)已知条件　　　(b)作图过程与作图结果　　　(c)求坡面交线的作图原理

图 8-16　求坡脚线与坡面交线

线为直线，且与台顶边线平行，它们之间的水平距离 $L=\dfrac{H}{i}=(6-2)\div\dfrac{1}{1}=4\text{m}$。

平台顶面中部的边界线为半圆，其坡面是正圆锥面，故其坡脚线与平台顶面边界线半圆在标高投影上是同心圆，其水平距离（即半径差）$L=\dfrac{H}{i}=(6-2)\div\dfrac{1}{0.8}=3.2\text{m}$。

2. 作坡面交线

坡面交线是由平台左右两侧的平面坡面与中部正圆锥面坡面相交而形成的。因平面的坡度小于圆锥面的坡度，所以坡面交线是两段椭圆曲线。两侧坡面的等高线是一组平行线，它们的水平距离为 1m（$i=1:1$）；中部正圆锥面的等高线的标高投影是一组同心圆，其半径差为 0.8m（$i=1:0.8$）。由此，分别作出两侧坡面和中部正圆锥面上高程为 5、4、3m 的等高线。相邻两坡面上同高程的等高线的交点，就是坡面交线上的点。光滑连接左坡面上的 a_6、m_5、…、c_2 点和右坡面上 b_6、n_5、…、d_2 点，即为坡面交线。作坡面交线的原理如图 8-16（c）所示。

3. 画出各坡面示坡线

正圆锥面上的示坡线应过锥顶，是圆锥面上的素线；平面斜坡的示坡线是坡面上等高线的垂线。

8.2.2　同坡曲面

如果曲面上各处的坡度都相等，这种曲面就称为同坡曲面。正圆锥面、弯曲的路堤或路堑的边坡面，都是同坡曲面。同坡曲面的形成如图 8-17 所示：一正圆锥面的锥顶沿空间曲导线 AB 运动，运动时圆锥面的轴线始终垂直于水平面，且锥顶角保持不变，则所有这些正圆锥面的包络曲面（公切面）就是同坡曲面。这种曲面常用于道路爬坡拐弯的两侧边坡。

由上述形成过程可以看出：同坡曲面上的等高线与各正圆锥面上同高程的等高线一定相切，其切点在同坡曲面与各正圆锥面的切线上，也就是在坡度线上。

【例 8-10】　如图 8-18（a）所示，在高程为 0 的地面上修建一弯道，路面自 0 逐渐向上升为 4m，与干道相接。作出干道和弯道坡面的坡脚线，以及干道和弯道坡面的坡面交线。

解　从图中可以看出，干道的前面、后面和右面在图中都已折断，只需作出左坡面与地面的交线。

作图过程如图 8-18（b）所示，具体步骤如下：

1. 作坡脚线

干道坡面为平面，坡脚线与干道边线平行，水平距离 $L=\dfrac{H}{i}=4\div\dfrac{1}{2}=8\text{m}$。

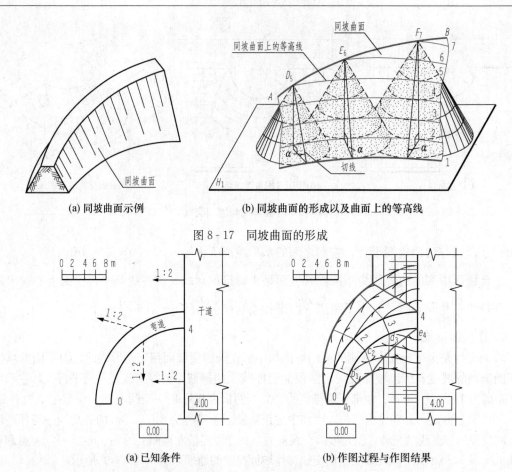

(a) 同坡曲面示例　　　　　　(b) 同坡曲面的形成以及曲面上的等高线

图 8-17　同坡曲面的形成

(a) 已知条件　　　　　　　　(b) 作图过程与作图结果

图 8-18　求坡脚线和坡面交线

　　弯道两侧边坡是同坡曲面，在曲导线上定出整数标高点 a_0、b_1、c_2、d_3、e_4 作为运动正圆锥面的锥顶位置。以各锥顶为圆心，分别以 $R=l$、$2l$、$3l$、$4l$（$l=2m$，因 $i=1：2$）为半径画同心圆，得各圆锥面上的等高线。自 a_0 作各圆锥面上 0 高程等高线的公切线，即为弯道内侧同坡曲面的坡脚线。同理，作出弯道外侧同坡曲面的坡脚线。

　　2. 作坡面交线

　　先画出干道坡面上高程为 3、2、1m 的等高线。自 b_1、c_2、d_3 作诸正圆锥面上同高程等高线的公切线（包络线），即得同坡曲面上的诸等高线。将同坡曲面与斜坡面上同高程等高线的交点顺次连成光滑曲线，即为弯道内侧与干道的平面斜坡的坡面交线。用同样的方法作出弯道外侧的同坡曲面与干道的平面斜坡的坡面交线。

　　3. 画出各坡面的示坡线

　　按与各坡面上的等高线相垂直的方向，画出各坡面的示坡线。

8.2.3　地形面

（一）地形等高线

　　工程中常把起伏不平、形状复杂的地面称为地形面。地形面的标高投影仍然用一系列等高线来表示。用等高线表示地面形状的图称为地形图。在地形图中，等高线的高程一般以青岛附近的黄海平均海平面为基准面。

如图 8-19 所示，地形图能反映出地面的形状、地势的起伏变化及坡向等。地形图上的等高线具有以下特征：

(1) 山丘与盆地。等高线一般是封闭的不规则曲线。等高线的高程中间高、外面低，表示山丘；等高线的高程中间低、外面高，表示盆地。

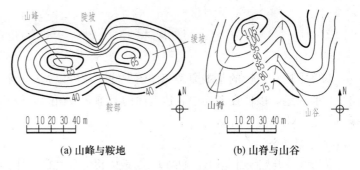

图 8-19　基本地形的等高线特征

(2) 山脊与山谷。高于两侧并连续延伸的高地称为山脊，山脊上各个最高点的连线称为山脊线，山脊处的等高线凸向下坡方向。低于两侧并连续延伸的谷地称为山谷，山谷中各个最低点的连线称为山谷线或集水线，山谷处的等高线凸向上坡方向。

(3) 鞍部地形。在相连的两山峰之间的低洼处，地面呈马鞍形，两侧等高线高程基本上呈对称分布。

(4) 在同一张地形图中，等高线越密，地势越陡；反之，等高线越稀疏，地势越平坦。

(二) 地形断面图

用铅垂面剖切地形面，所得到的地形断面形状图称为地形断面图。

地形断面图的具体画法如图 8-20 所示：

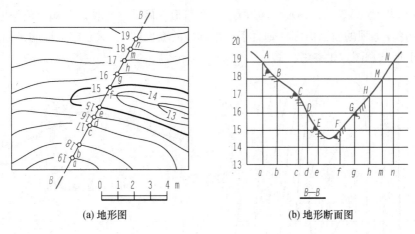

图 8-20　地形断面图的画法

(1) 过地形图上的剖切位置线作铅垂面 B-B。将剖切位置线连成细实线，求得铅垂面与地形等高线的交点 a、b、c 等。

(2) 在已知地形图附近作两条相互垂直的直线。根据给定的作图比例，在竖直线上标出地形图中各等高线的高程 14、15、…、20 等，将地形图中 B-B 铅垂面剖到的诸等高线的交点 a、b、c 等点，保持其水平距离不变，量取到水平线上，具体作图时可以借助于纸条来量取各点的位置。

(3) 过水平线上的这些点作竖直线，与相应高程的水平线相交，将交得的点按顺序徒手连成光滑曲线（E、F 两点按地形趋势连成曲线），并在土壤一侧画上材料图例，即得地形断面图。

地形断面图对局部地形特征反映比较直观，地形断面图可用于求解建筑物坡面的坡脚线（开挖线）和计算土石方工程量等。

8.3 工 程 实 例

掌握了标高投影的基本原理和作图方法，就可以解决土石方工程中求交线（坡脚线或开挖线）的问题，以便在图样中表达坡面的范围和坡面间的相互位置关系，或在工程造价中计算填（挖）土石方工程量。

1. 分析方法

坡脚线或开挖线都是由建筑物边坡与地面相交产生的，因此，在通常情况下，建筑物的一条边线就会产生一个边坡，也就会有一条坡脚线或开挖线（个别坡脚线或开挖线会被其他边坡遮挡）。

一般情况下，建筑物边线为直线，坡面为平面；边线为圆弧，坡面为圆锥面；边线为空间曲线，坡面为同坡曲面。

2. 作图的一般步骤

（1）依据坡度，定出开挖或填方坡面上坡度线的若干高程点（若坡面与地形面相交，高程点的高程一般取与已知地形等高线相对应）。

（2）过所求高程点作等高线（等高线的类型由坡面性质确定）。

（3）找出相交两坡面（包括开挖坡面、填方坡面、地形面）上同高程等高线的交点。

（4）依次连接各交点（连线的类型由相交两坡面的坡面性质确定）。

（5）画出坡面上的示坡线。

【例 8-11】 如图 8-21（a）、（b）所示，在河道上修筑一土坝。已知河道的地形图、土坝的轴线位置及土坝的横断面图（垂直于土坝轴线的断面图），试完成土坝的平面图。图 8-21（c）为土坝示意图，供参考。

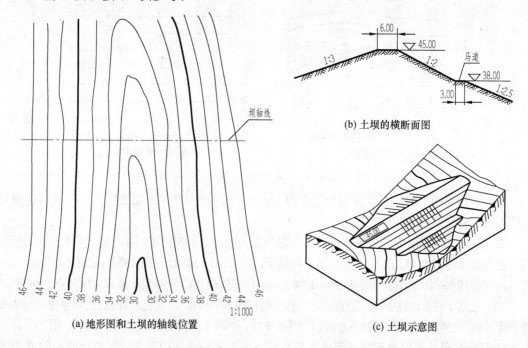

(a) 地形图和土坝的轴线位置

(b) 土坝的横断面图

(c) 土坝示意图

图 8-21 求土坝的平面图

解 在河谷中筑坝属于填方。土坝顶面、马道和上下游坡面都与地面有交线——坡脚线。由于地面是不规则曲面，因此交线是不规则的平面曲线。坝顶、马道是水平面，它们与地面的交线是地面上同高程等高线上的一小段。上游、下游坡脚线上的点，则是上下游坡面与地面上的同高程等高线的交点。

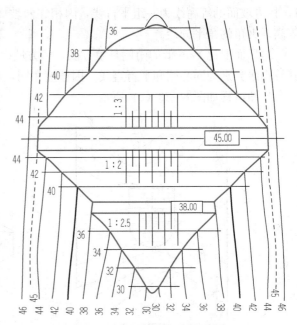

图 8-22 土坝平面图的作图过程及结果

作图过程如图 8-22 所示。

1. 画坝顶

坝顶宽 6m，由坝轴线向两边按比例尺各量取 3m，画与坝轴线平行的两条直线，即为坝顶边线。坝顶的高程是 45m，用内插法在地形图上画出 45m 高程的等高线，从而求出坝顶面与地面的交线。

2. 作上游土坝的坡面与地面的交线（坡脚线）

在上游坝面上作出与地面高程相同的等高线。上游坝面的坡度为 1∶3，则坡面上相邻两条等高线间的水平距离 $L=\dfrac{H}{i}=2\div\dfrac{1}{3}=6\text{m}$。按比例即可作出坡面上与地形面高程相同的等高线 44、42、…。上游坝面与地面上同高程等高线的交点，即是上游坝面的坡脚线上的点。依次用曲线光滑连接各点，即为上游坝面的坡脚线。

连线时，注意上游坝面上高程为 36m 的等高线与地面上高程为 36m 的等高线有两个交点，不能连成直线，应顺着交线的趋势连成光滑的闭合曲线。

3. 作下游土坝坡面的坡脚线

应先画出马道，马道顶面的内边线与坝顶下游边线的水平距离 $L=\dfrac{H}{i}=(45-38)\div\dfrac{1}{2}=14\text{m}$，按比例先画出马道内边线；再根据马道宽 3m，画出马道外边线；马道的左、右边线，分别是在马道内外边线范围之内的各一小段地面上高程为 38m 的等高线。

下游坝面坡脚线的作法与上游坝面坡脚线的作法相同。但应注意：马道以上的坡度为 1∶2，马道以下的坡度为 1∶2.5。在土坝的坡面上作等高线时，不同的坡度要用不同的水平距离。

4. 画示坡线，标注坡度

画出土坝平面图中上、下游坡面上的示坡线，并注明坝顶、马道高程和各坡面的坡度，结果如图 8-22 所示。

【例 8-12】 如图 8-23（a）所示，山坡上修筑一水平广场。已知广场的平面图及其高程为 30m，填方边坡为 1∶1.5，挖方边坡为 1∶1，试求作开挖线、坡脚线和各坡面交线。

解 因水平广场的高程为 30m，所以地面上高程为 30m 的等高线就是填方和挖方的分界线，它与水平广场轮廓边线的交点 a、b 就是填、挖边界线的分界点。

地面面上比 30m 高的北侧是挖方区，平面轮廓为矩形，坡面有三个平面，其坡度为 1∶

1。挖方坡面的等高线为一组平行线，因相邻两坡面的坡度相等，故其坡面交线应是同高程等高线夹角的角平分线。

地形面上比 30m 低的南侧是填方区，填方坡面包括一个圆锥面和两个与其相切的坡面，其等高线分别为同心圆和平行直线。因坡度相同，所以相同高程的等高线相切。

作图过程如图 8-23（c）所示。

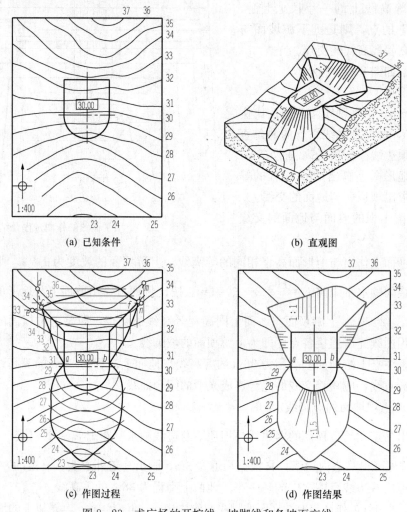

(a) 已知条件　　　　　　　　　(b) 直观图

(c) 作图过程　　　　　　　　　(d) 作图结果

图 8-23　求广场的开挖线、坡脚线和各坡面交线

1. 求开挖线

因地形图上等高线的高差为 1m，所以坡面等高线的高差也应取 1m。挖方坡度为 1∶1，等高线的平距 $l=1$m。以此作出各坡面上高程为 31、32m、…的一组平行等高线。坡面等高线与同高程的地面等高线相交，就求得许多交点。徒手把这些点连接起来，即得开挖线。坡面交线则是两坡面间的角分线，即 45°斜线。

应当注意的是，两坡面开挖线的交点［如图 8-23（c）中的 c 点和 f 点］与坡面交线应汇交于一点，即三面共点。为了将这个点画得比较准确，图中画出了参与相交的两条开挖线的延伸段以及两个坡面相交的延伸段。

2. 求坡脚线

填方坡度为 $1:1.5$，等高线的平距 $l=1.5$m，以此作出锥面上的等高线，与相同高程的地形等高线相交，得各交点。连接各点即得填方部分的坡脚线。注意：在倒圆锥面上的 24m 等高线与地面同高程等高线的两个交点之间，按坡脚线的趋势连线时，不应超出倒圆锥面上 23m 的等高线。

3. 画出各坡面的示坡线

注意：填、挖方示坡线有别，应按垂直于坡面上等高线的方向，自高端画出各个坡面上的示坡线。最后的结果如图 8-23（d）所示。

【例 8-13】 如图 8-24（a）、（b）所示，拟在一斜坡地形面上修建一条斜坡道，斜坡道的填、挖方边坡均为 $1:2$，求各边坡与地面的交线。

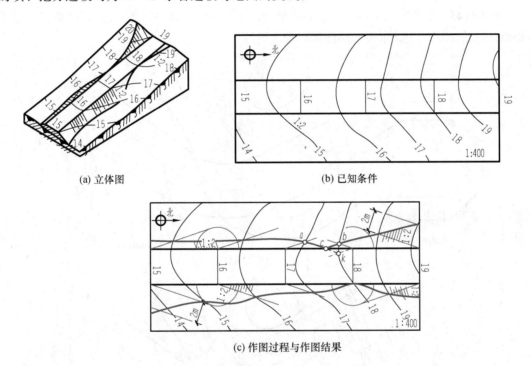

(a) 立体图　　　　　　　　　　(b) 已知条件

(c) 作图过程与作图结果

图 8-24　求斜坡道路的坡脚线和开挖线

解　在图 8-24（b）中，对照路面与地面高程可以明显看出，道路的北边比地面低，应挖方；南边比地面高，应填方；道路东侧的填方与挖方分界点正好落在路边线的高程 18m 处；路西侧的填、挖方分界点大致在高程 17～18m 之间，准确位置要通过作图确定。

作图过程如图 8-24（c）所示。

1. 作填方两侧坡面的等高线

以路边线上高程为 16m 的点为圆心、2m 为半径画弧，此弧可理解成素线坡度为 $1:2$ 的正圆锥面上高程为 15m 的等高线，自路边线上高程为 15m 的点作圆弧的切线，就是填方坡面上高程为 15m 的等高线。自路边线上高程为 16、17m 的点作此切线的平行线，就得到填方坡面上相应高程的等高线。

2. 作挖方两侧坡面的等高线

求法与作填方坡面的等高线作法相同，但方向与同侧填方等高线相反，因为这时所作的圆锥面是倒圆锥面（锥顶在18m，底圆在19m）。

3. 画坡脚线与开挖线

把坡面上与地面上同高程等高线的交点依次相连，就得到填方部分的坡脚线和挖方部分的开挖线。但应注意的是，路西侧的 a、b 两点不能直接相连，这两点都应与路边线上的填挖分界点 c 相连。c 点的求法是：假想扩大路西填方的坡面至高程18m，则自路边线高程为18m的点作高程为18m的填方坡面等高线（图中用虚线画出），得到交点 k，连接 ak 线与路面边线交于 c 点，c 点就是填挖分界点。如果假想扩大挖方坡面至高程17m，也可求得相同的结果。

4. 画示坡线

按与坡面上等高线垂直的方向，作出各坡面上的示坡线，作图结果如图 8 - 24（c）所示。

【**例 8 - 14**】 如图 8 - 25（a）所示，在地面上修筑一高程为60m的弯道，已知路面位置及道路的标准断面图，试求道路两侧的填挖边界线。

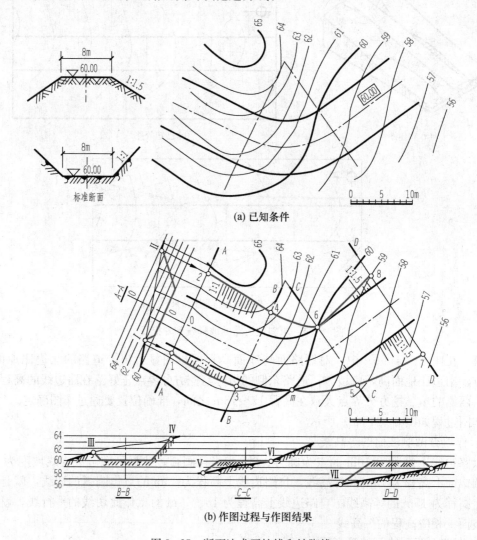

(a) 已知条件

(b) 作图过程与作图结果

图 8 - 25　断面法求开挖线和坡脚线

解 从图中可以看出，路面高程为 60m，所以地面高程 60m 的等高线与路面相交的一段（线段 m6）是填挖方的分界线，左侧地面高于路面，要挖方；右侧地面低于路面，要填方。

本例采用地形断面法求填挖边界上的点。具体方法是：间隔一定距离作一与道路中线垂直的铅垂面（如图中的 A-A、B-B 等），并作出地形断面图和道路断面图，两断面轮廓的交点就是开挖线或坡脚线上的点。

如图 8-25（b）所示，A-A 断面的作图步骤如下：

（1）在地形图的适当位置作剖切位置线 A-A。

（2）取地形图相同的绘图比例作地形断面图 A-A，并定出道路中心线的位置。

（3）按剖切位置可以确定，A-A 断面位置应是挖方，在地形断面图中画出道路挖方断面，边坡为 1:1。

（4）在 A-A 断面图中找出道路边坡与地形断面的交点 Ⅰ、Ⅱ，并在地形图的 A-A 剖切位置线上量取 01、02 分别等于 A-A 断面上 Ⅰ、Ⅱ 两点到中心线的距离，求得开挖线上的 1、2 两点。

用同样的方法作 B-B、C-C、D-D 等断面图，可以求出开挖线（坡脚线）的其他各点，如 3、4、5、6、…。将同侧的点依次连接起来，就是所求的开挖线或坡脚线。

第9章 建筑施工图

供人们生活、生产、工作、学习和娱乐的各类房屋，一般称为建筑物。用来表达建筑物内外形状、大小尺寸，以及各部分的结构形式、构造做法、装修材料和各类设备等的内容，按照国标的规定，用正投影方法详细、准确画出的图样，称为房屋建筑图。房屋建筑图是用来指导房屋建筑施工的依据，所以又称为施工图。

9.1 概　　述

9.1.1 房屋的组成及其作用

1. 房屋的类型

房屋按其使用性质可分为工业建筑（厂房、仓库等）、农业建筑（粮仓、饲养场等）及民用建筑三大类。民用建筑按其使用功能又分为居住建筑（住宅、宿舍等）和公共建筑（学校、商场、医院、车站等）两类。

2. 房屋的组成

各种不同功能的房屋建筑，一般都是由基础、墙（或柱）、楼（地）面、屋顶、楼梯和门窗等六大基本部分组成。图9-1所示为某别墅的剖切轴测示意图。

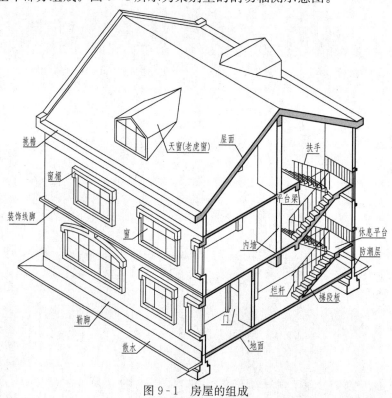

图9-1 房屋的组成

（1）基础。基础是建筑物最下部的承重构件，它承受着建筑物的全部荷载，并将这些荷载传给地基。因此，基础必须具有足够的强度，并能抵御地下各种有害因素的侵蚀。

（2）墙和柱。墙是建筑物的承重构件和围护构件。作为承重构件，墙承受着建筑物由屋顶、楼板层等传来的荷载，并将这些荷载再传给基础；作为围护构件，外墙起着抵御自然界各种有害因素对室内侵袭的作用，内墙起着分隔空间、组成房间、隔声及保证环境舒适的作用。因此墙体应具有足够的强度、稳定性、保温、隔热、隔声、防火等功能，并符合经济性和耐久性的要求。柱是框架或排架结构的主要承重构件，和承重墙一样，承受着屋顶、楼板层等传来的荷载。柱所占空间小，受力比较集中，因此它必须具有足够的强度和刚度。

（3）楼（地）面。楼（地）面是水平方向的承重构件，将整幢建筑物沿竖直方向分为若干部分。楼（地）面承受着家具、设备和人体荷载及本身的自重，并将这些荷载传给墙或柱；同时，它还对墙身起着水平支撑的作用，因此楼（地）面要求具有足够的强度、刚度和隔声能力。对有水侵蚀的房间，则要求楼（地）面具有防潮、防水的能力。

（4）屋顶。屋顶是建筑物顶部的围护结构和承重构件，由屋面层和结构层组成。屋面层抵御自然界风、雨、雪及太阳热辐射与寒冷对顶层房间的侵袭，结构层承受房屋顶部荷载，并将这些荷载传给墙或柱。因此，屋顶必须具有足够的强度、刚度及防水、保温、隔热等功能。

（5）楼梯。楼梯是建筑的垂直交通设施，供人们上下楼层和紧急疏散用。因此，要求楼梯具有足够的通行能力，并采取防火、防滑等技术措施。

（6）门窗。门主要供人们内外交通和分隔房间用，窗则主要起采光、通风、分隔、围护的作用。对某些有特殊要求的房间，还要求门窗具有保温、隔热、隔声、防射线等能力。

另外，一般建筑还有阳台、雨篷、台阶、女儿墙、散水及明沟等其他构配件和设施。

9.1.2　房屋施工图的分类

一套完整的房屋建筑施工图依其专业内容和作用的不同，一般分为以下几类。

1. 首页图（包括图纸目录和设计总说明）

图纸目录主要表明整套图纸的类别，各类图纸的名称、张数及图纸编号，所选用的标准图集等，供读图时查询用。

设计总说明主要是对建筑施工图中未能详细表达的内容用文字加以详细说明，主要包括工程设计依据（对房屋建筑面积、造价及有关地质、水文、气象方面的情况进行说明）；设计标准（包括建筑标准、结构荷载等级、抗震设防要求等）；施工要求（主要包括施工的技术要求和材料要求等）。

2. 建筑施工图（简称建施）

建筑施工图是表示建筑物的总体布局、外部造型、内部布置、细部构造、内外装修、固定设施及有关施工要求的图样，一般包括总平面图、平面图、立面图、剖面图和构造详图等。本章主要讲述建筑施工图的绘制和阅读方法。

3. 结构施工图（简称结施）

结构施工图是表示建筑物承重构件的布置、构件类型、材料、尺寸和构造做法等的图样，包括结构设计说明、基础图、结构平面布置图和结构构件详图。

4. 设备施工图（简称设施）

设备施工图主要表示建筑物的给水排水、采暖、通风、电气照明等设备的平面布置和施工要求等，包括各种设备的平面布置图、系统图和安装详图等。

5. 装修施工图（简称装修图）

对装修要求较高的建筑物应单独绘制装修图，包括平面布置、楼地面装修、天花平面、墙柱面装修、节点装修等图样。

房屋施工图是建造房屋的技术依据，整套图纸应完整统一、尺寸齐全、准确无误。

9.1.3 房屋施工图的图示特点

（1）采用正投影法按国家标准绘制。所有施工图都是按照正投影原理，并严格遵照国家颁布的《建筑制图标准》（GB/T 50104—2010）、《房屋建筑制图统一标准》（GB/T 50001—2010）《总图制图标准》（GB/T 50103—2010）等绘制的，有时也采用一些镜像投影图、轴测投影图、透视投影图等作为辅助用图。

（2）选用适当的比例。由于建筑形体较大，施工图一般都用缩小比例绘制。建筑施工图可选比例见表 9 - 1。

表 9 - 1　　　　　　　　　　　　　　　建筑施工图可选比例

图名	比例
建筑物或构筑物的平、立、剖面图	1：50、1：100、1：150、1：200、1：300
建筑物或构筑物的局部放大图	1：10、1：20、1：25、1：30、1：50
配件及构造详图	1：1、1：2、1：5、1：10、1：15、1：20、1：25、1：30、1：50

（3）选用标准图集。施工图中有些构配件及节点构造选自标准图集。标准图集分部委颁布的全国通用的国家标准图集（如"G"表示结构构件图集，"J"表示建筑配件图集）、省市等颁布的地方标准图集和各设计单位编制的标准图集几类。

（4）采用大量的图例和符号。由于建筑构配件和材料种类繁多，为作图简便，国标规定了一系列图例和符号，用来表示建筑构配件、卫生设备、建筑材料等。

9.1.4 建筑施工图概述

1. 图线

建筑施工图选用不同的线型和线宽，以适应不同的用途和表示建筑物轮廓线的主次关系，从而使图面清晰分明。具体规定详见《建筑制图标准》（GB/T 50104—2010），表 9 - 2 摘录了有关实线和虚线的规定。

表 9 - 2　　　　　　　　　　　　　　建筑专业制图中所采用的实线和虚线

名称	线型	线宽	用途
粗实线	——————	b	（1）平、剖面图中被剖切的主要建筑构造（包括构配件）的轮廓线。 （2）建筑立面图或室内立面图的外轮廓线。 （3）建筑构造详图中被剖切的主要部分的轮廓线。 （4）建筑构配件详图中的外轮廓。 （5）平、立、剖面的剖切符号

续表

名称	线型	线宽	用途
中粗实线	——————	0.7b	(1) 平、剖面图中被剖切的次要建筑构造（包括构配件）的轮廓线。 (2) 建筑平、立、剖面图中建筑构配件的轮廓线。 (3) 建筑构造详图及建筑构配件详图中的一般轮廓线
中实线	——————	0.5b	小于0.7b的图形线、尺寸线、尺寸界线、索引符号、标高符号，详图材料做法引出线、粉刷线、保温层线，地面、墙面的高差分界线等
细实线	——————	0.25b	图例填充线、家具线、纹样线等
中粗虚线	－ － － － － －	0.7b	(1) 建筑构造详图及建筑构配件不可见的轮廓线。 (2) 平面图中的起重机（吊车）轮廓线。 (3) 拟建、扩建建筑物轮廓线
中虚线	－ － － － － －	0.5b	投影线、小于0.5b的不可见轮廓线
细虚线	－ － － － － －	0.25b	图例填充线、家具线等

注 室外地坪线线宽为1.4b。

2. 常用符号

房屋建筑施工图中常用的符号见表9-3。

表9-3 房屋建筑施工图中常用的符号

名称	画法		说明
定位轴线	一般标注	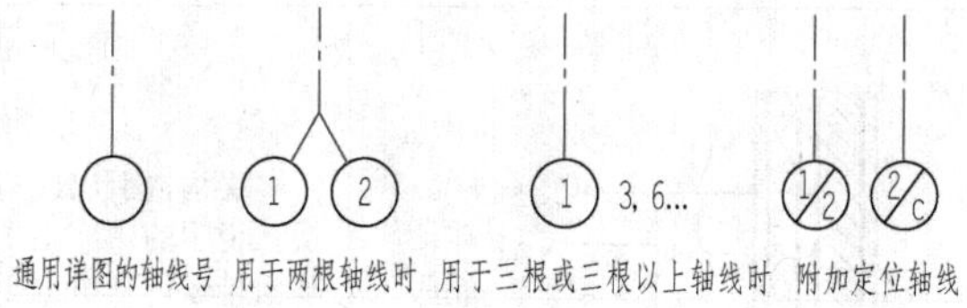1 2 1 3, 6… 1/2 2/c 通用详图的轴线号 用于两根轴线时 用于三根或三根以上轴线时 附加定位轴线	(1) 定位轴线是用来确定房屋主要承重构件，如墙、柱、梁、屋架等构件位置的基准线。 (2) 定位轴线用细点画线绘制，编号圆用细实线绘制，直径为8mm，详图可增至10mm。 (3) 平面图中横向轴线的编号，应用阿拉伯数字从左至右顺次编写；竖向轴线的编号，用大写拉丁字母（I、O、Z除外）从下至上顺次编写。字母数量不够时，可用双字母或单字母加数字注脚等。 (4) 附加轴线编号用分数表示，分母表示前一轴线的编号，分子表示附加轴线的编号（用阿拉伯数字顺序编写）
	编号排序	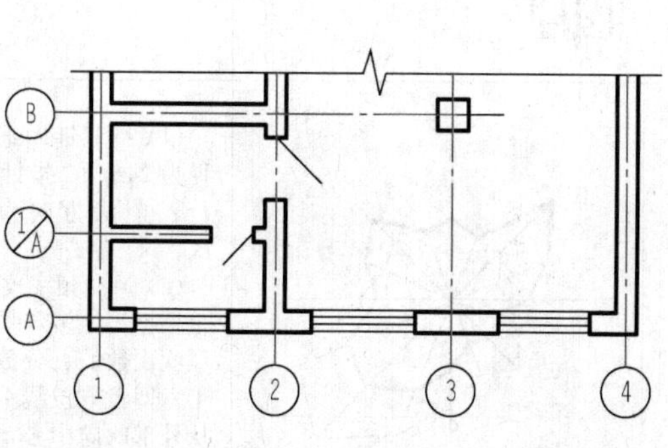B 1/A A 1 2 3 4	

续表

名称	画法		说明
标高符号	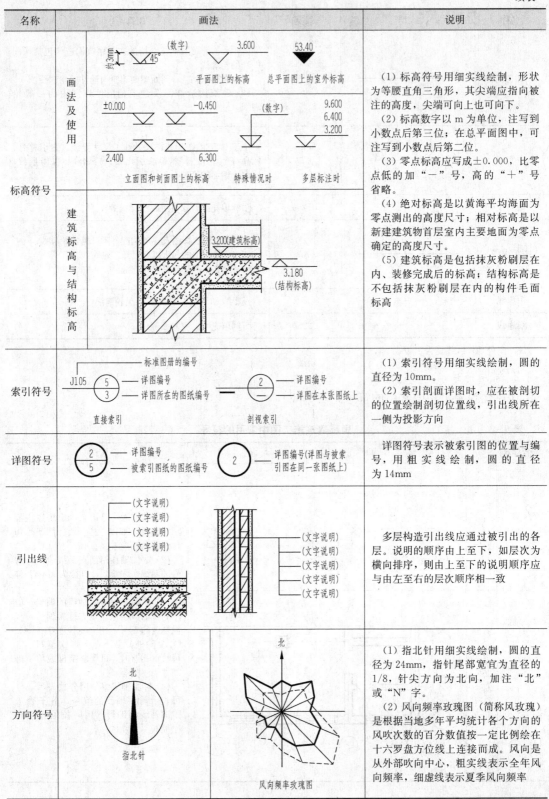		（1）标高符号用细实线绘制，形状为等腰直角三角形，其尖端应指向被注的高度，尖端可向上也可向下。 （2）标高数字以 m 为单位，注写到小数点后第三位；在总平面图中，可注写到小数点后第二位。 （3）零点标高应写成±0.000，比零点低的加"－"号，高的"＋"号省略。 （4）绝对标高是以黄海平均海面为零点测出的高度尺寸；相对标高是以新建建筑物首层室内主要地面为零点确定的高度尺寸。 （5）建筑标高是包括抹灰粉刷层在内、装修完成后的标高；结构标高是不包括抹灰粉刷层在内的构件毛面标高
索引符号			（1）索引符号用细实线绘制，圆的直径为 10mm。 （2）索引剖面详图时，应在被剖切的位置绘制剖切位置线，引出线所在一侧为投影方向
详图符号			详图符号表示被索引图的位置与编号，用粗实线绘制，圆的直径为 14mm
引出线			多层构造引出线应通过被引出的各层。说明的顺序由上至下，如层次为横向排序，则由上至下的说明顺序应与由左至右的层次顺序相一致
方向符号			（1）指北针用细实线绘制，圆的直径为 24mm，指针尾部宜为直径的 1/8，针尖方向为北向，加注"北"或"N"字。 （2）风向频率玫瑰图（简称风玫瑰）是根据当地多年平均统计各个方向的风吹次数的百分数值按一定比例绘在十六罗盘方位线上连接而成。风向是从外部吹向中心，粗实线表示全年风向频率，细虚线表示夏季风向频率

3. 建筑施工图的一般阅读方法

阅读建筑施工图，应具备投影理论和图示方法的知识，熟识有关国家标准中规定的建筑施工图中常用的图例、符号、线型等的意义，了解房屋的基本构造，掌握各种建筑施工图样的形成原理和图示内容。此外，因图中涉及许多专业内容，还应注意学习积累专业知识。

阅读建筑施工图的基本方法是：先概括了解，后深入细读；先整体后局部，先文字说明后图样，先图形后尺寸；最后综合分析形成对房屋建筑的全面认识。

9.2 总平面图

9.2.1 总平面图的形成和用途

总平面图是将拟建工程四周一定范围内的新建、拟建、原有和拆除的建筑物、构筑物连同其周围的地形、地物状况，用水平投影和相应的图例所画出的图样。它表明新建房屋的位置、朝向、平面形状、与原有建筑物和道路的位置关系、周围环境、地貌地形、道路和绿化的布置等情况，是新建房屋施工定位和规划布置场地的依据，也是土方计算和其他专业（如水、暖、电等）的管线总平面图规划布置的依据。

9.2.2 总平面图的图例

总平面图常用图例见表 9-4。

表 9-4　　　　　　　　　　　**总平面图常用图例**

名称	图例	备注	名称	图例	备注
新建建筑物	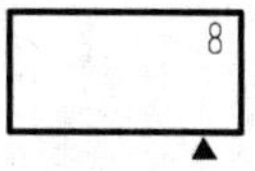	（1）用粗实线表示，可用▲表示主要出入口。 （2）需要时，在图形右上角用点数或数字表示层数	新建的道路	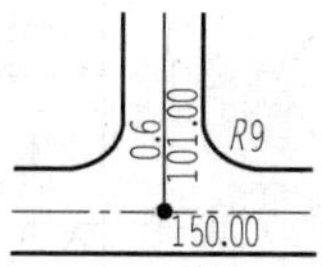	"R9" 表示道路转弯半径，"150.00" 为路面中心控制点标高，"0.6" 表示 0.6% 的纵向坡度，"101.00" 表示变坡点距离
原有建筑物	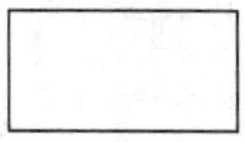	用细实线表示	围墙及大门	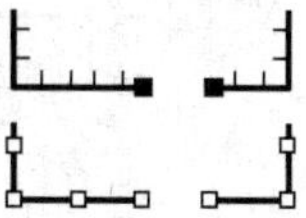	上图为实体性质的围墙；下图为通透性质的围墙
计划扩建的预留地或建筑物		用中虚线表示	护坡	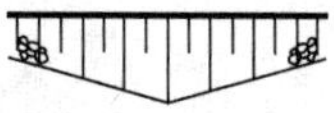	边坡较长时，可在一侧或两端局部表示
拆除的建筑物	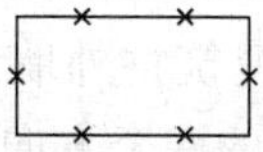	用细实线表示	原有道路		
铺砌场地	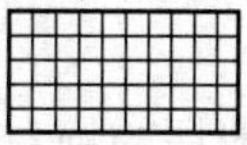		计划扩建道路		
坐标	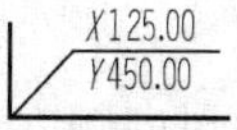 $X125.00$ $Y450.00$	表示测量坐标	树木	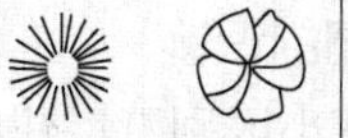	左图表示针叶类树木，右图表示阔叶类树木
	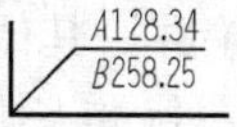 $A128.34$ $B258.25$	表示建筑坐标	草坪	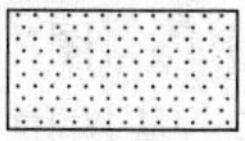	

9.2.3　总平面图的图示内容

1. 图名、比例、图例

总平面图因图示的地方范围较大，常选用 1∶500、1∶1000、1∶2000 等较小比例，所以图中采用较多的图例。如 GB/T 50103—2010 指定的图例不敷应用时，可以另行设定图例，但应在图中画出自定的图例，并注明其名称。图名应标注在图形的正下方，下方加画一条粗实线，比例标注在图名右侧，其字高比图名字高小一号或两号。

2. 基地范围内的总体布局

如红线范围（由有关机构批准使用土地的地点及大小范围）、周围建筑物和构筑物的相对位置、地形地物（如等高线、池塘、河流、电线杆等）、道路和绿化的布置等。

3. 新建建筑物的具体位置

确定新建建筑物与周边地形、地物间的位置关系，可以从以下三个方面表示：

（1）定向。在总平面图中，用指北针或风向频率玫瑰图来确定建筑物的朝向。

（2）定位。新建建筑物的定位方式有以下三种：

1）用坐标定位。建筑物、构筑物有两种坐标定位：一是测量坐标，用细实线画成交叉十字坐标网格，网格间距为 100m 或 50m，X 为南北方向轴线，Y 为东西方向轴线；二是建筑坐标，当房屋朝向与测量坐标不一致时，沿建筑物主墙方向用细实线画成网格通线，横墙方向轴线标为 A，纵墙方向轴线标为 B。用坐标确定建筑物的位置时，宜标注三个角的坐标，如建筑物与坐标轴线平行，可标注其对角坐标，如图 9-2 所示。

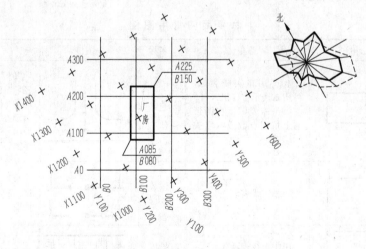

图 9-2　建筑坐标与测量坐标

2）用定位尺寸定位。对于一般中小型建筑物，也可根据与原有建筑物外墙或道路中心线的联系尺寸来定位（以 m 为单位），如图 9-3 中的新建住宅距围墙的两个方向距离分别为 27.74、10.30m。

（3）定高。在总平面图中，应注明新建房屋底层室内地面和室外地坪的绝对标高。

9.2.4　总平面图的识读

图 9-3 所示为某小区别墅型住宅楼的总平面图，比例 1∶500。由风向频率玫瑰图可知，该地区的主导风向为东南风，图中用粗实线画出来新建建筑物的整体轮廓，其位置根据住宅楼距离围墙的尺寸确定。从图中可以看到，有 12 栋三层新建住宅，每幢长 16.64m，宽

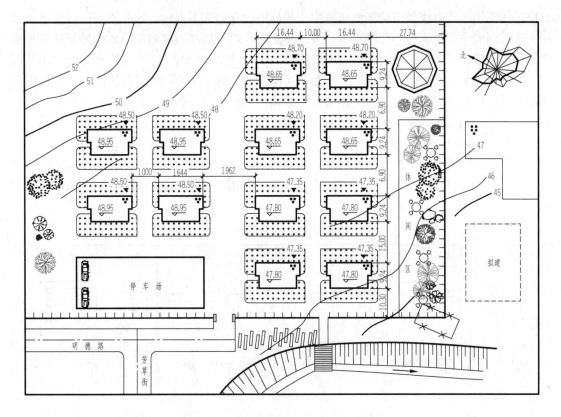

某小区总平面图 1:500

图 9 - 3   某小区总平面图

9.24m，其室内首层地面的绝对标高分别为 48.95、48.65、47.80m，室外绝对标高分别 48.50、48.20、47.35m，每幢室内外高差为 0.45m。小区内设有停车场和休闲娱乐区，在小区的正北方向有一座小山丘。小区外有一条小河，沿河设有堤岸护坡，附近有一需拆除的建筑物。通过小区的主要出入口可通向明德路和芳草街。图中还用虚线画出了拟建的建筑物，用细实线画出了原有建筑物。

9.3 建 筑 平 面 图

9.3.1 建筑平面图的形成、作用及分类

1. 建筑平面图的形成和作用

建筑平面图（除屋顶平面图外）是假想用一水平剖切平面，沿窗台以上部位剖开整幢房屋，移去剖切平面以上部分，将余下部分向水平面作正投影所得到的水平剖视图，简称平面图。

建筑平面图主要用来表达建筑物的平面形状，房间的尺寸和布置，门窗的类型和位置，设备、设施等的平面布置，是施工放线、砌墙、门窗安装、预留孔洞和施工预算的主要依据，是建筑施工图中最基本的图样。

2. 建筑平面图的分类

房屋有几层，通常就应画出几个平面图，在图的下方注写相应的图名，如底层平面图、

二层平面图等。当有些楼层的平面布置完全相同或仅有局部不同时，这些不同的楼层可以合用一个共同的平面图，该平面图称为标准层平面图；对于局部不同的部分，则另画局部平面图。多层建筑的平面图一般包括底层平面图、中间标准层平面图、顶层平面图、局部平面图。此外还有屋顶平面图，屋顶平面图是从房屋的上方向下所作的水平投影图，主要表达屋顶的形状、出屋面的构配件（如电梯机房、水箱、烟囱、通气孔等）、女儿墙、屋面分水线、屋面排水方向和坡度、天沟、落水管等的平面位置。

9.3.2 建筑平面图的图例

在平面图中，各建筑配件，如门窗、楼梯、坐便器、通风道、烟道等一般都用图例表示。表 9 - 5 列出了 GB/T 50104—2010 和 GB/T 50106—2010 中部分常用建筑构造及配件图例。

表 9 - 5 　　　　　　　　　　　　常用建筑构造及配件图例

名称	图例	名称	图例	名称	图例	名称	图例
单扇门		空门洞		坡道	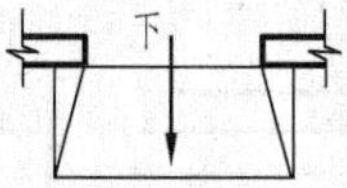	电梯	
				孔洞		坑槽	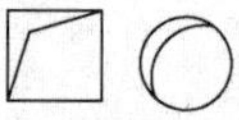
双扇门		固定窗		坐式大便器	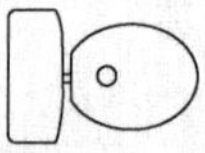	蹲式大便器	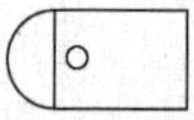
				洗脸盆	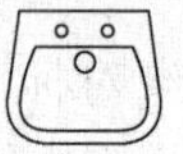	污水池	
推拉门		推拉窗		名称		图例	
双面单扇门		烟道		楼梯	底层　　中间层　　顶层		
双面双扇门		通风道		墙预留槽和洞	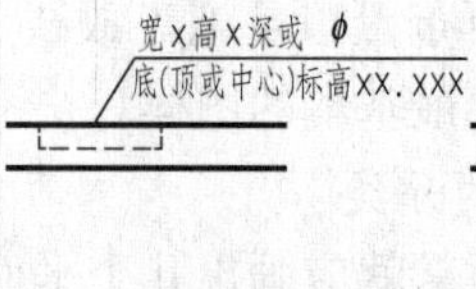 宽×高×深或 φ 底(顶或中心)标高xx.xxx 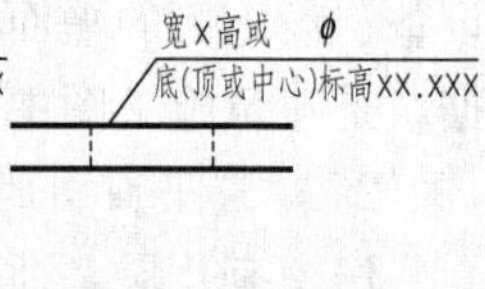　　宽×高或 φ 底(顶或中心)标高xx.xxx		

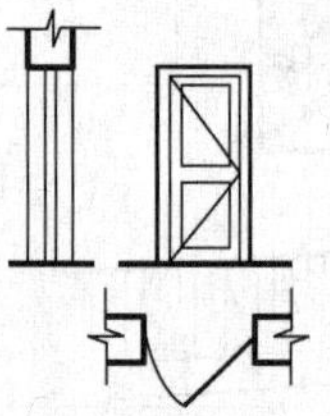

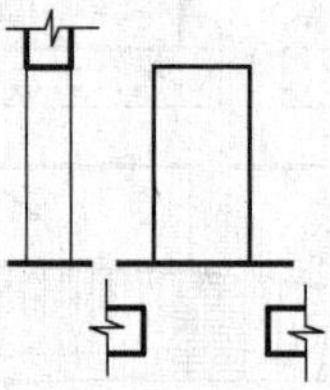

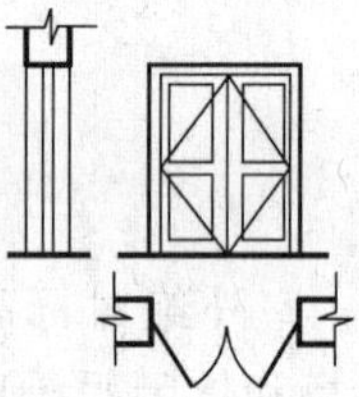

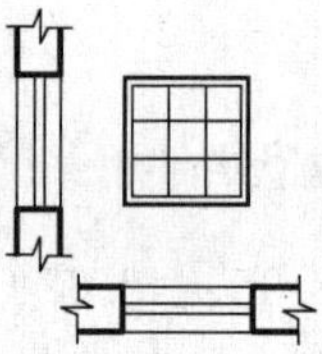

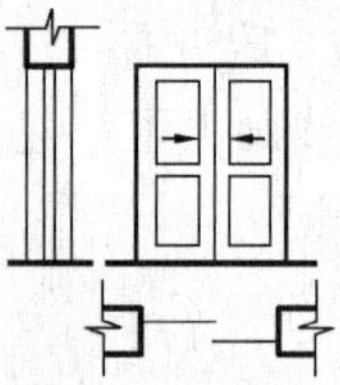

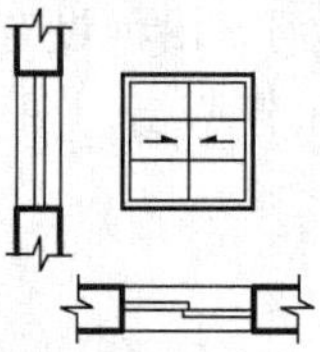

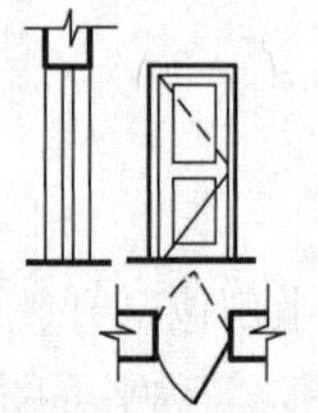

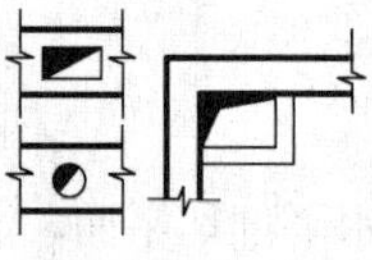

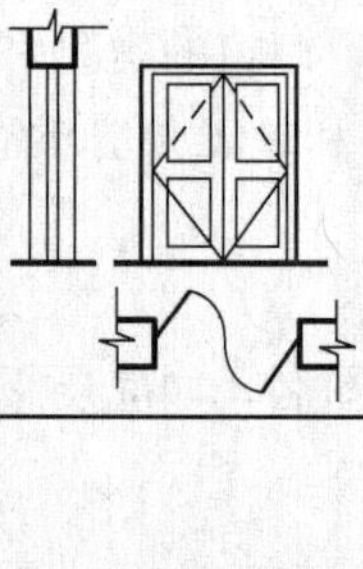

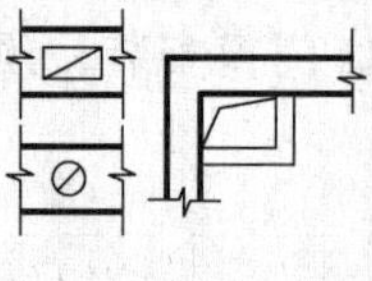

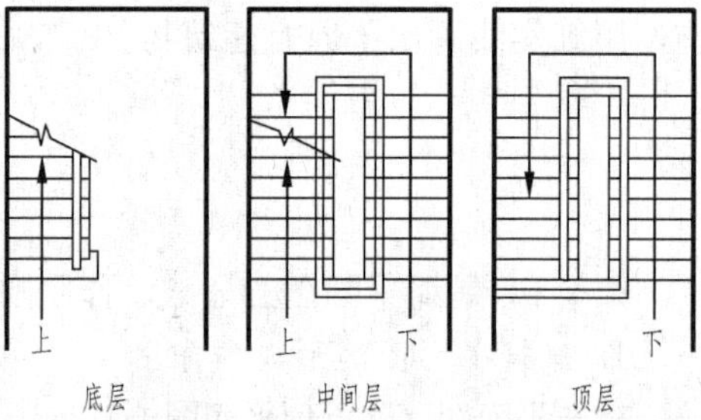

9.3.3　建筑平面图的图示内容

（1）图名及比例。

（2）定位轴线及编号。

（3）墙、柱的断面，门窗的位置、类型及编号，各房间的名称或编号。

国标规定，比例为 1∶100～1∶200 的平（剖）面图，可画简化的材料图例（砌体墙涂红，钢筋混凝土涂黑），剖面图中宜画出楼地面、屋面的面层线；比例大于 1∶50 的平（剖）面图，应画出抹灰层的面层线，并宜画出材料图例；比例小于 1∶50 的平（剖）面图，可不画抹灰层，剖面图中宜画出楼地面的面层线；比例等于 1∶50 的平（剖）面图，抹灰层的面层线应根据需要而定。

门的代号为 M，窗的代号为 C，代号后面是编号。同一编号表示同一类型的门窗，其构造和尺寸完全相同。

房间的编号应注写在直径为 6mm 细实线绘制的圆圈内，并应列出房间名称表。

（4）其他构配件和固定设施的图例或轮廓形状。在平面图上应绘出楼（电）梯间、卫生器具、水池、橱柜、配电箱等。底层平面图还绘有入口（台阶或坡道）、散水、明沟、雨水管、花坛等，楼层平面图则绘有本层阳台、下一层的雨篷顶面和局部屋面等。

（5）各种有关的符号。在底层平面图上应画出指北针和剖切符号。在需要另画详图的局部或构件处，画出详图索引符号。

（6）平面尺寸和标高。建筑平面图上的尺寸分为外部尺寸和内部尺寸。

1）外部尺寸。为了便于读图和施工，外部通常标注三道尺寸：最外面一道是总尺寸，表示房屋外墙轮廓的总长、总宽；中间一道是定位轴线间的尺寸，一般表明房间的开间、进深（相邻横向定位轴线间的距离称为开间，相邻纵向定位轴线间的距离称为进深）；最靠近图形的一道是细部尺寸，表示房屋外墙上门窗洞口等构配件的大小和位置。

室外台阶或坡道、花池、散水等附属部分的尺寸，应在其附近单独标注。

2）内部尺寸。标注房间的净空尺寸，室内门窗洞口及固定设施的大小与位置尺寸、墙厚、柱断面的大小等。在建筑平面图中，宜注出室内外地面、楼地面、阳台、平台、台阶等处的完成面标高；若有坡度，应注出坡比和坡向。

9.3.4　建筑平面图的线型

凡是被剖切到的主要建筑构造，如墙、柱断面的轮廓线用粗实线（b）；被剖切到的次要建筑构造，如玻璃隔墙、门扇的开启线、窗的图例线以及为剖切到的建筑配件的可见轮廓线，如楼梯、地面高低变化的分界线、台阶、散水、花池等用中实线（0.5b）或细实线（0.25b）；图例线、尺寸线、尺寸界线、标高、索引符号等用细实线绘制（0.25b）。如需表示高窗、洞口、通气孔、槽、地沟等不可见部分，则用虚线绘制。

9.3.5　建筑平面图的识读

平面图的读图按"先底层、后上层，先外墙、后内墙"的顺序进行。

图 9-4 为某别墅型住宅底层平面图，图 9-5 和图 9-6 分别为其二层平面图和三层平面图。这些图都是按国家制图标准用 1∶100 的比例绘制的。从底层平面图可以看出，该住

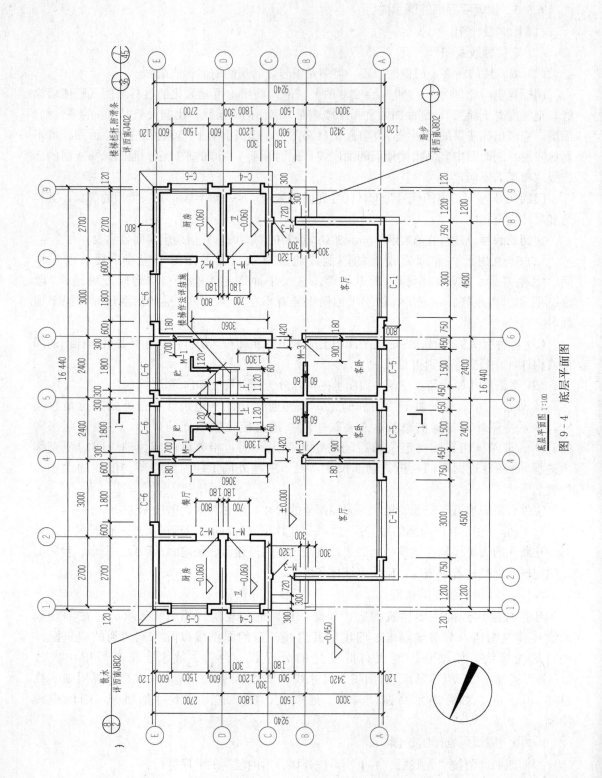

底层平面图 1:100

图 9-4 底层平面图

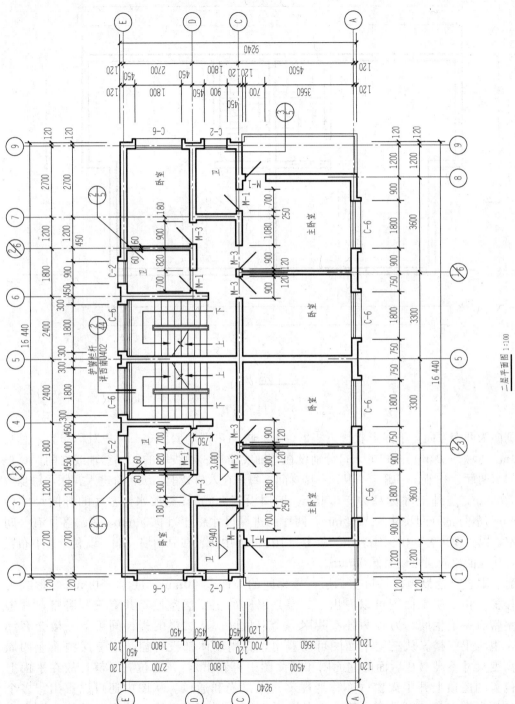

图 9-5　二层平面图

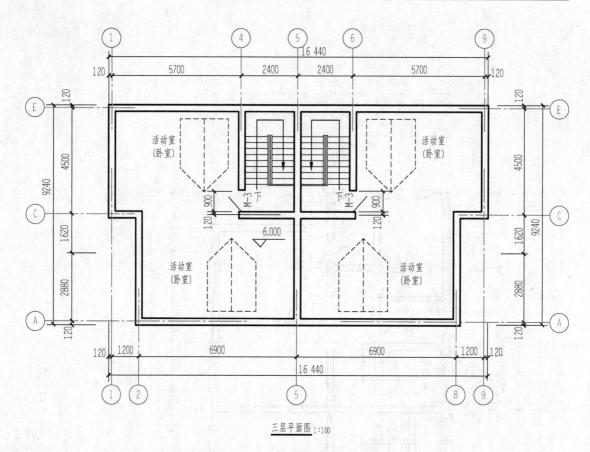

三层平面图 1:100

图 9-6　三层平面图

宅的朝向为西南方向，平面形状接近矩形，是一栋两户别墅型住宅，两户对称布置，总长 16.44m，总宽 9.24m。两户的入口分别设在②轴线墙和⑧轴线墙的Ⓑ～Ⓒ轴线之间。每户底层均为两厅、一卧、一厨、一卫、一楼梯间。每户在入口处上三级台阶进入客厅，每步台阶宽 300mm，室外地坪标高为 -0.45m。四周设有 800mm 宽散水。客厅的开间尺寸为 4500mm，餐厅的开间尺寸为 3000mm，两厅的进深尺寸总计为 9000mm。紧靠客厅有一间客卧室，以方便来客和供保姆居住。厨房、卫生间集中布置在靠山墙一端，以利于集中布置管线，其地面比同层楼地面低 60mm。

　　通过垂直交通设施楼梯可上二层，楼梯间的开间 2400mm，进深 4500mm，形式为双跑楼梯。由二层平面图可以看出，二层是家庭的主要居室层，共有三间卧室，其中主卧室带有一卫生间，另外两卧室共用一个卫生间。从二楼的楼梯间可下一楼会客和用餐，也可上三楼。从三层平面图可以看出，四周墙体都没有窗，因三层楼面上四周墙体高度尺寸不高（从后面的立面图和剖面图中可看出），开窗位置不够，故在平面上虚线位置的屋顶上开了天窗（亦称老虎窗）来采光和通风。从图中还可以看出，多个窗洞口都设有窗套，以丰富立面。从各个平面图中还可以看出，共有三种门，即入户门、卧室门 M-3（宽 900mm），储藏室、卫生间门 M-1（宽 700mm），厨房门 M-2（宽 800mm）；六种窗，即客厅窗 C-1（宽 3000mm），二层卫生窗 C-2（宽 900mm），天窗 C-3（宽 2100mm），一层卫生间窗 C-4（宽 1200mm），卧室、厨房窗 C-5（宽

1500mm），餐厅、楼梯间窗 C‐6（宽 1800mm）。该住宅的底层室内地坪标高为±0.000，室外地坪标高为－0.450m，即室内外高差为 450mm。由 1‐1 剖切符号可知，剖面图的剖切位置在④～⑤轴线之间，投射方向向左。从图中我们注意到，一～三层平面图中的楼梯表达方式是不同的。

图 9‐7 为该住宅的屋顶平面图。屋顶平面图的比例常用 1∶100，也可用 1∶200 绘制，只需标注出主要的轴线尺寸和必要的定位尺寸。从图中可看出，该屋顶为两坡同坡屋面，雨水从屋脊沿两边坡屋面排下，经檐口排水天沟上的雨水口排入落水管后排出室外。天窗、雨水口处标有索引符号，另有详图画出。

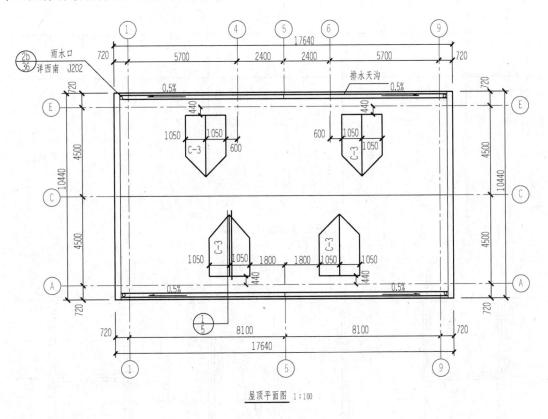

图 9‐7 屋顶平面图

9.3.6 建筑平面图的绘图步骤

现以本节的底层平面图为例，说明一般绘制平面图的步骤：

（1）确定绘图比例和图幅。首先根据建筑物的长度、宽度和复杂程度选择比例，再结合尺寸标注和必要的文字说明所占的位置确定图纸的幅面。

（2）画底稿：

1）画图框线和标题栏。

2）布置图面确定画图位置，画定位轴线，如图 9‐8 所示。

3）绘制墙（柱）轮廓线及门窗洞口线等，如图 9‐9 所示。

4）画出其他构配件，如台阶、楼梯、散水、卫生设备等的轮廓线，如图 9 - 10 所示。

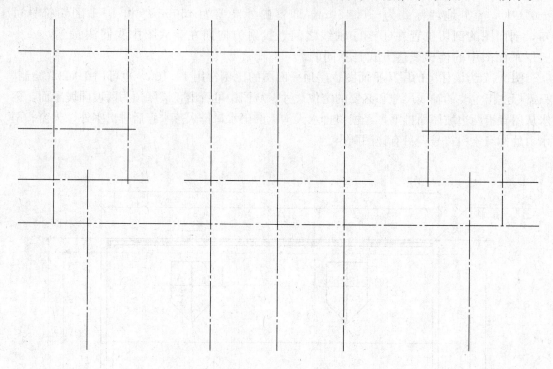

图 9 - 8　画定位轴线

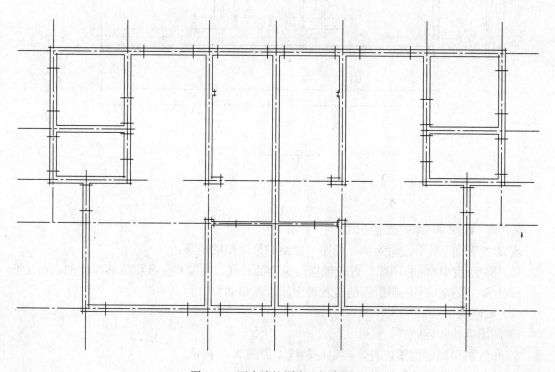

图 9 - 9　画出墙柱厚度、门窗洞口

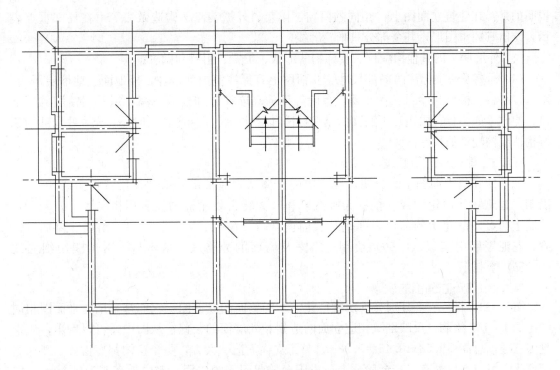

图 9-10 画台阶、楼梯、散水等细部构造

（3）仔细检查，无误后，按照建筑平面图的线型要求进行加深，同时标注轴线、尺寸、门窗编号、剖切符号等。

（4）注写图名、比例、说明等内容。汉字宜写成长仿宋体，最后完成全图，如图 9-4所示。

9.4 建 筑 立 面 图

9.4.1 建筑立面图的形成、作用及命名

1. 建筑立面图的形成和作用

将建筑物的各个立面投影到与之平行的投影面上所得的正投影图称为立面图。立面图只画建筑外轮廓及各构配件可见轮廓的投影。对于折线或曲线型立面，可展开绘制，并应在图名后加注"展开"二字。立面图主要反映建筑物的体型和外貌、门窗的形式和位置、墙面的装修材料和色调等。在施工过程中，立面图主要用于室外装修。

2. 立面图的命名

（1）按两端定位轴线编号命名，如①～⑨立面图。

（2）按平面图各面的朝向命名，如南立面图、北立面图、东立面图、西立面图。

在 GB/T 50104—2010 中还规定了室内立面图的命名，需用时可查阅。

9.4.2 建筑立面图的图示内容

（1）图名、比例及立面两端的定位轴线和编号。

（2）室外地面线、屋顶外形、外墙面的体形轮廓和门窗的形式、位置及开启方向。值得

说明的是：在建筑立面图上，相同的门窗、阳台、外檐装修、构造做法等可在局部重点表示，绘出其完整图形，其余部分只画轮廓线。

（3）外墙面上的其他构配件、装饰物的形状、位置、用料和做法。

（4）标高及必须标注的局部尺寸。立面图上宜标注室内外地坪、楼地面、地下层地面、阳台、平台、檐口、屋脊、女儿墙、台阶等处的高度尺寸和建筑标高，以及门窗洞的上下口、构件（如阳台、雨篷）下底面的结构标高和尺寸。除了标高，有时还补充一些局部的建筑构造或构配件的尺寸。

9.4.3　建筑立面图的线型

为了使建筑立面图主次分明，有一定的立体感，通常室外地坪线用特粗实线（1.4b）绘制；建筑物外包轮廓线（俗称天际线）和较大转折处轮廓的投影用粗实线（b）绘制；外墙上明显凹凸起伏的部位，如壁柱、门窗洞口、窗台、阳台、檐口、雨篷、窗楣、台阶、花池等用中实线（0.5b）绘制；门窗及墙面的分格线、落水管、引出线用细实线（0.25b）绘制。

9.4.4　建筑立面图的识读

图 9-11、图 9-12 分别为某别墅型住宅不同侧面的立面图，它们都采用与平面图相同的比例 1：100 绘制，反映别墅相应立面的造型和外墙面的装修。从图中还可以看出，该别墅为三层，总高＝9.53＋0.45＝9.98m。整个立面简洁、大方，每个窗洞都有窗套，以求立面变化。每户入口处有三步台阶，上方设阳台兼起雨篷的作用，室内外高差为 450mm；屋顶采用坡屋顶，加上天窗，使立面具有中国传统民居气息，再加上凸出的窗楣和装饰的线脚，使立面更加生动、活泼。立面装修中，主要墙体全部采用奶黄色涂料，其余线脚用白色和蓝灰色涂料及饰面砖，屋面用蓝瓦铺盖，使整个建筑色彩协调、明快。整个建筑一、二层层高为 3000mm，三层利用坡屋顶下的空间作房间。

9.4.5　建筑立面图的画图步骤

建筑立面图的画图步骤与平面图基本相同，同样先选定比例和图幅，经过画底稿和加深两个步骤。现以①～⑨立面图为例，说明绘制立面图的一般步骤：

（1）画出两端轴线及室外地坪线、屋顶外形线和外墙的体形轮廓线，如图 9-13（a）所示。

（2）画各层门、窗洞口线，如图 9-13（b）所示。

（3）画立面细部，如台阶、窗台、阳台、窗楣、雨篷、檐口等其他细部构配件的轮廓线。

（4）检查无误后按立面图规定的线型加深图线。

（5）标注标高尺寸和局部构造尺寸，注写首尾轴线，书写图名、比例、文字说明、墙面装修材料及做法等，最后完成全图，如图 9-11 所示。

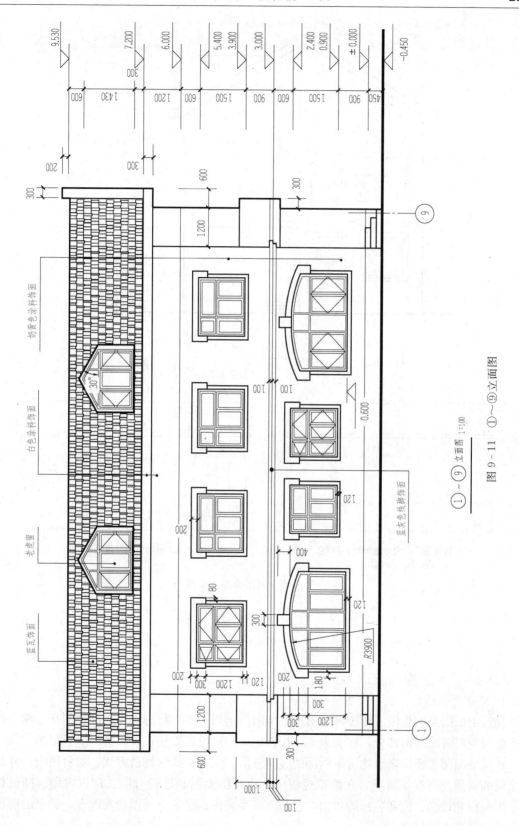

①～⑨立面图 1:100

图 9 - 11 ①～⑨立面图

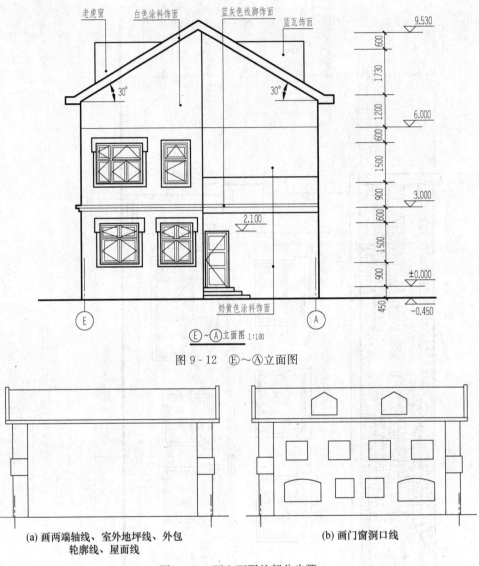

图 9-12 Ｅ～Ａ立面图

(a) 画两端轴线、室外地坪线、外包
轮廓线、屋面线

(b) 画门窗洞口线

图 9-13 画立面图的部分步骤

9.5 建 筑 剖 面 图

9.5.1 建筑剖面图的形成及作用

1. 建筑剖面图的形成和作用

建筑剖面图是假想用平行于纵墙面或横墙面的剖切平面，将房屋沿某部位剖开，移去剖切平面与观察者之间的部分，将剩余部分按剖视方向向投影面作正投影所得的投影图。

建筑剖面图主要用来表达房屋内部的竖向分层、结构形式、构造方式、材料做法、各部位之间的联系及高度等情况。在施工过程中，建筑剖面图是进行分层、砌筑内墙、铺设楼板、屋面板和楼梯、内部装修的依据，它与建筑平面图、建筑立面图相互配合，是表示房屋全局的三大基本图样之一。

2. 建筑剖面图的剖切位置

建筑剖面图的剖切位置应选在能反映房屋全貌、构造特征以及有代表性的部位，并经常通过门窗洞和楼梯间剖切。剖面图的数量应根据房屋的复杂程度和施工需要而定，其剖切符号标注在底层平面图上。

9.5.2 建筑剖面图的图示内容

（1）图名、比例、轴线及编号。建筑剖面图一般采用与平面图相同的比例。凡是被剖切到的墙、柱都应标出定位轴线及其编号，以便与平面图对照和对建筑进行定位。

（2）剖切到的构配件及构造。剖切到的室内外地面、楼面、屋顶，剖切到的内外墙及其墙身内的构造（包括门窗、墙身的过梁、圈梁和防潮层等），剖切到的各种梁、楼梯梯段及楼梯平台、阳台、雨篷、孔道、水箱等的位置和形状，除了有地下室外，一般不画出地面以下的基础，在基础墙部位画折断线。

（3）未剖切到的可见的构配件，按剖视方向可见的墙面、梁、柱、阳台、雨篷、门、窗、未剖切到的楼梯段（包括栏杆与扶手）和各种装饰线、装饰物等的位置和形状。

（4）尺寸标注：

1）标高尺寸。在室内外地面、各层楼地面、台阶、楼梯平台、檐口、女儿墙顶等处标注建筑标高，在门窗洞口等处标注结构标高。

2）竖向构造尺寸。外墙通常标注三道尺寸，即洞口尺寸、层高尺寸、总高尺寸。内部标注门窗洞口、其他构配件高度尺寸。

3）轴线尺寸。

（5）其他图例、符号、文字说明。对于因比例较小不能表达的部分，可用图例表示，如钢筋混凝土可涂黑，画详图索引符号等。对于一些材料及做法，可用文字加以说明。

9.5.3 建筑剖面图的线型

室内外地坪线用特粗实线（$1.4b$）绘制；凡是被剖切到的主要建筑构造、构配件的轮廓线以及很薄的构件，如架空隔热板用粗实线（b）绘制；次要构造或构件以及未被剖切到的主要构造的轮廓线，如阳台、雨篷、凸出的墙面、可见的梯段用中实线（$0.5b$）绘制；细小的建筑构配件、面层线、装修线（如踢脚线、引条线等）用细实线（$0.25b$）绘制。

1:100～1:200 比例的剖面图，可画简化的材料图例（砌体墙涂红、钢筋混凝土涂黑），不画抹灰层，但宜画出楼地面、屋面的面层线，以便准确地表示出完成面的尺寸及标高。

9.5.4 建筑剖面图的识读

图 9-14 为别墅型住宅楼的剖面图。对照图 9-4 底层平面图可知，1-1 剖面图是在④～⑤轴线间剖切，向左投影所得的横剖面图，剖切到Ⓐ、Ⓑ、Ⓒ、Ⓔ轴线的纵墙及其墙上的窗，图中表达了别墅地面至屋顶的结构形式和构造内容。从图中可以看出，此建筑物共三层，底层、二层的层高都为 3000mm，三层是利用坡屋顶下的构造空间，故层高有低有高，最低处 900mm，最高处 3530mm。建筑总高 9980mm，室内外高差 450mm。从左边的外部尺寸还可看出，各层窗台至楼地面的高度为 900mm，窗洞口高 1500mm。此别墅垂直方向的承重构件为砖墙，水平方向的承重构件为钢筋混凝土梁和板（图中涂黑断面），故为砖混结构。图中还表达了从底层上到三层的楼梯及坡屋顶的形式。在需另见详图的部位，画出了详图索引符号。

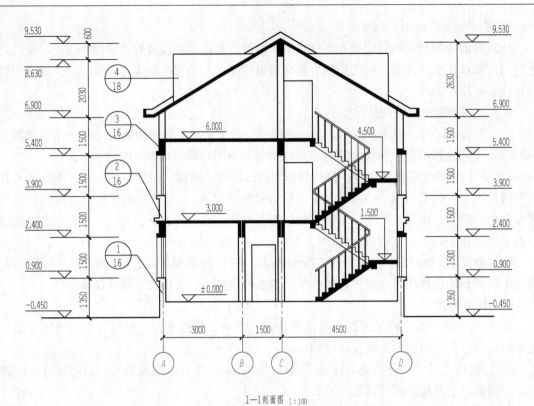

图 9-14 1—1 剖面图

9.5.5 建筑剖面图的画图步骤

剖面图的比例、图幅的选择与建筑平面图和立面图相同，其画图步骤如下：

（1）画定位轴线、室内外地坪线、楼面线、屋面、楼梯踏步的起止点、休息平台面等，如图 9-15（a）所示。

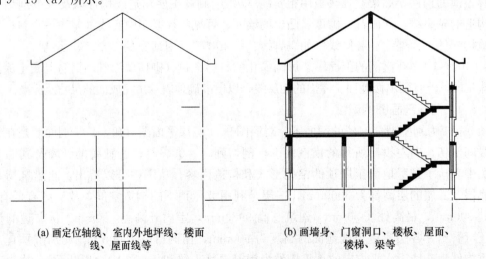

(a) 画定位轴线、室内外地坪线、楼面　　　(b) 画墙身、门窗洞口、楼板、屋面、
　　　线、屋面线等　　　　　　　　　　　　　　楼梯、梁等

图 9-15 画剖面图的部分步骤

（2）画出剖切到的墙身、门窗洞口、楼板、屋面、平台板厚度等，再画楼梯、梁等，如

图 9-15（b）所示。

（3）画出未剖切到的可见轮廓，如墙垛、梁、门窗、楼梯栏杆扶手、雨篷、檐口等。

（4）检查无误后，按规定线型加深图线；标注标高和构造尺寸，注写定位轴线编号，书写图名、比例、文字说明等，最后完成全图，如图 9-14 所示。

9.6 建 筑 详 图

由于建筑平面、立面、剖面图一般所用的绘图比例较小，建筑中许多细部构造和构配件很难表达清楚，需另绘较大比例的图样，将这部分节点的形状、大小、构造、材料、尺寸和做法等用较大比例全部详细表达出来，这种图样称为建筑详图，也称大样图或节点图。建筑详图是建筑平、立、剖面图的补充，其特点是比例大、图示清楚、尺寸标注齐全、文字说明详尽。

建筑详图通常采用 1∶1、1∶2、1∶5、1∶10、1∶20、1∶50 等比例绘制。

一套施工图中，建筑详图的数量视建筑工程的大小及复杂程度来决定，常用的建筑详图有外墙剖面详图、局部平面详图、楼梯详图三种。

9.6.1 外墙剖面详图

1. 形成和作用

外墙剖面详图实际上是建筑剖面图中外墙部位的局部放大图，它主要表示外墙与地面、楼面、屋面的构造连接情况，以及檐口、门窗顶、窗台、散水、明沟等处的构造情况，是施工的重要依据。外墙剖面详图一般按 1∶20 的比例绘制，其线型与建筑剖面图相同。

2. 图示内容

在多层房屋中，各层的构造情况基本相同，可只表示墙脚、中间部分和檐口三个节点，各节点在门窗洞口处断开，在各节点详图旁边注明详图符号和比例。其主要内容有：

（1）墙脚。外墙墙脚主要表示一层窗台及以下部分，包括室外地坪、散水（或明沟）、防潮层、勒脚、底层室内地面、踢脚、窗台等部分的形状、尺寸、材料和构造做法。

（2）中间部分。主要表示楼面、门窗过梁、圈梁、阳台等处的形状、尺寸、材料和构造做法；此外，还应表示出楼板与外墙的关系。

（3）檐口。主要表示屋顶、檐口、女儿墙、屋顶圈梁的形状、尺寸、材料和构造做法。

3. 外墙剖面详图的识读

以图 9-16 所示的外墙剖面详图为例，说明外墙剖面详图识读方法。图 9-16 画出来从 1-1 剖面图（图 9-14）中索引过来的檐口、窗台、墙脚三个节点的详图，绘图比例为 1∶20。

（1）墙脚和窗台的构造。由节点详图○可知，Ⓐ轴线外墙厚 240mm，墙的中心线与轴线重合。为迅速排出雨水，以保护外墙墙基免受雨水侵蚀，沿建筑物外墙地面设有坡度为 3‰、宽 800mm 的散水，散水与外墙面接触处缝隙用沥青油膏填实，其构造做法如图所示。为防止土壤中的水分渗入墙体，侵蚀上面的墙身，在标高−0.060m 处设置 1∶2 水泥砂浆掺 5‰防水剂刚性防潮层。底层室内地面的详细构造用引出线分层说明，其做法如图，为保护内墙，设有 150mm 高的踢脚。窗台高 900mm，外窗台顶面抹灰内高外低，防止雨水流入室内；窗台底面抹灰有一定的坡度（俗称鹰嘴），以防止窗台流下的雨水侵蚀墙面，其构造尺寸如图所示。

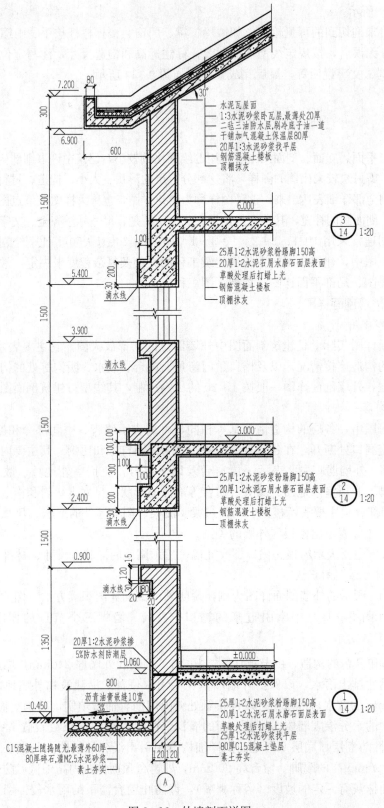

图 9-16　外墙剖面详图

（2）中间节点窗顶和楼面构造。由节点详图 ②/4 可知，二层楼面标高为 3.000m，楼板与窗过梁浇筑成整体，挑出部分形成窗楣，过梁抹灰在外侧形成外低里高的滴水线，以防止墙面雨水向里侵蚀。装饰线脚和楼面的构造做法如图所示。

（3）檐口部分构造。由节点详图 ③/4 可知，此住宅采用钢筋混凝土坡屋面，按 30°的角度来砌坡，上面铺设蓝色水泥瓦，下面设有防水层、保温层用来防水和隔热，具体做法见详图。挑檐向上翻起高 300mm，形成天沟，具体构造尺寸如图所示。

9.6.2　局部平面详图

局部平面详图是将建筑平面图局部用较大比例绘制，便于表达构配件和标注尺寸。

图 9-17 是用较大比例绘制的卫生间平面详图。图中注明了卫生设备及固定设施的安装定位尺寸，用于指导施工。对于洗脸盆、浴盆、坐便器等，通常是按一定的规格或型号订购成品，按说明或规定安装，因而不必标注全尺寸。

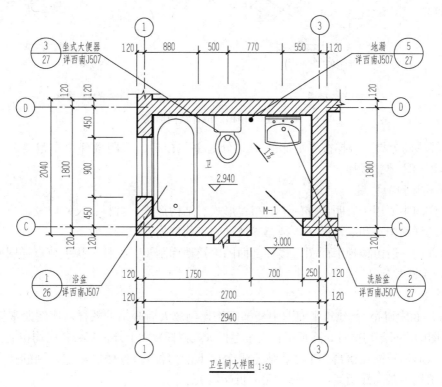

图 9-17　卫生间局部平面详图

9.6.3　楼梯详图

（一）楼梯详图概述

楼梯是多层房屋上下交通的重要设施和防火疏散的重要通道。一般民用建筑的楼梯采用钢筋混凝土材料浇筑，以满足使用并保证坚固、耐久、防火等要求。

1. 楼梯的组成

楼梯通常由楼梯段（包括踏步、梯板和斜梁等构件）、休息平台、栏杆（或栏板）扶手等组成。楼梯段是联系两个不同标高平面的倾斜构件，上面做有踏步，踏步的水平面称为踏面，垂直面称为踢面；栏杆与扶手起维护、安全作用；休息平台起休息和转换行走方向的作用。

2. 楼梯的结构形式和分类

钢筋混凝土楼梯的施工制作形式有预制和现浇两种，因现浇楼梯整体性好，近年来被广泛应用，所以本书以现浇楼梯为例介绍楼梯详图。

（1）结构形式。楼梯的结构形式分板式（梯段就是踏步板，梯段直接搭置在两端梯梁上）和梁板式（踏步板搭置在两侧斜梁上，斜梁搭置在两端的梯梁上），如图9-18所示。板式结构常用于民用住宅楼，梁板式结构多用于商场、教学楼等大型公共建筑物的宽大楼梯。

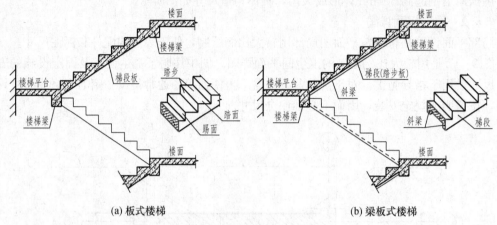

(a) 板式楼梯　　　　　　　　　　　　(b) 梁板式楼梯

图 9-18　楼梯的两种结构形式

（2）楼梯的分类。楼梯按平面布置形式分为单跑楼梯、双跑楼梯、多跑楼梯、剪刀楼梯、弧形楼梯、螺旋楼梯。

3. 楼梯详图的作用

楼梯详图主要用于表明楼梯的平面布置形式、结构形式、材料、尺寸以及踏步、栏杆扶手防滑条的详细构造和装修做法，是指导楼梯施工的依据。

楼梯详图一般由楼梯平面图、楼梯剖面图以及楼梯踏步、栏杆、扶手节点详图组成。

（二）楼梯平面图

1. 形成

楼梯平面图实际上是建筑平面图中楼梯间按比例放大后画出的图样，比例通常为 1：50。楼梯平面图的水平剖切位置，除顶层在安全栏板（或栏杆）之上外，其余各层均在上行的第一跑梯段处（略高于同层窗台的上方、休息平台以下的部位）。各楼层被剖切到的梯段，在楼梯平面图中用一条与踢面线成30°或45°的折断线表示。

一般每一层楼梯都要画出平面图，但对三层以上的房屋，若中间各层构造做法相同，可画一个标准层平面表达。因此，多层房屋楼梯一般应绘制底层、标准层和顶层三个平面图。

2. 图示内容

各层楼梯平面图宜上下（或左右）对齐，这样既便于阅读，又便于尺寸标注和省略重复尺寸。平面图上应标注以下内容：

（1）该楼梯间的定位轴线编号及开间和进深尺寸。

（2）各层楼地面和休息平台的标高尺寸。

（3）梯段长、踏步宽、楼梯井和休息平台等的细部尺寸以及上、下行指示方向箭头。需要注意的是，梯段的水平投影长度应标为：踏面数×踏步宽＝梯段长。

（4）在楼梯底层平面上应标出楼梯剖面图的剖切符号及楼梯节点详图索引符号。

3. 楼梯平面详图的识读

以图 9‐19 所示别墅型住宅的楼梯平面图为例，说明楼梯平面详图的识读方法。由图定位轴线编号对照图 9‐3 可知楼梯间的位置，其开间为 2400mm，进深为 4500mm，梯井宽 70mm，梯段宽 1045mm，休息平台宽 1080mm，楼梯间墙厚 240mm。该楼梯每层有两个梯段，为双跑楼梯，图中注有上、下行方向的箭头，"上 18 级"表示从本层到上一层或下一层的总踏步级数均为 18 级。其中，"8×250＝2000"表示该梯段有 8 个踏面（9 步台阶），每个踏面宽 250mm，梯段水平投影长度为 2000mm。图中还标注了各层楼地面和休息平台的标高尺寸，并注明了楼梯剖面图的剖切符号"2‐2"。在顶层只有下行梯段，楼面临空一侧装有水平栏杆。

（三）楼梯剖面详图

1. 形成

楼梯剖面图常用 1∶50 的比例绘制，其剖切位置应选择在通过上行第一跑梯段及门窗洞口，并向未剖切到的第二跑梯段方向投影。楼梯剖面图主要表达梯段结构形式、踏步的踏面宽、踢面高、级数及各层楼地面、平台、栏杆与扶手等的构造形式及其相互关系。

在多层建筑中，楼梯剖面图可只画底层、中间层和顶层剖面图，其余部分用折断线断开，并在中间层的楼面和楼梯平台上注写适用于其他中间层楼面的标高。若楼梯间的屋面构造做法没有特殊之处，一般不再画出。

2. 图示内容

（1）水平方向应标注被剖切墙的轴线编号、轴线尺寸及中间休息平台宽、梯段长等细部尺寸。

（2）竖直方向应标注被剖到墙的墙段、门窗洞口尺寸及梯段高度、层高尺寸。梯段高度应标注成：步级数×踢面高＝梯段高。

（3）标高及详图索引。楼梯剖面图上应标出各层楼面、地面、平台面及平台梁下口的标高。如需画出踏步、扶手等的详图，则应标出其详图索引符号和其他尺寸，如栏杆（或栏板）高度。需要说明的是，栏杆高度尺寸是从踏面中间算至扶手顶面，一般为 900mm，扶手坡度与梯段坡度一致。

3. 楼梯剖面图的识读

从图 9‐20 所示的楼梯剖面图可以看出，此剖面图是通过第一跑梯段及Ⓔ轴线墙上的窗 C‐6 进行剖切。该楼梯为现浇钢筋混凝土板式、双跑楼梯，楼梯间进深 4500mm，每个梯段 9 级，每层共 18 级踏步，踏步的踏面宽 250，踢面高 166.7mm（层高尺寸÷踏步级数＝踢面高度），栏杆高 900mm，楼梯间各层高 3000mm。Ⓔ轴线上各窗洞高 1500mm，各楼地面及平台面标高都在图中清楚表达，栏杆、扶手做法另有剖面详图，楼板平台板、平台梁、梯梁、踏步板等构造以结构施工图为准。

4. 楼梯剖面图的画法

绘制楼梯剖面图时，注意图形比例应与楼梯剖面图一致；画栏杆（或栏板）时，其坡度应与梯段一致。具体画图步骤如下：

（1）根据楼梯剖面图的剖切位置画出与楼梯剖面图相对应的定位轴线和墙厚，确定各层楼地面、平台高度线，以及各梯段的起止点位置，如图 9‐21（a）所示。

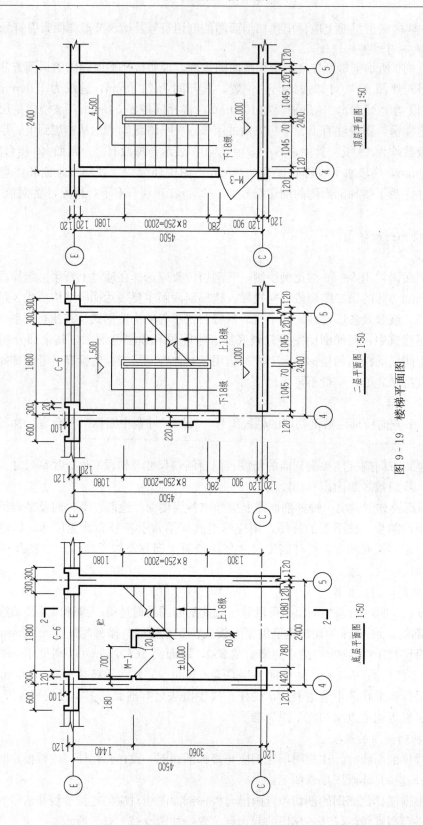

图 9 – 19　楼梯平面图

（2）画墙体中的门窗，确定各层楼板厚、平台板厚及各种梁的位置，如图 9-21（b）所示。

（3）画楼梯踏步。踏步的画法有两种：一种是网格法，即在水平方向等分梯段的踏面数，在竖直方向等分梯段的踏步数后做成的"网格"；一种是斜线法，即把梯段的第一个踢面高作出后，用细线连接最后一个踢面高，然后用踏面数等分所做的斜线，再分别向下、向左（右）画水平线即得踢面和踏面的投影，如图 9-22 所示。

（4）画楼梯板厚、栏杆、扶手等，完成其他各部分的投影，如图 9-21（c）所示。标注轴线编号、尺寸、标高、图名、比例等，最后完成全图（见图 9-20）。

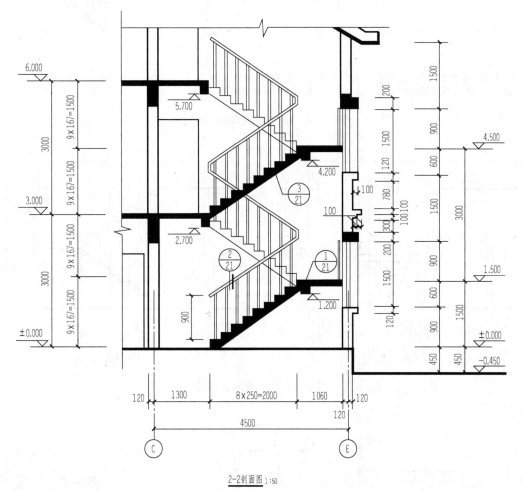

2-2剖面图 1:50

图 9-20 楼梯剖面图

（四）楼梯节点详图

楼梯节点详图主要表达楼梯栏杆、踏步、扶手的做法，如采用标准图集，则直接引注标准图集代号；如采用的形式特殊，则用 1:10、1:5、1:2 和 1:1 的比例详细表示其形状、大小、材料和做法。从图 9-23 所示详图可知，该楼平台梁宽 300mm、高 300mm，休息平台厚 120mm，梯段板厚 150mm；采用木扶手，并用 40mm×5mm 扁钢与金属栏杆焊接，内部预埋木螺钉；楼梯踏步采用金刚砂做防滑条，具体构造见图。

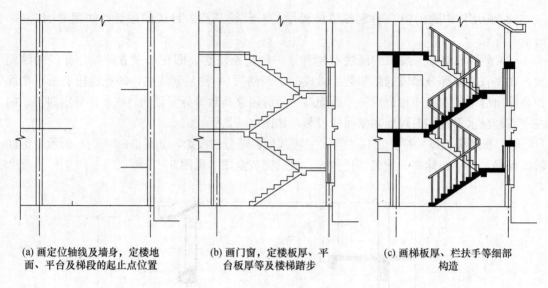

(a) 画定位轴线及墙身，定楼地面、平台及梯段的起止点位置 　　(b) 画门窗，定楼板厚、平台板厚等及楼梯踏步 　　(c) 画梯板厚、栏扶手等细部构造

图 9-21　楼梯剖面图的画图步骤

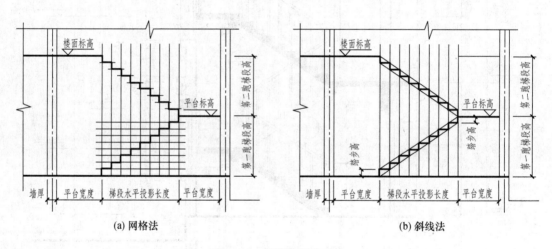

(a) 网格法 　　(b) 斜线法

图 9-22　楼梯踏步的画法

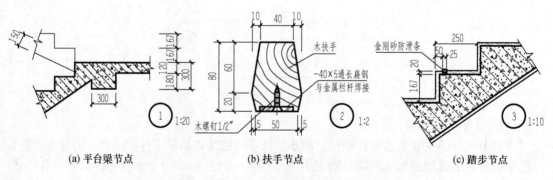

(a) 平台梁节点 　　(b) 扶手节点 　　(c) 踏步节点

图 9-23　楼梯节点详图

第10章 结构施工图

10.1 概　述

任何一幢建筑物都是由结构构件（基础、墙、柱、梁、楼板和屋面板等）和建筑配件（门、窗、阳台等）所组成。如图10-1所示，其中一些主要承重构架相互支承，承受各种荷载，连成整体，构成建筑物的承重结构体系（即骨架），称为"建筑结构"，简称"结构"。建筑结构按其主要承重构件的材料不同，一般分为木结构、钢结构、砖混结构、钢筋混凝土结构等。目前我国最常用的是钢筋混凝土结构和砖混结构。

一套房屋施工图除了上一章讲述的建筑施工图以外，还要根据建筑设计的要求，进行结构选型和构件布置，再通过荷载组合、力学计算确定各承重构件的形状、尺寸、材料和内部构造，并将计算结果按正投影法绘制成结构施工图，简称"结施"。

结构施工图和建筑施工图一样，都是施工的依据，主要用于施工放线、基坑开挖、支模板、绑扎钢筋、浇筑混凝土、安装结构构件等施工过程，也是计算工程量、编制预算和进行施工组织设计的依据。

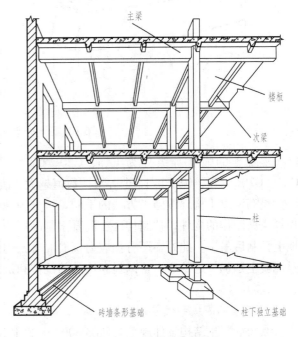

图 10-1　建筑物的结构

10.1.1 结构施工图的内容

1. 结构设计说明

通常包括结构施工图的设计依据，结构的选定类型，结构材料的类型、规格、强度等级、地质条件、抗震要求、施工方法及注意事项，选用标准图和通用图集代号和对施工的特殊要求等。

2. 结构平面布置图

通常包括基础平面图、楼层结构平面布置图、屋面结构平面布置图等。

3. 结构构件详图

通常包括基础、梁、板、柱等构件详图，楼梯结构详图，屋架结构详图等。

10.1.2 钢筋混凝土结构的基本知识

（一）混凝土

钢筋混凝土构件由钢筋和混凝土两种材料组合而成。混凝土是由水泥、砂、石子、水及其他外加剂按一定比例配合，经搅拌、注模、振捣、养护等工序硬化而成的人工石材。其特点是抗压强度较高，抗拉强度较低，一般仅为抗压强度的 1/20～1/10，容易因受拉或受弯而断裂导致破坏，如图 10-2（a）所示。为解决这个问题，常在混凝土构件的受拉区配置一定数量的钢筋，使钢筋和混凝土牢固结合成一个整体，从而提高混凝土构件的承载能力，如图 10-2（b）所示。

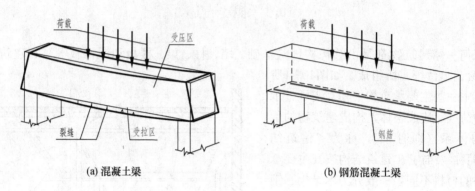

(a) 混凝土梁   (b) 钢筋混凝土梁

图 10-2 梁受力示意图

混凝土的强度等级分为 C15、C20、C25、C30、C35、C40、C45、C50、C55、C60、C65、C70、C75、C80 共 14 个等级，数值越大，表示混凝土抗压强度越高。

钢筋混凝土构件按施工方法的不同，可分为现浇和预制两种。现浇构件是在建筑工地上现场浇捣制作的构件；预制构件在混凝土制品厂先预制，然后运到工地进行吊装，或者在工地上预制后吊装。此外，还有预应力钢筋混凝土构件，即在构件制作工程中，通过张拉钢筋对混凝土预加一定的压力，以提高构件的抗拉和抗裂性能。

（二）钢筋

1. 钢筋的等级和代号

在《混凝土结构设计规范》（GB 50010—2010）中，按钢筋种类等级不同，分别给予不同编号，以便标注和识别，如表 10-1 所示。

表 10-1   普通钢筋的种类和符号

种类（热轧）	代号	直径 d（mm）	屈服强度标准值 f_{yk}（N/mm²）	备注
HPB300（热轧光圆钢筋）	Φ	6～22	300	Ⅰ级钢筋
HRB335（热轧带肋钢筋）	Φ	6～50	335	Ⅱ级钢筋
HRB400（热轧带肋钢筋）	Φ	6～50	400	Ⅲ级钢筋
HRB500（热轧带肋钢筋）	Φ	6～50	500	Ⅳ级钢筋

2. 钢筋的分类和作用

如图 10-3 所示，配置在钢筋混凝土构件中的钢筋，按其作用可分为下列几种：

（1）受力筋。承受拉力、压力的钢筋，用于梁、板、柱等各种钢筋混凝土构件中。其中在梁、板中于支座附近弯起，以承受支座负弯矩的受力筋，也称弯起钢筋。

（2）箍筋（钢箍）。用于固定受力筋的位置，并承受一部分斜拉应力，多用于梁和柱内。

（3）架立筋。用于固定梁内箍筋位置，与受力筋、箍筋一起形成钢筋骨架。

（4）分布筋。用于板或墙内，与板内受力筋垂直布置，与受力筋一起构成钢筋网，使力均匀传递，并抵抗热胀冷缩所引起的温度变形。

（5）其他构造筋。因构造要求或施工安装需要配置的钢筋。如图 10-3（b）所示，板中在支座处于板的顶部所加的构造筋属于前者，两端的吊环则属于后者。

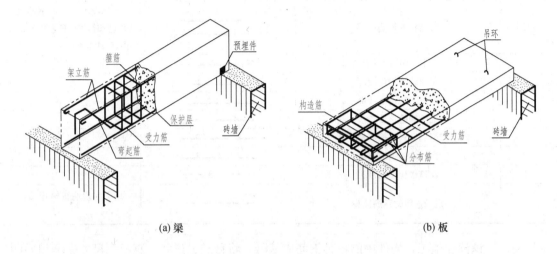

（a）梁   （b）板

图 10-3 构件中钢筋的分类及保护层

3. 钢筋的弯钩

为了使钢筋和混凝土具有良好的黏结力，避免钢筋在受拉时滑动，应在光圆钢筋两端做成半圆弯钩或直弯钩，如图 10-4（a）和图 10-4（b）所示。箍筋常采用光圆钢筋，其两端在交接处也要做出弯钩，如图 10-4（c）所示，弯钩的长度一般分别在两端各伸长 50mm 左右。带肋钢筋与混凝土的黏结力强，两端不必加弯钩。

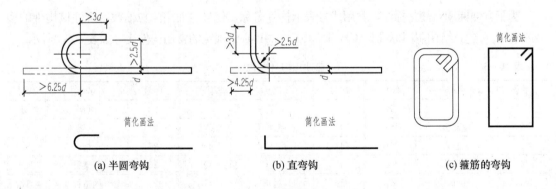

（a）半圆弯钩   （b）直弯钩   （c）箍筋的弯钩

图 10-4 钢筋和箍筋的弯钩及简化画法

4. 钢筋的保护层

为了保护钢筋，防锈、防火、防腐蚀，钢筋混凝土构件中的钢筋不能外露，在钢筋的外边缘与构件表面之间应留有一定厚度的混凝土保护层。一般规定：梁和柱最小保护层厚度为 25mm，板和墙的保护层厚度为 10~15mm。

5. 钢筋的表示方法和标注

为了突出表示钢筋的配置情况，配筋图中钢筋的表示方法如表 10-2 所示。

表 10-2   普通钢筋的表示方法

序号	名称	图例	说明
1	钢筋横断面	•	
2	无弯钩的钢筋端部		下图表示长、短钢筋投影重叠时，短钢筋的端部用45°斜划线表示
3	带半圆形弯钩的钢筋端部		
4	带直钩的钢筋端部		
5	带丝扣的钢筋端部		
6	无弯钩的钢筋搭接		
7	带半圆弯钩的钢筋搭接		
8	带直钩的钢筋搭接		
9	花篮螺栓钢筋接头		
10	机械连接的钢筋接头		用文字说明机械连接的方式

为便于识读和施工，构件中的各种钢筋应编号，将种类、形状、直径、尺寸完全相同的钢筋编成一个号，否则有一项不同则另行编号。编号时，应适当照顾先主筋、后分布筋（或架立筋），逐一顺序编号。编号应采用阿拉伯数字，宜写在直径为 5～6mm 的细实线圆中，在相应编号引出线上标注钢筋的代号、直径、数量、间距及所在位置，具体标注如图 10-5 所示。简单的构件、钢筋种类较少时可不编号。

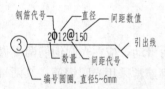

图 10-5 钢筋编号的标注形式

（三）常用结构构件代号

为了方便阅读、简化标注，常用代号表示构件名称，代号后面用阿拉伯数字标注该构件的型号或编号。《建筑结构制图标准》（GB/T 50105—2010）中规定的常用构件代号如表 10-3 所示。

表 10-3   常 用 构 件 代 号

序号	名称	代号	序号	名称	代号	序号	名称	代号
1	板	B	12	梁	L	23	刚架	GJ
2	屋面板	WB	13	屋面梁	WL	24	支架	ZJ
3	空心板	KB	14	吊车梁	DL	25	柱	Z
4	槽形板	CB	15	圈梁	QL	26	框架柱	KZ
5	折板	ZB	16	过梁	GL	27	构造柱	GZ
6	密肋板	MB	17	连系梁	LL	28	基础	J
7	楼梯板	TB	18	基础梁	JL	29	桩	ZH
8	盖板或沟盖板	GB	19	楼梯梁	TL	30	柱间支撑	ZC
9	挡雨板、檐口板	YB	20	屋架	WJ	31	垂直支撑	CC
10	墙板	QB	21	托架	TJ	32	水平支撑	SC
11	天沟板	TGB	22	框架	KJ	33	梯	T

序号	名称	代号	序号	名称	代号	序号	名称	代号
34	雨篷	YP	36	梁垫	LD	38	钢筋网	W
35	阳台	YT	37	预埋件	M	39	钢筋骨架	G

注 预应力钢筋混凝土构件的代号，应在构件代号前加注"Y"，如 Y-DL 表示预应力混凝土吊车梁。

10.1.3 钢筋混凝土结构图的图示特点

钢筋混凝土结构图不仅要用投影表达出构件的形状，还要表达钢筋本身及其在混凝土中的情况，如钢筋的品种、直径、形状、长度、位置、数量及间距等。因此，在绘制钢筋混凝土结构图时，假想混凝土为透明体且不画材料符号，使包含其内的钢筋成为可见，混凝土构件的轮廓线用细或中实线画出，用粗实线或黑圆点（直径小于 1mm）表示钢筋，其具体线型要求见表 10-4。

表 10-4　　　　　　　　　　　　结构施工图常用图线

名称	线　型	线宽	用　途
粗实线	——————	b	螺栓、钢筋线、结构平面图中的单线结构构件线、钢木支撑及系杆线、图名下横线、剖切线
中粗实线	——————	$0.7b$	结构平面图及详图中剖到或可见的墙身轮廓线、基础轮廓线、钢、木结构轮廓线、钢筋线
中实线	——————	$0.5b$	结构平面图及详图中剖到或可见的墙身轮廓线、基础轮廓线、可见的钢筋混凝土构件轮廓线、钢筋线
细实线	——————	$0.25b$	标注引出线、标高符号线、索引符号线、尺寸线等
中粗虚线	- - - - -	$0.7b$	结构平面图中的不可见构件、墙身轮廓线及不可见钢、木结构构件线、不可见的钢筋线
中虚线	- - - - -	$0.5b$	结构平面图中的不可见构件、墙身轮廓线及不可见钢、木结构构件线、不可见的钢筋线
细虚线	- - - - -	$0.25b$	基础平面图中的管沟轮廓线、不可见的钢筋混凝土构件轮廓线
粗点画线	—·—·—·—	b	柱间支撑、垂直支撑、设备基础轴线图中的中心线
粗双点画线	—··—··—	b	预应力钢筋线

10.2　钢筋混凝土构件详图

钢筋混凝土构件有定型构件和非定型构件两种。定型的预制构件或现浇构件可直接引用标准图或通用图，只需在图样上注明选用构件所在的标准图集或通用图集的名称、图集号即可；自行设计的非定型构件，则必须绘制构件详图。

钢筋混凝土构件详图通常包括配筋图、模板图、预埋件图。配筋图主要表达构件内部的钢筋配置、形状、直径、数量和规格，包括立面图、断面图和钢筋详图；模板图主要表达构件的外形、预埋件和预留孔洞的位置，是构件制作、安装模板和预埋件的依据，简单构件可不单绘模板图，而与配筋图合并绘制；对配有预埋件的钢筋混凝土构件，在模板图或配筋图中表明预埋件的位置，预埋件本身需另画详图，表明其构造。

10.2.1 钢筋混凝土梁

图 10-6 所示为钢筋混凝土梁的构件详图，包括立面图、断面图、钢筋详图和钢筋用量表。梁的两端搁置在砖墙上，是一个简支梁。

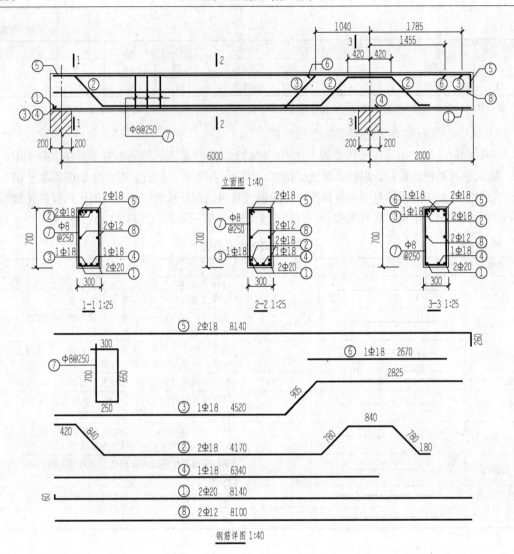

钢 筋 表

编号	钢筋简图	直径	长度(mm)	根数	每米质量(kg/m)	总质量(kg)	备注
①		Φ20	8200	2	2.47	40.51	
②		Φ18	8010	2	2.00	32.04	
③		Φ18	8250	1	2.00	16.50	
④		Φ18	6340	1	2.00	12.68	
⑤		Φ18	8400	2	2.00	33.60	
⑥		Φ18	2670	1	2.00	2670	
⑦		Φ8	1900	33	0.39	24.45	
⑧		Φ12	8100	2	0.89	14.42	

图 10-6　钢筋混凝土梁配筋图

　　图中用立面图和1-1、2-2、3-3断面图表明了梁内钢筋的配置情况，用钢筋详图表明了各编号不同钢筋的形状，以便钢筋的备料和施工。由图可知，梁的跨度为6000mm，总长度8200mm，梁宽300mm，梁高700mm。梁内钢筋的配置情况如下：

　　（1）受力筋。该梁共配有九根HRB335钢筋作为受力筋：梁下部配有两根①号、一根④号直钢筋，主要承受拉力，其中①号钢筋通长配置，④号钢筋在右支座处切断；两根在左、右两支座处均弯折的②号钢筋，用于承受支座处的剪力；在右支座处配有一根③号弯折的钢筋和一根⑥号直钢筋，用于通过右支座处的抗弯能力。梁上部配有两根通长⑤号HRB335钢筋，在立面图中，两根钢筋的投影重合。

　　（2）构造筋。由于梁比较高（超过450mm），因此在梁的中部增加了两根⑧号HRB335钢筋作为构造筋。

　　（3）箍筋。箍筋采用φ8@250均匀布置在梁中。立面图中箍筋采用简化画法，只画3～4道箍筋，同时注明了直径和间距。

　　下方的钢筋详图详细地画出每种钢筋的编号、根数、直径、各段设计长度和总尺寸（下料长度）以及弯起角度，方便下料加工。通常梁高小于800mm时弯起角度为45°，大于800mm时用60°。但近年来考虑抗震要求，已大多采用在支座处放置面筋和加密箍筋来代替弯起钢筋。

　　为了便于统计钢筋用料和编制施工预算，应编写构件钢筋用量表，说明构件的名称、数量、钢筋规格、钢筋简图、直径、数量、长度、总长度、质量等，如图10-6所示。

10.2.2　钢筋混凝土现浇板

　　钢筋混凝土现浇板具有整体性较好、防渗性能好，且便于预留孔洞等优点，被广泛采用。通常现浇板的配筋用平面图来表达，必要时可以辅以断面图，在板的配筋平面图上，还可用重合断面表示板的厚度、标高、支承等情况。板的配筋有分离式和弯起式两种：如果板的上下钢筋分别单独配置，称为分离式；如果支座附近的上部钢筋是由下部钢筋弯起得到，称为弯起式，图10-7中的配筋即为分离式配筋。

　　在板的配筋图中，用中实线画出墙、梁、柱等可见构件的轮廓线，用虚线画出板下边不可见构件的轮廓线，钢筋混凝土断面涂黑，用粗实线画出受力筋、分布筋和其他构造钢筋的配置和弯

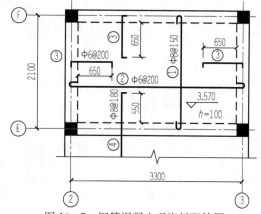

图10-7　钢筋混凝土现浇板配筋图

起情况，并注明各种钢筋的编号、规格、尺寸、直径、间距等，每种规格只画一根表示即可，按其立面形状画在安放的位置上。对弯起钢筋，要注明弯起点到轴线的距离、弯筋伸入邻板的长度；对各种构造钢筋，应注明其伸入墙（或梁）边的距离，同时注明板面或梁底的结构标高。

　　对现浇板中弯钩的朝向，按国标规定：靠近板底部配置的钢筋，水平方向钢筋弯钩向上，竖直方向钢筋弯钩向左；靠近板顶部配置的钢筋，水平方向钢筋弯钩向下，竖直方向钢筋弯钩向右。

　　图10-7为钢筋混凝土现浇板的配筋图。由定位轴线编号和标高可知该板所处的位置，板厚h＝100mm。板内钢筋配置情况如下：

（1）受力筋。板底配有①号和②号两种受力筋，其中①号钢筋为直径 8mm 的 HPB300 钢筋，沿板的长度方向，每隔 150mm 布置一根，②号钢筋为直径 6mm 的 HPB300 钢筋，沿板的宽度方向，每隔 200mm 布置一根。

（2）构造筋。在板顶支座处应配置构造筋，其中沿②、③、Ⓕ轴线分别配置③号直径为 6mm 的 HPB300 钢筋，每隔 200mm 布置一根，伸入墙或梁边的距离为 650mm，直弯钩的长度为板厚减去保护层。④号钢筋为Ⓔ轴支座处的构造筋，沿Ⓔ轴每隔 180mm 布置一根，前侧伸入相邻板，后侧伸入长度为 550mm。

10.2.3　钢筋混凝土柱

一般钢筋混凝土柱结构详图的内容、特点与梁基本相同，但对于工业厂房的钢筋混凝土柱等复杂的构件，除画出其配筋图外，还要画出其模板图和预埋件详图。现以图10-8所示某工业厂房锻压车间边柱为例说明其图示特点。

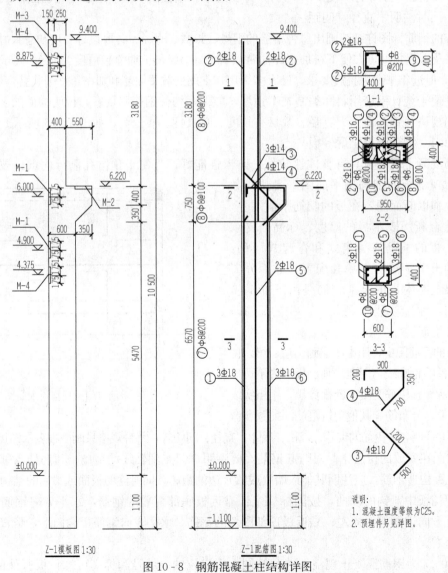

图 10-8　钢筋混凝土柱结构详图

（1）模板图。图 10-8 中的 Z-1 模板图。主要表明了柱的外形、尺寸、标高以及预埋件的位置等，是制作、安装模板和安置预埋件的依据。从图中可看出，该柱有上柱和下柱两部分，上柱支承屋架，上、下柱之间突出的部分是牛腿，用来支承吊车梁。对照 1-1、3-3 断面图可知，上柱断面尺寸为 400mm×400mm，下柱断面尺寸为 400mm×600mm，牛腿部分 2-2 断面的尺寸为 400mm×950mm。柱总高为 10.5m，柱顶标高为 9.400m，牛腿面标高为 6.220m。柱顶处 M-3 表示 3 号螺栓预埋件，用来与屋架焊接。牛腿面上标注的预埋件 M-2 与吊车梁焊接；预埋件 M-1、M-4 与墙板焊接，预埋件的具体构造做法另见详图。

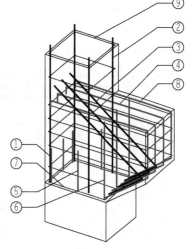

（2）配筋。图 10-8 所示的配筋图包括立面图和断面图。由图可知，上柱采用编号为②的受力筋，4 Φ18，分布在柱的四角；下柱受力筋编号分别为①、⑥和⑤，共计 8Φ18，均匀分布在下柱的四周。上、下层柱的受力筋都伸入牛腿内 750mm，使上下层连成一体。上下层的箍筋编号分别为⑨和⑦，均为 Φ8@200。因在牛腿部分要承受吊车梁的荷载，故此部分配筋比较复杂，用编号为③ 3Φ14 和④4Φ18 的弯筋加强牛腿，同时用编号为⑧的箍筋 Φ8@100 加密，其形状随牛腿断面逐步变化。牛腿部分钢筋的配置参见图 10-9。

图 10-9　牛腿配筋示意图

10.3　钢筋混凝土构件的平面整体表示法

平面整体表示法简称"平法"。平法的表达形式，概括来说，是把结构构件的尺寸和配筋等，按照平面整体表示方法制图规则，整体直接表达在各类构件的结构平面布置图上，再与标准构造详图相配合，即构成一套新型完整的结构设计图。这种方法简化了设计，改变了传统的那种将结构构件从结构平面布置图中索引出来，再逐个绘制配筋详图的烦琐方法，从而使结构设计更简洁，表达更全面、准确，且易随机修正。

为规范设计、确保按平法设计绘制的结构施工图实现全国统一以及施工质量，中国建筑标准设计研究院编制了《混凝土结构施工图平面整体表示方法制图规则和构造详图》（11G101-1）标准图集。

10.3.1　梁平法施工图的制图规则

梁平法施工图是在各结构层梁的平面布置图上，采用平面注写方式或截面注写方式表达。

（一）平面注写方式

平面注写方式是在梁的平面布置图上，将不同编号的梁各选一根，在其上直接注明梁的代号、截面尺寸 $b×h$（宽×高）和配筋数值。平面注写采用集中标注（通用数值）与原位标注（特殊数值）相结合的方式注写，将图 10-10 的两跨框架梁配筋详图的传统表示法用平法表示，如图 10-11 所示。

集中标注符号的意义如下：

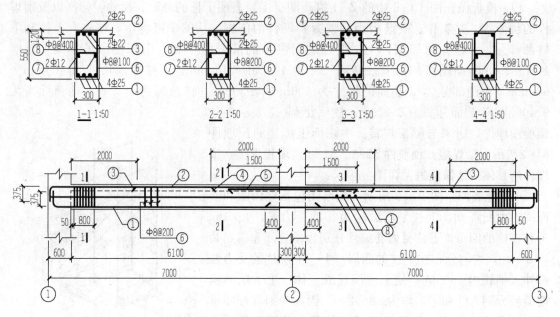

图 10-10　两跨框架梁配筋详图

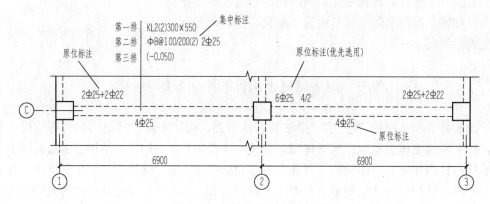

图 10-11　梁的平面注写方式

（1）第一排符号 KL2（2）300×550，表示第 2 号框架梁，2 跨，梁断面尺寸为 300mm×550mm。

（2）第二排符号 Φ8@100/200（2）2Φ25，表示箍筋是 Φ8 的 HPB300 钢筋，加密区间距为 100mm（靠近支座处），非加密区间距为 200mm，均为双肢箍；2Φ25 表示在梁上部配有 2 根直径为 25mm 的 HRB335 贯通钢筋。

（3）第三排符号（−0.050），表示梁顶面标高比结构层楼面标高低 0.050m。

原位标注符号的意义如下：

（1）2Φ25+2Φ22 表示梁支座处出配置 2 根直径为 25mm 的 HRB335 通长角筋外，还在梁中部配置 2 根直径为 22mm 的 HRB335 钢筋。

（2）6Φ25 4/2 表示梁上部第一排纵筋为 4Φ25，第二排纵筋为 2Φ25，全部伸入支座。

（3）4Φ25 表示梁下部配有 4 根直径为 25mm 的 HRB335 钢筋。

图 10-11 中并无标注各类钢筋的长度及伸入支座长度等尺寸，这些尺寸都是由施工单位的技术人员查阅相应的图集对照来确定的。图 10-12 所示为图集中画出的二级抗震等级

楼层框架梁 KL 纵向钢筋构造图。图中画出该梁面、底筋、端支座筋和中间支座筋等的伸入（支座）长度和搭接要求。图中 l_{aE} 是抗震结构中梁的纵向受拉钢筋的最小锚固长度，可在图集中有关表格查出。如图 10-10 所示的梁，混凝土强度等级为 C30，受力筋为 Φ25，从表中查得 $l_{aE}=34d=850mm$。图中 l_{n1} 和 l_{n2} 为该跨的净空尺寸，如果 $l_{n1} \neq l_{n2}$，中间跨处的 l_n 取其大者。h_c 为柱截面沿框架方向的高度。

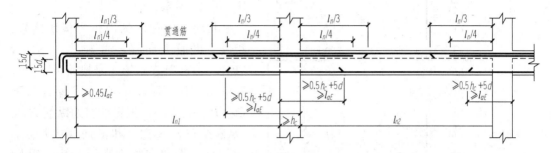

图 10-12　二级抗震等级楼层框架梁纵向钢筋构造图

（二）截面注写方式

截面注写方式是将剖切位置线直接画在梁平面布置图上，并将原来双侧注写的剖切符号简化为单侧注写，断面详图画在本图或其他图上。截面注写方式可单独使用，也可与平面注写方式结合使用，如在梁密集区，采用截面注写方式可使图面清晰。图 10-13（a）和图 10-13（b）所示分别为同一根梁平面注写方式和截面注写方式的对比情况。

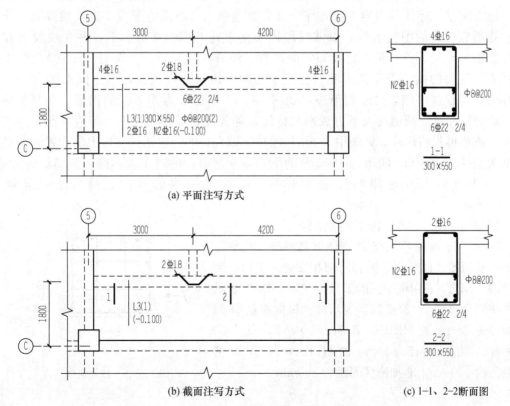

(a) 平面注写方式

(b) 截面注写方式

(c) 1-1、2-2 断面图

图 10-13　梁的平面注写方式与截面注写方式对比情况

其中，图中 N2Φ16 表示梁的两个侧面共配置 2 根直径为 16mm 的 HRB400 的受扭纵向钢筋，2Φ18 表示在该处附加 2 根直径为 18mm 的 HRB400 的吊筋。

10.3.2 有梁楼盖板平法施工图的制图规则

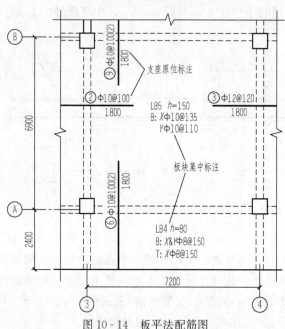

图 10-14　板平法配筋图

有梁楼盖板的平面注写方式主要包括板块集中标注和支座原位标注，如图 10-14 所示。

板块集中标注的内容为板块编号、板厚、贯通纵筋等。如图 10-14 中，"LB4 $h=80$" 表示第 4 号楼面板，板厚 80mm；"B：$X\&Y\Phi8@150$" 表示板下部（B 代表下部）配置的贯通纵筋 X 向（从左至右为 X 向）和 Y 向（从下至上为 Y 向）即双向均为直径 8mm、间距 150mm 的 HPB300 钢筋；"T：$X\Phi8@150$" 表示板上部（T 代表上部）X 向配置的贯通纵筋为直径 8mm、间距 150mm 的 HPB300 钢筋。图中没有注写板上部贯通纵筋，说明此板上部未配置贯通纵筋，如图中第 5 号楼面板 LB5。

板支座原位标注的内容为板支座上部非贯通纵筋。在垂直于板支座（梁或墙）处绘制一端适宜长度的中粗实线，以该线段代表支座处上部非贯通纵筋，并在线段上方注写钢筋编号、配筋值、横向连续布置的跨数（注写在括号内，一跨时可不注）。线段下方或右侧注写的数字表示该钢筋自支座中线向跨内的伸出长度，当中间支座两侧对称延伸时，可仅注一侧，另一侧不注，如图 10-14 中编号为②和③的钢筋。非对称延伸时，应分别在支座两侧线段下方或两侧标注延伸长度，当钢筋贯通全跨或贯通全悬挑长度时，该侧可省略标注。如图中"⑥Φ10@100（2）1800"表示该支座上部配置的非贯通纵筋为直径为 10mm、间距为 100mm 的 HPB300 钢筋，横向布置两跨，钢筋编号为⑥，自支座中线向 LB5 延伸的长度为 1800mm，向另一侧的延伸长度等于全悬挑长度 2400mm。

10.3.3 柱平法施工图的制图规则

图 10-15 为编号 KZ3 的现浇钢筋混凝土柱平法注写的平面图。柱位于⑤轴和Ⓐ轴相交处，引出右侧标注的"KZ3"表明框架柱的编号，"650×600"表示柱的横断面尺寸，"24Φ22"表示柱的纵向钢筋为 24 根直径为 22mm 的 HRB400 钢筋，"Φ10@100/200"表示柱的箍筋为直径为 10mm 的 HPB300 钢筋，加密区间距为 100mm，非加密区间距为 200mm。

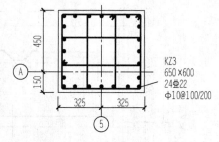

图 10-15　柱平法注写方式

10.4 基 础 施 工 图

基础是位于建筑物室内地面以下的承重构件。它承受上部墙、柱等传来的全部荷载，并传给基础下面的地基。基础的形式与其上部建筑物的结构形式、荷载大小以及地基的承载力有关。建筑物的基础形式很多，而且所用材料也不同，较为常用的是由墙下条形基础和柱下独立基础，如图 10-16 所示。现以墙下条形基础为例，介绍基础的有关知识。基础的埋置深度是指从室外设计地面到基础底面的垂直距离。埋入地下（即±0.000 以下）的墙称为基础墙。基础墙与垫层之间做成阶梯形状的砌体称为大放脚。

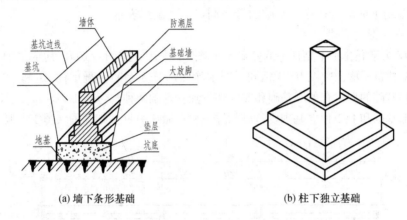

(a) 墙下条形基础　　　　(b) 柱下独立基础

图 10-16　基础的形式

基础施工图是进行施工放线、基槽开挖和基础砌筑的主要依据，也是进行施工组织设计和施工预算的主要依据，主要图纸有基础平面图和基础详图。

10.4.1　基础平面图

1. 基础平面图的形成

假想用一水平剖切平面沿建筑物底层室内地面以下剖开后，移去上部建筑物和土层（基坑没有回填之前）所作出的水平投影图，称为基础平面图。图 10-17 所示为某联排别墅型住宅的基础平面图。

2. 基础平面图的图示内容

（1）图名、比例、定位轴线及编号应与建筑平面图一致。

（2）基础的平面布置。只需画出基础墙、基础梁、柱及基础底面的轮廓线，而基础的细部轮廓线（如条形基础的大放脚、独立基础的锥形轮廓线等）都省略不画。当基础底面标高有变化时，应在基础平面图对应部位的附近画出一段基础垫层的垂直断面图，来表示基底标高的变化，并标出相应的标高。

（3）标注出基础梁、柱、独立基础等构件的位置及代号。

（4）基础详图的剖切位置及编号。因房屋各部分荷载的不同以及地基承载力的不同，基础的受力情况就不同，所以基础的构造、埋深等都不尽相同。对每一种不同的基础，都要画出它的断面图，并在基础平面图上用 1-1、2-2 等剖切符号表明该断面的位置。

（5）基础平面图的尺寸标注：

1）轴线尺寸。在基础平面图中，一般标注两道尺寸线，即轴线尺寸和总的轴线尺寸。

2）基础的大小尺寸和定位尺寸。大小尺寸是指基础墙断面尺寸、柱断面尺寸以及基础底面宽度尺寸；定位尺寸是指基础墙、柱以及基础底面与轴线的联系尺寸。

3）其他尺寸。由于其他工种对基础的要求，常需要设置地沟或在基础墙上预留孔洞，此时需注明其大小、位置及洞底标高。

3. 基础平面图的线型

剖切到的基础墙轮廓线用粗实线绘制，基础底面的轮廓线用中实线绘制；可见的基础梁（基础圈梁）用粗实线（单线）绘制，不可见基础梁（基础圈梁）用粗虚线（单线）绘制；剖到的钢筋混凝土柱涂黑；穿过基础的管沟洞口，用虚线表示。

4. 基础平面图的识读

图 10-17 为某联排别墅型住宅的基础平面图，绘图比例为 1：100，其定位轴线及轴线尺寸等与第 9 章建筑平面图中图 9-4 相同，图中涂黑部分为钢筋混凝土柱 Z1 和 Z2。从图中可知，此建筑物基础的形式有条形基础和薄壁柱下独立基础两种，包括 1-1、2-2、3-3 三种不同断面的条形基础和 DJ1 独立基础，基础的详细构造做法另见基础详图（图 10-18）。

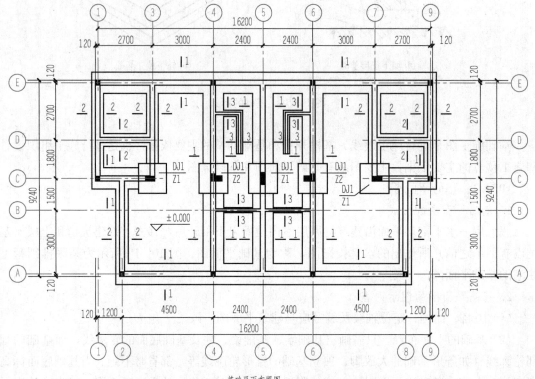

基础平面布置图 1：100

图 10-17　基础平面图

10.4.2　基础详图

基础平面图只表明了基础的平面布置，而基础的形状、大小、构造、材料及基础埋置深度等均未表明，所以还需画出基础详图。基础详图是基础垂直剖切的断面图（对于独立基础，还附一单个基础的平面详图），如图 10-18 所示。

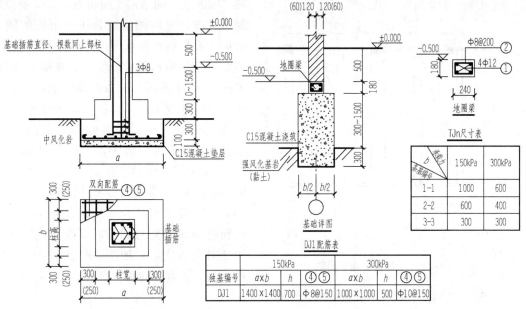

图 10 - 18 基础详图

1. 基础详图的图示内容

（1）与基础平面图相对应的定位轴线。若基础详图为通用断面，则不注写轴线编号。

（2）基础的详细构造：垫层、断面形状、材料、基础梁和基础圈梁的截面尺寸及配筋、防潮层的位置及做法。

（3）标注基础底面、室内外地面各细部尺寸等。

（4）其他构造设施，如管沟、洞口等构造的尺寸和材料等。

2. 基础详图的识读

（1）独立基础。图 10 - 18 所示 DJn 基础详图即为图 10 - 17 中独立基础 DJ1 的详细构造，当地基承载力为 150kPa 时，基础底面尺寸为 1400×1400，底板双向配筋为 φ8@150；当地基承载力为 300kPa 时，基础底面尺寸为 1000×1000，底板双向配筋为 φ10@150。

（2）条型基础。图 10 - 18 所示基础详图即为图 10 - 17 中条形基础 1 - 1、2 - 2、3 - 3 断面的详细构造，条形基础是用 C15 混凝土浇筑而成，条形基础底面宽度当地基承载力为 150kPa 时，1 - 1、2 - 2、3 - 3 断面的尺寸分别为 1000、600、300；当地基承载力为 300kPa 时，断面尺寸分别为 600、400、300，且条形基础与上部墙体之间设有地圈梁，尺寸为 240×180，配筋 4φ12，箍筋 φ8@200。基础埋置深度及标高尺寸如图 10 - 18 所示。

10.5 楼层结构平面布置图

10.5.1 楼层结构平面布置图的形成

楼层结构平面布置图是假想用一水平剖切平面，沿每层楼板上表面剖切后所得的水平剖视图，主要表明该层楼面板及板下的梁、墙、柱、过梁和圈梁等承重构件的平面布置、构造和配筋情况，是结构施工时布置或安放各层承重构件的依据。

对多层建筑，一般应分层绘制。但若一些楼层构件的类型、大小、数量、布置均相同时，可只画一个布置图，并注明"×层—×层"或"标准层"的结构平面布置图。当铺设预制楼板时，可用细实线分块画出板的铺设方向，在板的布置范围内用一条斜线表示，并在其上注明预制板的代号、规格和数量，如图 10-19 所示，对布置相同的部分，可用大写拉丁字母（A、B、C、…）外加直径为 8mm 或 10mm 的细实线圆圈表示相同部分的分类符号。其中，"2YKB4560-5"的含义为 2 块跨度为 4500mm、宽度为 600mm、荷载等级为 5 的预应力空心板，"XBD3"表示编号为 3 的现浇板带。楼梯间和电梯间因另有详图，可在平面图上用相交对角线表示，如图 10-20 中④～⑥/ⓒ～Ⓔ轴线范围的两楼梯间。

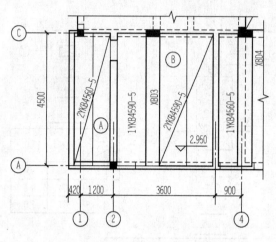

图 10-19 预制板结构平面图

10.5.2 楼层结构平面布置图的图示内容

（1）标注与建筑平面图一致的轴线网、编号，及墙、梁、柱等构件的位置与编号，注出轴线间的尺寸。

（2）下层承重墙和门窗洞的布置，下层和本层柱子的布置。

（3）楼层结构构件的平面布置，如各种梁（楼面梁、雨篷梁、阳台梁、门窗过梁、圈梁等）的编号，预制板的规格、布置及代号，现浇板的钢筋配置，预留孔洞的大小和位置等。

（4）注出各种梁、板的结构标高，有时还可注出梁的断面尺寸及有关符号和材料说明。

10.5.3 楼层结构平面布置图的线型

剖到或可见的墙身轮廓线及柱用中实线表示；楼板下不可见的墙身轮廓线用中虚线表示；可见的钢筋混凝土楼板及构件的外轮廓用细实线表示；梁构件可用轮廓线表示，如能用单线表示清楚，也可用单线表示，即板下不可见的圈梁、过梁用两条细虚线或一条粗单虚线表示。

10.5.4 楼层结构平面布置图的识读

1. 钢筋混凝土梁平面布置图

图 10-20 为别墅型住宅二层楼面梁的平面布置及配筋图，绘图比例为 1:100，定位轴线编号、尺寸等都与图 9-4 相对应。因为建筑平面对称，所以只在对称轴左侧详细地注写了梁的配筋等情况。本例梁的结构平面图采用的是平面整体表示法，以 L-1 为例，读解其标注的内容。其中"L-1"表示梁的编号，"(1)"表示梁的跨数为一跨，即从ⓒ轴至Ⓔ轴的一跨"200×300"为梁截面的宽和高，"φ8@200 (2)"表示梁的箍筋为直径为 8mm 的 HPB300 钢筋，间距为 200mm 的双肢箍，"2φ14，3φ16"表示梁下部受力筋为 3 根直径为 16mm 的 HRB335 钢筋，上部架立筋为 2 根直径为 14mm 的 HRB335 钢筋。图中"GL4152"表示适用于 240 墙（490 墙代号为"9"，370 墙代号为"7"）、门窗洞口宽度为 1500mm、荷载等级为 2 级的钢筋混凝土过梁。图中涂黑部分为钢筋混凝土构造柱。

2. 钢筋混凝土现浇楼板平面布置图

图 10-21 为别墅型住宅二层楼面板的结构平面图，除楼梯另有结构详图外，楼板的钢筋配置都直接画出，并注写钢筋等级、直径和间距，其表示方法与图 10-7 相同。

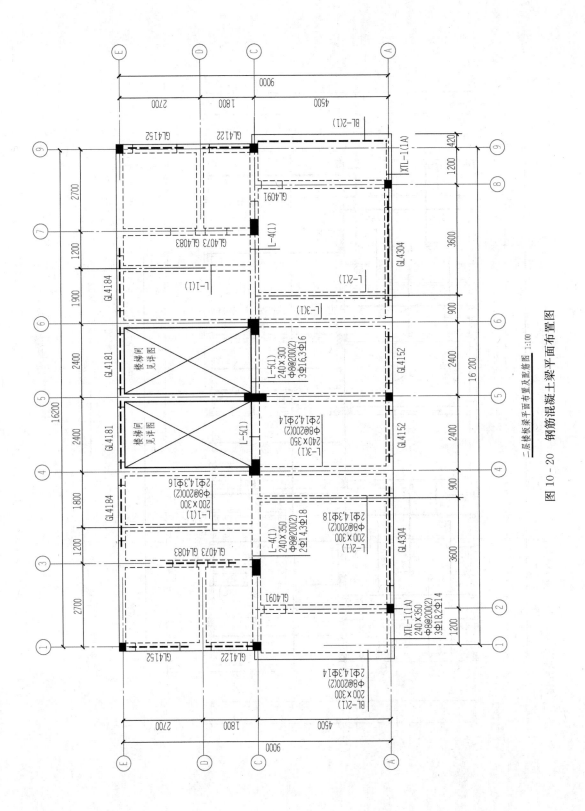

二层楼板梁平面布置及配筋图 1:100

图 10-20　钢筋混凝土梁平面布置图

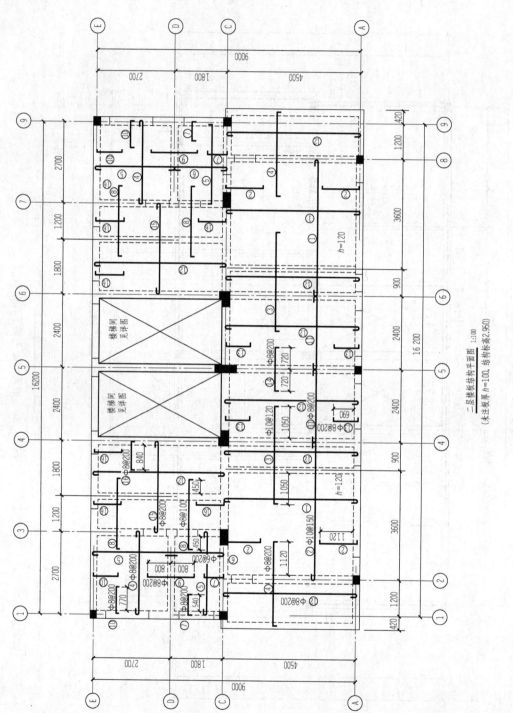

二层楼板结构平面图 1:100

（未注板厚 h=100, 结构标高2.950）

图 10 - 21 楼板结构平面图

10.6　钢　结　构　图

　　钢结构（简称 S 结构）是把各种型钢和钢板等通过铆钉、螺栓连接、焊接的方法组合连接而成的结构物。由于钢材具有强度高、自重轻、抗震性能好、施工速度快、外形美观等优点，因此常被用于桥梁、大跨度建筑、高层建筑、厂房屋架和一些轻型结构等。

　　钢结构图包括构件的总体布置图和钢结构节点详图。总体布置图表示整个钢结构构件的布置情况，一般用单线条绘制并标注几何中心线尺寸；钢结构节点详图包括构件的断面尺寸、类型以及节点的连接方式等。

10.6.1　钢结构的基本知识

（一）型钢的代号及标注方法

　　钢结构的钢材是由轧钢厂按标准规格（型号）轧制而成，通称型钢。几种常用型钢的代号和标注方法如表 10 - 5 所示。

表 10 - 5　　　　　　　　　　　　常用型钢的代号和标注方法

序号	名称	截面	标 注	说明
1	等边角钢	∟	∟$b×t$	b 为肢宽，t 为肢厚
2	不等边角钢	∟	∟$B×b×t$	B 为长肢宽，b 为短肢宽，t 为肢厚
3	工字钢	I	IN,Q I N	N 为工字钢的型号，轻型工字钢加注 Q 字
4	槽钢	[	[N,Q[N	N 为槽钢的型号，轻型槽加注 Q 字
5	扁钢		$-b×t$	宽×厚
6	钢板		$\dfrac{-b×t}{l}$	宽×厚 板长
7	圆钢	◯	φd	内径或外径×壁厚
8	钢管	◯	$d×t$	内径或外径×壁厚

（二）型钢的连接方式

　　型钢的连接方式有焊接、铆接和螺栓连接（又分普通螺栓和高强螺栓）三种，其中焊接不削弱构件截面，构造简单且施工方便，是目前最常用的连接方法。

　　在焊接钢结构图中，必须把焊缝的位置、形式和尺寸标注清楚。焊缝应按国家标准《焊缝符号表示法》（GB/T 324）和《建筑结构制图标准》（GB/T 50105—2010）的规定采用"焊缝符号"来标注。焊缝代号由带箭头的引出线、基本符号、焊缝尺寸和补充符号组成，如图 10 - 22 所示。

图 10 - 22　焊缝代号

　　常用焊缝的图形符号和补充符号见表 10 - 6。

表 10 - 6　　　　　　　　　　　　焊缝的图形符号和补充符号

焊缝名称	示意图	标注方法	图形符号及尺寸	符号名称	示意图	补充符号	标注方法
I 形焊缝				周围焊缝符号		◯	

焊缝名称	示意图	标注方法	图形符号及尺寸	符号名称	示意图	补充符号	标注方法
单边 V 形焊缝		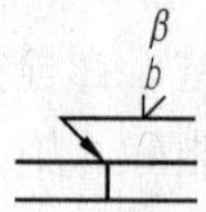	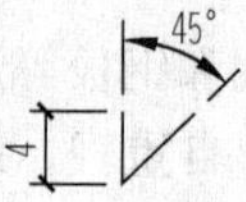	三面围焊符号	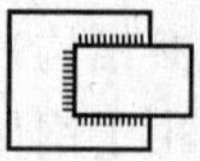		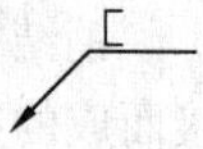
带垫板 V 形焊缝	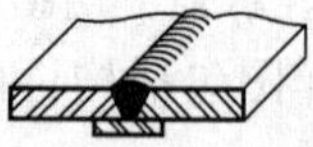	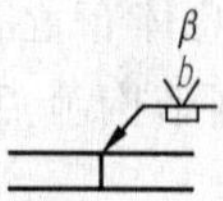	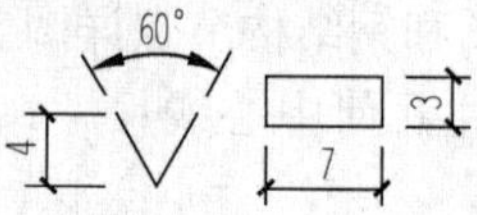	现场焊缝符号			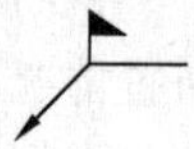
角焊缝	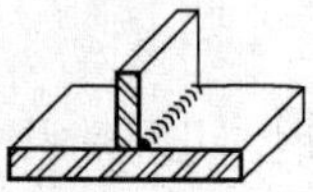	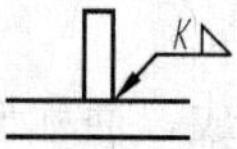	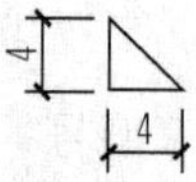	相同焊缝符号			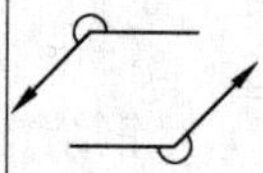
塞焊缝	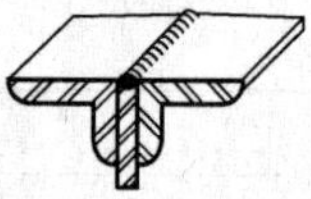	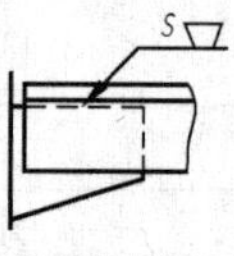	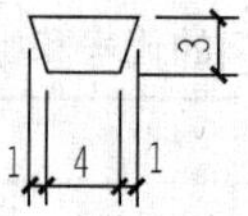	尾部焊缝符号			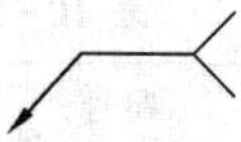

螺栓、孔、电焊铆钉的表示方法如表 10 - 7 所示。

表 10 - 7　　　　　　　　螺栓、孔、电焊铆钉的表示方法

名称	图例	名称	图例
永久螺栓	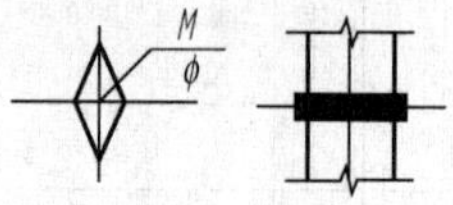	膨胀螺栓	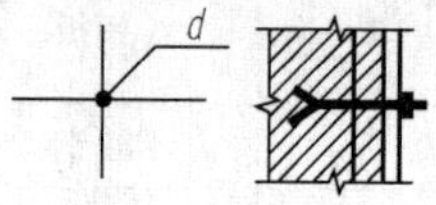
高强螺栓	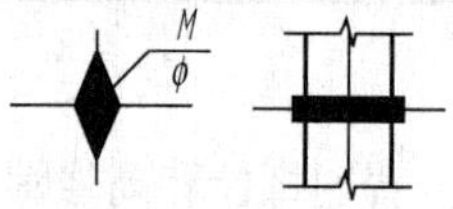	圆形螺栓孔	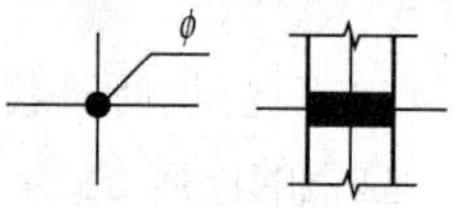
安装螺栓	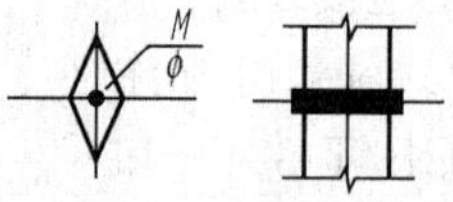	电焊铆钉	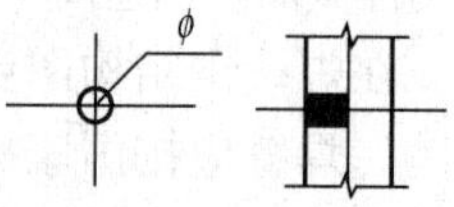
说明	（1）细"+"线表示定位线。 （2）M 表示螺栓型号。 （3）ϕ 表示螺栓孔直径。 （4）d 表示膨胀螺栓、电焊铆钉直径。 （5）采用引出线标注螺栓时，横线上标注螺栓规格，横线下标注螺栓孔直径		

10.6.2　钢屋架结构图

钢屋架是在较大跨度建筑的屋盖中常用的结构形式，常用的钢屋架有三角形屋架和梯形屋架。钢屋架是用型钢（主要是角钢）通过节点板，以焊接或铆接的方法，将各个杆件汇集在一起制作而成的。如图 10 - 23 所示，屋架上面的斜杆件称为上弦杆，下面的水平杆件称为下弦杆，中间杆件统称为腹杆，但有竖杆和斜杆之分。各杆件交接的部位称为节点，如支座节点、屋脊节点、上弦节点等。

钢屋架结构详图是表示钢屋架的形式、大小、型钢的规格、杆件的组合和连接情况的图样，其主要内容包括屋架简图、屋架详图（包括节点图）、杆件详图、连接板详图、预埋件详图以及钢材用量表等。

（一）屋架简图

屋架简图又称为屋架示意图或屋架杆件几何尺寸图，用以表达屋架的结构形式、各杆件的计算长度，作为放样的一种依据。在简图中，屋架各杆件用单线条（粗线或中粗线）画出，一般放在图纸的左上角或右上角，比例常用 1∶100 或 1∶200。如图 10 - 23 所示，图中应注明屋架的跨度（24m）、高度（3.2m），以及节点之间杆件的长度尺寸等。

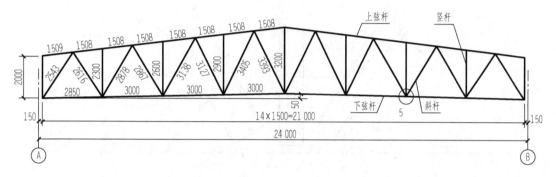

图 10 - 23　钢屋架简图

（二）屋架详图

屋架详图以立面图为主，对构造复杂的上、下弦杆还补充出其斜面实形的辅助投影图，除此之外，还作出必要的剖视图、断面图。在同一钢屋架详图中，因杆件长度与断面尺寸相差较大，为了更清楚地表达，经常采用两种不同比例，即屋架轴线（杆件几何中心线）采用较小比例（如 1∶50），节点和杆件（断面）采用较大比例（如 1∶25）绘制。在钢屋架立面图中，要求杆件和节点板轮廓线用粗线或中粗线绘制，其余用细线绘制。

如图 10 - 23 所示，梯形钢屋架共有 26 个节点，其中 2 个支座节点、1 个屋脊节点、7 个下弦节点、16 个上弦节点。现以图 10 - 23 所示的节点 5 为例，介绍钢屋架节点详图的图示内容。

节点详图应详细表示屋架杆件交点处与节点板的连接情况，如杆件的编号、截面代号、规格、大小，节点板的形状、尺寸，杆件与节点板的连接形式（如为焊接，则详细标注其焊缝代号）等；此外，还要标注节点中心至杆件端面的距离。如图 10 - 24 所示，节点 5 是下弦杆和三根腹杆的连接点。从图中标注可知，下弦杆②采用两根不等边角钢∟140×90×8（短边对短边）焊接组成。竖杆⑨由两根等边角钢∟50×5 组成，左斜杆⑧也是由两根等边角钢∟50×5 组成，右斜杆⑩是由两根等边角钢∟70×6 组成。这些杆件的组合方式都是背向背，并且同时夹在一块节点板㉙上，然后焊接起来。节点板的形状和大小是根据每个节点杆件的位置以及焊缝长度决定的，具体尺寸如图所示。

由两角钢组成的杆件，每隔一定距离还要夹上一块连接板㊱、㊲、㊳，以保证两角钢连成整体，增加刚度。

　　图中详细地标注了焊缝代号。节点 5 竖杆⑨中画出 A⟩—6—▷—＼ 表示指引线所指的地方，即竖杆与节点板相连的地方，要焊双面贴角焊缝，焊缝高 6，焊缝代号尾部的字母 A 为焊缝分类编号。在同一图样上，所有与 A⟩—6—▷—＼ 相同的焊缝，则只需画出指引线，并注一个 A 字即可。

　　此外，图中还详细地标注了节点中心（即各杆件轴线的交点）至杆件端面的距离，如图中的 85 和 130。

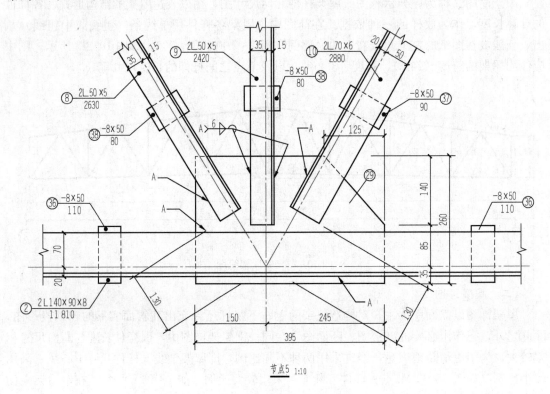

节点5 1:10

图 10-24　节点 2 详图

第11章 路 桥 工 程 图

11.1 道 路 工 程 图

道路是保证车辆和行人安全、顺利通行而人为修建的带状工程结构物，其基本组成部分包括路基、路面、桥梁、涵洞、隧道、防护工程、排水设施等构造物。道路按其交通性质和所在位置，主要可分为公路和城市道路两种。位于城市郊区和城市以外的道路称为公路，公路分为高速公路，一、二、三级和四级公路。位于城市范围以内的道路称为城市道路。

道路沿长度方向的行车道中心线称为道路路线。由于地形、地物和地质条件的限制，道路路线的线形，在平面上是由直线和曲线段组成，在纵断面上是由平坡、上下坡和竖曲线组成。因此，从整体上来看，道路路线是一条曲直起伏的空间曲线。因为道路建筑在大地表面的狭长地带上，道路的平面弯曲和竖向起伏变化都与地面形状紧密相关，所以道路路线工程图的图示特点为：以地形图和道路中心线在水平面上的投影作为路线平面图，以路线纵向断面展开图作为立面图，以路基横断面作为侧面图，并分别画在单独的图纸上。这三种工程图综合起来表达道路的空间位置、线型和尺寸。

11.1.1 路线平面图

路线平面图是用标高投影法绘制的道路沿线周围区域的地形图，主要用于表达路线的走向和平面线形（直线和左、右弯道曲线），沿线路两侧一定范围内的地形（如山丘、平地、河流等）、地物（如村镇、房屋、耕地、果园等）情况。将路线画在地形图上，地形用等高线表示，地物用图例来表示。

图 11-1 为 K21+600～K22+100 路段的路线平面图，其内容包括地形、地物、路线和平曲线要素表。

（一）路线平面图的图示特点

在地形图上，用加粗粗实线 [(1.4～2.0)b] 画出路线中心线，以此表示路线的水平状况及长度里程，但不表示路线的宽度。

（二）路线平面图的基本内容

如图 11-1 所示，路线平面图包括下述两部分：

1. 地形部分

路线平面图中的地形部分是路线布线设计的客观依据，它必须反映下述三点内容：

（1）比例。为了使图样表达清晰、合理，不同的地形采用不同的比例。一般在山岭重丘区采用 1:1000～1:2000，在平原丘陵区采用 1:2000～1:5000，城市道路平面图采用 1:500～1:1000。本图样采用 1:2000。

（2）方向。为了表示公路所在地区的方位和路线的走向，也为拼接图纸时提供核对依据，地形图上应画出指北针（风玫瑰）或测量坐标网。

由图 11-1 中的指北针可知该路线为东北、西南走向，起点位于东北端，沙坪小学附近。

图中符号 "$\underset{Y37\,700}{\overset{X34\,700}{+}}$" 表示两垂直线的交点坐标在坐标网原点之北 34 700m，之东 37 700m。

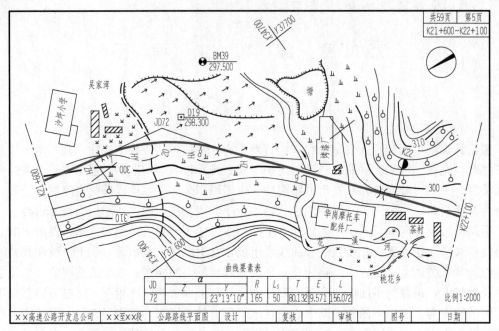

图 11-1 公路路线平面图

（3）地形、地物。地形的起伏变化程度用等高线来表示。相邻两条等高线之间的高差为2m，每隔四条较细的等高线就应有一条较粗的等高线，并标注字头朝向上坡方向的高程数值，称为计曲线。从图中看出，西北和东南方向各有一座小山丘，有一条花溪河从中间穿过，由西南流向东北；在两山脚下分别是吴家湾的沙坪小学和桃花乡的茶村；东北方和西南方地势较平坦，在桩号 K21+900 处有一座桥横跨花溪河，待建公路在山脚下依山势通过。

地物用统一的图例来表示，常用的图例如表 11-1 所示。图中西北面和东南的两座小山丘上种有果树，靠山脚处有旱地。西南面有一条大路和小桥连接茶村和桃花乡，河边有些菜地。东偏北有大片稻田。图中还表示出了村庄、工厂、学校、小路、水塘的位置。

表 11-1　　　　　　　　　　路线平面图中的常用图例

名称	符号	名称	符号	名称	符号	名称	符号
路线中心线	—·—·—	房屋	▨	涵洞	>—<	水稻田	↓ ↓ ↓
水准点	⊗ BM编号/高程	大车路	– – –	桥梁	—⟩⟨—	草地	‖ ‖ ‖
导线点	⊡ 编号/高程	小路	- - - -	菜地	⅄ Ⅴ	经济林	♂ ♂ ♂
转角点	△ JD编号	堤坝	⊥⊥⊥⊥⊥	旱田	⊥⊥ ⊥⊥	用材林	○ ○ 松 ○
通讯线	●—●—●	河流	∽	沙滩	⬭	人工开挖	⬭

2. 路线部分

比例较大时，用两条表示路基宽度的粗实线作为设计路线；比例较小时，只需依路线中心画一条加粗粗实线表示即可。设计时，如果有比较路线，可同时用加粗粗虚线表示。该部分主要表示路线的水平曲直走向状况、里程及平面要素等内容。

（1）路线的走向。图 11-1 中，用 2 倍于计曲线线宽的粗实线绘制了 K21＋600～K22＋100 段的路线平面图。从图中可以看出，路线从北端 K21＋600m 山坡上，向南通过涵洞，右转 23°13′10″ 再经过涵洞，向南偏西通过桥梁过花溪河，又通过一座桥梁来到茶村。

（2）里程桩号。为表示路线的总长度及各路段的长度，在路线上从路线起点到终点沿前进方向（从左至右），在路线左侧每隔 1km 设公里桩，以 "◐" 表示，公里数值朝向公里符号的法线方向；同时沿路线前进方向的右侧在公里桩中间设百米桩，以垂直路线的细短线 "｜" 表示，百米数值写在细短线的端部且字头朝上。从图 11-1 中看出，在 K22km 处设有一公里桩，公里桩之间设有 K21＋700、K21＋800、K21＋900 等百米桩。

（3）平曲线。由于受自然条件的限制，道路路线在平面上是由直线段和曲线段组成，在路线的转折处应设平曲线。根据实际情况在交点处设置的平曲线为圆曲线或缓和曲线，只设置圆曲线时，圆曲线与前后直线的切点分别用 ZY（直圆）、中点 QZ（曲中）和终点 YZ（圆直）表示，共三个主点桩号，如图 8-3（a）所示；如果设置缓和曲线，则有

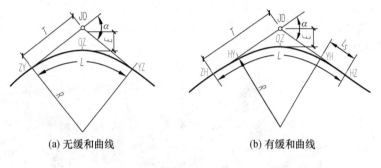

(a) 无缓和曲线　　　　　(b) 有缓和曲线

图 11-2　平曲线要素

ZH（直缓）、HY（缓圆）、QZ（曲中）、YH（圆缓）、HZ（缓直）五个主点桩号，如图 8-3（b）所示，同时交角点用编号 "JDx" 表示第几处转弯。除上述控制曲线位置的要素外，控制曲线形态的要素有：转角或偏角 α（α_z 表示左偏角，α_y 表示右偏角）、圆曲线设计半径 R、切线长度 T、曲线总长 L、外距 E，缓和曲线长 L_s。这些曲线要素都可在路线平面图中的曲线要素表中查得。如图 11-1 曲线要素表中 JD72 表示第 72 号交点，$\alpha_y＝$23°13′10″，表明在 JD72 处路线沿前进方向向右偏转 23°13′10″，转折处的圆弧曲线半径 $R＝$165m，缓和曲线长 $L_s＝$50m，圆弧的切线长度 $T＝$80.132m，交点 JD72 到圆弧曲线中点的距离，即外距 $E＝$9.571m，连接圆弧的曲线总长 $L＝$156.072m。

（4）水准点与导线点。为满足设计和施工的需要，沿路线每隔一定距离设有水准点。图 11-1 中的 $\otimes \dfrac{BM39}{297.500}$ 表示第 39 号道路水准点，其高程为 297.500m，BM 是英语 Bench Mark 的缩写；图中 $\square \dfrac{D19}{298.300}$ 表示第 19 号控制导线测量的导线点，其高程为 298.300m。

（三）路线平面图的绘制方法和步骤

（1）先画地形图。等高线按先粗后细的顺序徒手画出，线条流畅，计曲线宽度宜用 0.5b，细等高线线宽为 0.25b。

（2）后画路线中心线。路线中心线用圆规和直尺按先曲后直的顺序从左至右绘制，其线宽为 (1.4～2.0)b。

（3）平面图中的植被、水准点符号等。地面上生长的各种植物统称为植被。平面图中的植被应朝上或朝北绘制。

（4）路线的分段。路线平面图按从左至右的顺序绘制，桩号按左小右大编排。由于路线

狭长，需将整条路线分段绘制在若干图纸上，使用时再拼接起来。分段处应尽量在直路段整数桩号处，每张图纸上只允许画一线路段，断开的两端用细实线画出垂直于路线的接图线。

（5）角标和图标。在每张图纸的右上角应用线宽0.25mm的细实线绘出角标，注明图纸的总张数、本张图纸的序号以及路段起止桩号。在最后一张图纸的右下角应绘制图标，图标外框线的线宽宜为0.7mm，图标内分格线的线宽宜为0.25mm。

11.1.2　路线纵断面图

路线纵断面图是通过公路中心线用假想的铅垂面进行剖切展平后获得的，如图11-3所示。由于公路中心线是由直线和曲线所组成，因此用于剖切的铅垂面既有平面又有柱面。为了清晰地表达路线纵断面情况，特采用展开的方法将断面展开成一平面，然后进行投影，形成了路线纵断面图，其作用是用于表达路线中心处的地面起伏状况、地质情况、路线纵向设计坡度、竖曲线以及沿线桥涵等构造物的概况。下面以图11-4为例说明公路路线纵断面图的读图要点及画法。

图11-3　路线纵断面图剖切示意图

（一）路线纵断面图的图示特点

路线纵断面图包括高程标尺、图样和资料表（测设数据）三部分内容。一般图样应布置在图幅上部，资料以表格形式布置在图幅下部，高程标尺布置在资料表的上方左侧。水平横向表示路线的里程，铅垂纵向表示地面线及设计线的标高，为清晰地显示出地面线的起伏和设计线的纵向坡度的变化情况，竖直方向比例比水平方向的比例放大10倍。

（二）路线纵断面图的基本内容

1. 图样部分

（1）比例。山岭地区：横向1：2000，纵向1：200；平原地区：横向1：5000，纵向1：500。纵横比例标注在图样部分左侧的竖向标尺处。图11-4中横向比例为1：2000，纵向比例为1：200，这样图上所画出的坡度较实际为大，高度变化较为明显。

（2）地面线。根据水准测量结果，将地面一系列中心桩的地面高程，按纵向比例逐点绘在水平方向相应的里程桩号上，用细实线依次连接各点成不规则折线，即为路线中心线的地面线。

（3）设计线。为保证一定车速的汽车安全、流畅地通过，地面纵坡要有一定的平顺性，因此应按道路等级，根据《公路工程技术标准》（JTG B01—2014）合理设计出坡度线。图中直线与曲线相间的粗实线即为设计坡度线，简称设计线，它表达的是路基边缘的设计高程。比较设计线与地面线的相对位置，可决定填、挖地段和填、挖高度。

（4）竖曲线。设计纵坡变更处称变坡点，用直径为 2mm 的中粗线圆圈表示。在变坡点处需用一曲线连接，该曲线称为竖曲线，竖曲线应按《公路工程技术标准》的规定设置，以便汽车安全行驶。竖曲线分凸形（⌒）和凹形（⌄）两种，该符号用细实线绘制在设计线上方，中间竖直细线长 20mm，应对准边坡点所在桩号，线左侧标注变坡点桩号，右侧标注边坡点高程；上方标注曲线半径 R，切线长 T，外距 E；两端竖细线长 3mm，两端应分别对准竖曲线的起点和终点。如图 11-4 所示，在 K22+12.00 处设有凸形曲线，其 $R=3000$，$T=40.34$，$E=0.27$。竖曲线在变坡点处的切线，应采用细虚线绘制。

（5）桥涵构筑物。当道路沿线上有桥梁、涵洞、隧道、立体交叉和通道等构造物时，应在设计线上方，对准构造物的中心位置，画出用细竖直引出线，线的左侧标注中心桩号，线右侧或水平线上方标注构造物的名称、规格等。其中符号"∏"和"○"分别表示桥梁和涵洞。图 11-4 中为了方便道路两侧的排水，在 K21+680.74、K21+820.00、K21+960.48 处设置了钢筋混凝土盖板涵。在 K21+915.28 处设置了一座单孔跨度为 25m 的钢筋混凝土 T 形梁桥。

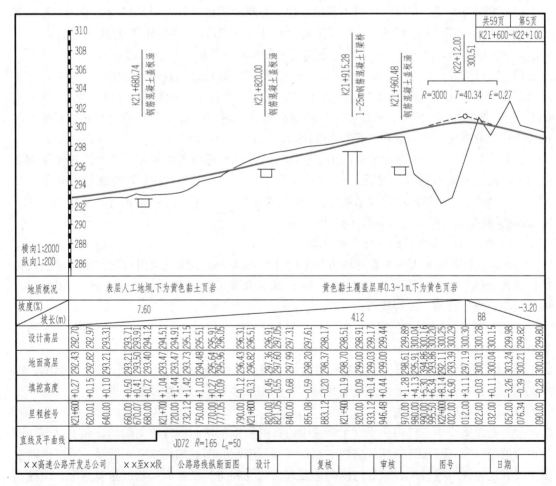

图 11-4　公路路线纵断面图

2. 资料表部分

为了便于对照阅读，资料表与图样应上下对正布置，不能错位。资料表的内容可根据不同设计阶段和不同道路等级的要求而增减，通常包括下述内容：

（1）地质概况。在该栏中标出沿线各路段的地质情况，为设计施工提供简要的地质资料。

（2）坡度/距离。坡度/距离是指设计线的纵向坡度及其水平投影长度。该栏中每一分格表示一种坡度，对角线表示坡度方向，先低后高为上坡，反之为下坡。对角线上边的数值为坡度数值，正值为上坡，负值为下坡。对角线下边的数值为该坡路段的长度（即距离），单位为 m。若为平坡时，应在该分格中间画一条水平线。注意各分格竖线应与各变坡点的桩号对齐。如第 2 栏第一分格中注有"7.60%/412m"表示顺路线方向为上坡，坡度为 7.60%，坡长为 412m，从桩号中看出它是在 K21＋600 至 K22＋012 这一路段上。第二分格的"－3.20%/88m"表示过 K22＋012 后路线改为下坡，坡度为 3.20%，坡长为 88m。桩号 K22＋012 处是变坡点，需设竖曲线来连接两段纵坡。

（3）设计高程。在该栏中对正各桩号将其设计高程标出，单位为 m。

（4）地面高程。在该栏中对正各地面中心桩号将其高程标出，单位为 m。

（5）挖深与填高。在该栏中对正各填（挖）方路段的桩号，将设计高程与地面高程两者之差值标出，"＋"表示填土，"－"表示挖土。如 K21＋600 处填土高度＝292.70－292.43＝＋0.27m，而 K21＋790 处挖土高度＝296.31－296.43＝－0.12m。

（6）里程桩号。按测量所得的数据，一一将各点的桩号数值填入该栏中，单位为 m。桩号就是各桩点在路线上的里程数值，各个桩的里程就是各个桩的桩号。将道路沿线各主点（如平、竖曲线的各特征点、水准点、桥涵中心点以及地形突变点等）特征点的里程桩号数值按 1∶2000 的比例填入表内，单位是 m。

（7）平曲线。该栏是路线平面图的示意图，表示该路段的平面线型。直线段用水平细实线表示，向左或向右转弯的曲线段分别用下凹"⌐_⌐"或上凸"⌐‾⌐"的细折线表示。如图 11-4 中的平曲线栏所示，表示第 72 号交角点沿路线前进方向向右转弯，转角为 30°12′32″的设缓和曲线的圆曲线，曲线半径为 165m。

（三）路线纵断面图的绘制方法和步骤

（1）路线纵断面图大多画在透明方格纸的背面，以防止擦线或刮图时把方格线擦去或刮掉。方格规格为纵横都是按 1mm 分格，每 5mm 处印成粗线。用方格纸画，既可省比例尺，加快绘图速度，又便于进行检查。

（2）路线纵断面图和平面图一样，从左至右按里程顺序分段画出。先画资料表和左边的纵坐标（高程）轴，然后画地面线和设计线，接下来画出涵洞、桥梁等符号。

（3）路线纵断面图的图标应绘制在最后一张图或每张图的右下角，并注明路线名称、纵横比例等。在每张图的右上角应绘有角标，注明图纸序号、总张数及起止桩号。

11.1.3　路基横断面图

假设通过路线中心桩用一垂直于路线中心线的铅垂剖切面进行横向剖切，画出该剖切面与地面的交线及其与设计路基的交线，则得到路基横断面图，如图 11-5 所示。路基横断面图主要表达路线沿线各中心桩处的横向地面起伏状况和路基横断面形状、路基宽度、填挖高度、填挖面积等。工程上要求每一中心桩处，根据测量资料和道路设计要求，沿线路前进方向依次画出每一个路基横断面图，作为计算路基土石方工程量和路基施工的依据。

（一）路基横断面图的形式

如图11-6所示，根据设计线与地面
线的相对位置的不同，路基横断面图有
以下三种形式：

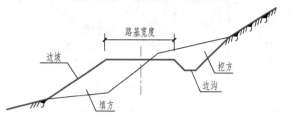

（1）填方路基。填方路基又称路堤，
设计线全部在地面线以上，如图 11 - 6
（a）所示。在图的下方标注有该断面图的

图 11 - 5　路基横断面图

里程桩号、中心线处的填方高度 h_T
（m）、填方面积 A_T（m²）、路基中心标高及路基边坡坡度。

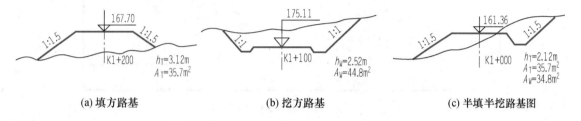

(a)填方路基　　　　　　　(b)挖方路基　　　　　　　(c)半填半挖路基图

图 11 - 6　路基横断面图的形式及标注

（2）挖方路基。挖方路基又称路堑，设计线全部在地面线以下，如图 11 - 6（b）所
示。图中注有该断面图的里程桩号、中心挖高 h_W（m）、挖方面积 A_W（m²）、路基中心标
高及边坡坡度。

（3）半填半挖路基。设计线一部分在地面线以上，一部分在地面线以下，如图 11-6（c）
所示。图中注有该断面的桩号、中心处填高 h_T（m）或挖高 h_W（m）、填方面积 A_T（m²）和挖
方面积 A_W（m²）以及路基中心标高和边坡坡度。

（二）路基横断面图的绘制方法和步骤

（1）路基横断面图常绘制在透明方格纸的背面，这样既便于计算断面的挖填方面积，又
便于施工放样。

（2）路基横断面图的布置顺序：按桩号从下至上、从左至右的顺序画出，如图 11-7 所示。

（3）路基横断面图的纵横方向采用同一比例。一般为 1：200，也可用 1：100 和 1：50。
要求路面线（包括路肩线）、边坡线、护坡线等均采用粗实线绘制；原有地面线应采用细实
线绘制，设计或原有道路中心线应采用细单点长画线绘制。

（4）每张图纸右上角应有角标，注明图纸的序号和总张数；在最后一张图纸的右下角
绘制图标。

11.1.4　城市道路横断面图

在城市里，沿街两侧建筑红线之间的空间范围为城市道路用地。城市道路主要包括机动
车道、非机动车道、人行道、分隔带（在高速公路上也设有分隔带）、绿化带、交叉口、交
通广场、架空高速道路、地下道路等。城市道路的图示方法与公路路线工程图完全相同，也
是通过横断面图、平面图和纵断面图表达。但是，城市道路所处的地形一般比较平坦，并且
城市道路的设计是在城市规划与交通规划的基础上实施的，交通性质和组成部分比公路复杂
得多，因此体现在横断面图上，城市道路比公路复杂得多。

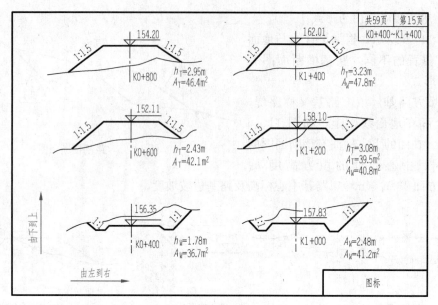

图 11-7 路基横断面图

城市道路的横断面由车行道、人行道、绿化带和分离带等部分组成。根据机动车道和非机动车道不同的布置形式，道路横断面有以下四种基本形式：

（1）"一块板"断面。把所有车辆都组织在一车道上"混合行使"，一般情况下机动车在中间，非机动车在两侧，如图 11-8（a）所示。

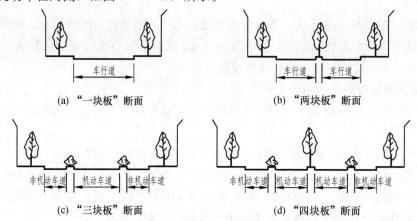

图 11-8 城市道路横断面图的基本形式

（2）"两块板"断面。用一条分隔带或分隔墩从中央分开，使往返交通分离，但同向交通仍在一起混合行使，如图 11-8（b）所示。

（3）"三块板"断面。用两条分隔带或分隔墩把车行道分隔成三块，实现机动车与非机动车交通分离：中间为双向行驶的机动车道，两侧为方向彼此相反的单向行驶非机动车道，如图 11-8（c）所示。

（4）"四块板"断面。在"三块板"断面的基础上增设一条中央分隔带，使机动车分向行使，如图 11-8（d）所示。

为了初步了解横断面设计及施工图，选录某城市道路横断面图，如图 11-9 所示。现说明如下：

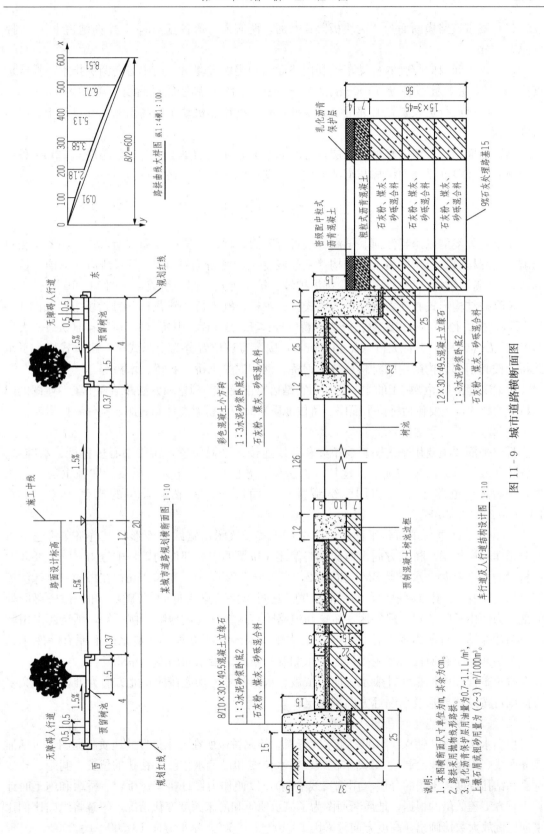

图 11 - 9 城市道路横断面图

（1）城市道路横断面为"两块板"式断面，两侧人行道各宽4m，其中树池占1.5m，路面总宽20m。

（2）将中间双向行驶的机动车道利用路面结构层做成路拱，由中心向两侧排水，排水坡度为1.5%，路拱曲线各点（100cm、200cm、⋯）的坐标画于路拱曲线大样图中。

（3）两侧人行道设置在毗邻沿街建筑处，且高度比非机动车道高出0.15m，利于分隔行人和车辆。

（4）路面结构。机动车道分五层，总厚0.56m；非机动车道分三层，总厚0.22m，各层的配料名称及厚度见路面结构与道牙大样图（图中道牙又称"路缘石"）。

11.2 桥梁工程图

桥梁是人类借以跨越江河、湖海、峡谷等障碍，保证车辆行驶和宣泄水流，并考虑船只通航的工程构筑物。桥梁由上部结构（主梁或主拱圈和桥面系等）、下部结构（基础、桥墩和桥台）、附属结构（护栏、灯柱、锥体护坡、护岸等）三部分组成，如图11-10所示。

桥梁按结构形式和受力情况分为梁式桥、拱桥、刚架桥、斜拉桥、悬索桥等，如图11-10所示；按跨径大小和多跨总长分为小桥（8m≤L<30m）、中桥（30m≤L<100m）、大桥（100m≤L<1000m）、特大桥（L>1000m），按行车道位置分为上承式桥、中承式桥、下承式桥，按其上部结构所用的材料可分为钢桥、钢筋混凝土桥、石桥、木桥等。

桥梁工程图是桥梁施工的主要依据，它是运用正投影的理论和方法并结合桥梁专业图的图示特点绘制的，主要包括桥位平面图、桥位地质断面图、桥梁总体布置图、构件结构图等。

11.2.1 桥位平面图

桥位平面图主要用来表明新建桥梁和路线连接的平面位置，桥位中心里程桩、水准点、工程钻孔以及桥梁附近的地形、地物（如房屋、老桥）等，作为桥梁设计和施工定位的依据，其画法与道路平面图相同。绘制桥位平面图时，一般常采用的比例为1∶500、1∶1000、1∶2000等。

如图11-11所示的桥位平面图，图中用粗实线表示出路线平面形状，道路在跨越清水河时修建一座桥梁。桥的方向由西向东略偏北，桥梁的中心部位的里程桩号为K0+738.00。在桥梁的两端有两个水准点BM1和BM2，高程分别为5.10m和8.25m；在桥的一侧标注了三个钻孔（孔1、孔2和孔3）的平面位置。通过道路桥梁附近的等高线可知，该桥梁所处的地形为两山丘间的宽敞河谷区，桥梁与道路顺直连接。通过地物图例可知，围绕西南山脚下有两片村落，村落附近有池塘、旱田、水田、果园、河堤等，在清水河上原有一座小木桥，木桥西侧小路通往河堤主堤，木桥东侧有一条小路沿东面山脚向东北延伸。

桥位平面图中用指北针表示方向、植被、水准符号等均应按照正北方向为准，图中文字方向则可按路线要求及总图标方向来决定。

11.2.2 桥位地质断面图

根据水文调查和钻探所得的地质水文资料，绘制桥位所在河床位置的地质断面图，包括河床断面线（用粗实线绘制）、最高水位线、常水位线和最低水位线，钻孔的位置、间距、孔口标高和钻孔深度，土壤的分层（用细实线绘制），以便作为设计桥梁、桥台、桥墩和施工时计算土石方工程数量的根据。地质断面图为了显示地质和河床深度变化情况，特意将纵向比例比横向比例放大数倍画出，高度方向常采用1∶100～1∶500，水平方向1∶500～1∶2000。

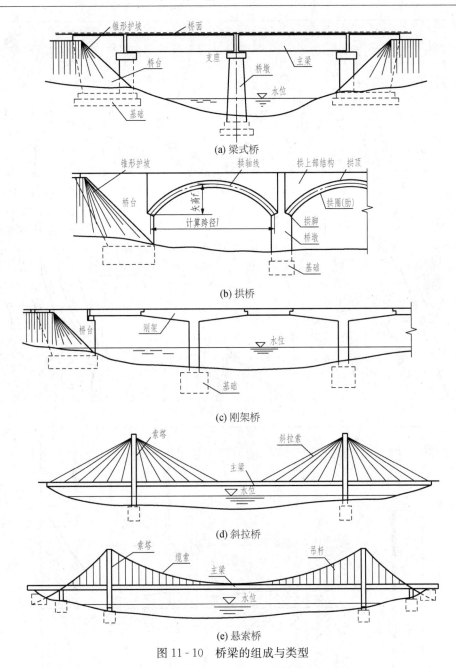

(a) 梁式桥

(b) 拱桥

(c) 刚架桥

(d) 斜拉桥

(e) 悬索桥

图 11-10 桥梁的组成与类型

　　如图 11-12 所示，地形高度的比例采用 1∶200，水平方向比例采用 1∶500。图中一部分是图样，一部分是资料表。图样部分表明了河床的断面线，包括洪水位、常水位和最低水位，同时还标注了与桥位平面相配合的地质钻孔和钻孔在水下河床的岩层分布线。图中共标出实际钻探取样时岩心的分层处连线，从上到基岩分别用文字表述为：黄土层→淤泥→淤泥质亚黏土→硬质黏土。资料表部分除表明了钻孔处的孔口标高、钻孔深度外，还表明了钻孔间距。

11.2.3　桥梁总体布置图

　　桥梁总体布置图是表达桥梁上部结构、下部结构和附属结构三部分组成情况的总图，主要表明桥梁的型式、跨径、孔数、总体尺寸，各主要构件的相互位置关系，桥梁各部分的标

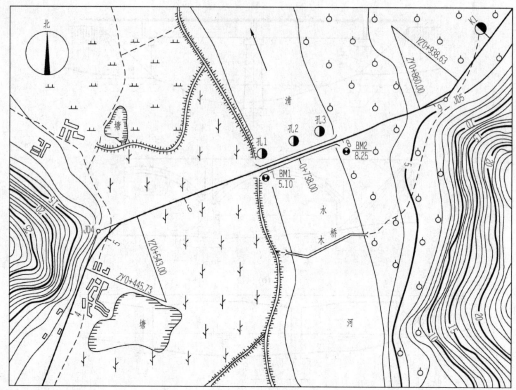

图 11-11　桥位平面图

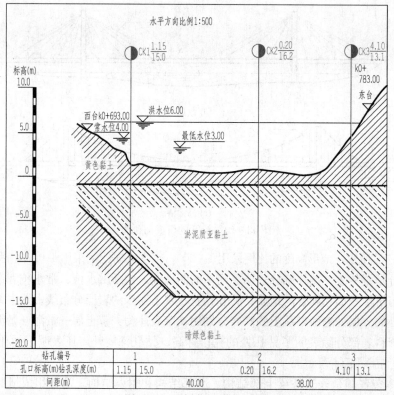

钻孔编号	1		2		3	
孔口标高(m)钻孔深度(m)	1.15	15.0	0.20	16.2	4.10	13.1
间距(m)		40.00		38.00		

图 11-12　桥位地质断面图

高、材料数量以及总的技术说明等，作为施工时确定墩台位置、安装构件和控制标高的依据。桥梁总体布置图一般由立面图、平面图和横剖视图组成，常采用1：50～1：500的比例，横剖视图可较立面图放大1～2倍画出。

图11-13所示为一总长度为90m、中心里程桩为0+738.00的五孔T形桥梁总体布置图。其中，立面图和平面图的比例均采用1：200，横剖视图则采用1：100。

（一）立面图

采用半立面和半纵剖视图的合成图，图中反映了桥梁的特征和桥型，即共有五孔，两边孔跨径各为10m，中间三孔跨径各为20m，桥梁总长为90m。因比例较小，人行道和栏杆在图中未表示出来。

1. 下部结构

两端为重力式桥台，河床中间有四个柱式桥墩，由承台、立柱和基桩共同组成。左边两个桥墩画外形，右边两个桥墩画剖视；桥墩承台的上、下盖梁系钢筋混凝土，在1：200以下的比例时，可涂黑处理；立柱和桩按规定画法，即剖切平面通过轴的对称中心线时，不画材料断面符号，仅画外形。

2. 上部结构

上部为简支梁桥，两个边孔的跨径均为10m，中间三孔的跨径均为20m。立面图的左侧设有标尺（以m为单位），以便于绘图时进行参照，也便于对照各部分标高尺寸来进行读图和校核。立面图左半部分梁底至桥面之间画了三条线，表示梁高和桥中心处的桥面的厚度，右半部分画剖视，T字梁及横隔板均作涂黑处理。

总体布置图还反映了河床地质断面及水文情况，根据标高尺寸可知，桩和桥台基础的埋置深度，以及梁底、桥台和桥中心的标高尺寸。由于混凝土桩埋置深度较大，为了节省图幅，连同地质资料一起，采用折断画法。图的上方还把桥梁两端和桥墩的里程桩号标注出来，以便读图和施工放样用。

（二）平面图

对照横剖视图可知，桥面净宽为7m，人行道宽两边各为1.5m，还有栏杆、立柱的布置尺寸。从左往右，采用分层揭开画法来表达。

对照立面图0+728.00桩号的右面部分，是把上部结构揭去之后，显示半个桥墩的上盖梁及支座的布置，可算出共有12块支座，布置尺寸纵向为$23 \times 2 + 4 = 50$cm，横向为160cm；对照0+748.00的桩号上，桥墩经过剖切（立面图上没有画出剖切线），显示出桥墩中部是由三根空心圆柱所组成。对照0+768.00的桩号上，显示出桩位平面布置图，它是由九根方桩所组成，图中还注出了桩柱的定位尺寸。右端是桥台的平面图，可以看出是U形桥台，画图时，通常把桥台背后的回填土揭去，两边的锥形护坡也省略不画，目的是使桥台平面图更为清晰。这里为了施工时挖基坑的需要，只注出桥台基础的平面尺寸。

（三）横剖视图

横剖视图是由Ⅰ-Ⅰ和Ⅱ-Ⅱ剖视图合并而成，可看出桥梁的上部结构是由六片T形梁组成。左半部分的T形梁尺寸较小，支承在桥台和桥墩上面，对照立面图可以看出这是跨径为10m的T形梁。右半部分的T形梁尺寸较大，支承在桥墩上，对照立面图可以看出这是跨径为20m的T形梁。此外，还可以看到桥面宽、人行道和栏杆的尺寸。为了更清楚地

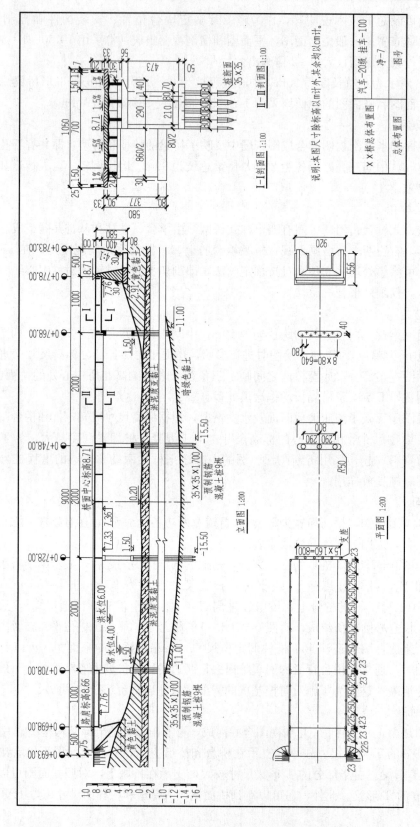

图 11 - 13 桥梁总体布置图

表示横剖视图,允许采用比立面图和平面图大的比例画出。

为了使剖视图清楚可见,每次剖切仅画所需要的内容,如Ⅱ-Ⅱ剖视图中,按投影理论,后面的桥台部分亦属可见,但由于不属于本剖视范围的内容,故习惯不予画出。

11.2.4 构件结构图

在总体布置图中,桥梁的各个构件都没有全面详尽地表达清楚,因此单凭总体布置图是不能进行施工的。为此,还必须用较大的比例将各个构件的形状、构造、尺寸都完整地表达出来,这种图称为构件结构图或构件图,也称详图,如桥台图、桥墩图、主梁图和护栏图等。常用比例为1∶10~1∶50。

(一)桥台图

桥台是桥梁的下部结构,一方面支承梁,另一方面承受桥头路堤填土的水平推力,防止路堤填土的滑坡和坍落。桥台大体上可分为重力式和轻型式两大类。

图11-14所示为常见的重力式U形桥台。该桥台由台帽、台身和基础三部分组成,台身由前墙和两道侧墙垂直构成U形结构。桥台的构造由纵剖视图、平面图和侧面图分别表达。

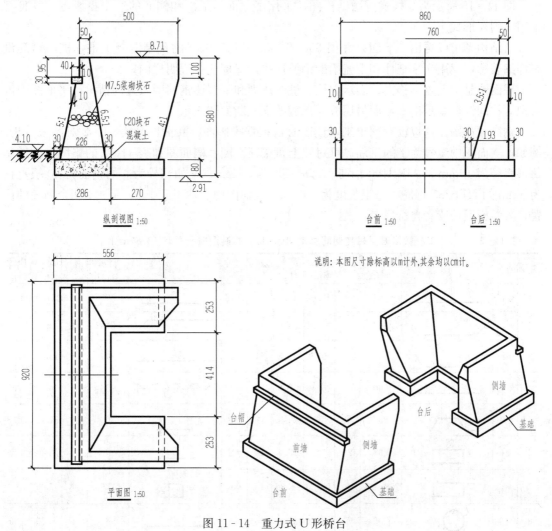

图11-14 重力式U形桥台

1. 纵剖视图

立面图是从桥台侧面与线路垂直方向所得到的投影，能较好地表达桥台的外形特征以及路肩、桥台基础标高。采用纵剖视图代替立面图，表达桥台的内部构造和建筑材料，桥台基础采用 C20 块石混凝土，墙身采用 M7.5 浆砌块石砌筑。

2. 平面图

采用掀掉桥台背后填土、设想主梁尚未安装而得到的水平投影图，这样就能清楚地表示出桥台的平面形状。

3. 侧面图

侧面图是由 1/2 台前和 1/2 台后两个图合并而成。所谓台前，是指人站在河流的一边顺着路线观看桥台所得的投影图；所谓台后，是站在堤岸一边观看桥台背后所得的投影图。

（二）桥墩图

桥墩和桥台一样同属桥梁的下部结构，用来支承桥跨结构，并将荷载传给地基。桥墩由盖梁、立柱和基桩组成。

图 11-15 所示为立柱式桥墩结构图，采用了立面、平面和侧面的三个投影图，并且都采用半剖视形式。

从结构图可以看出，下面是九根 35cm×35cm×1700cm 的预制混凝土桩，桩的钢筋没有详细表示，仅用文字把柱和下盖梁的钢筋连接情况标注在说明栏内。

平面图是把上盖梁移去，表示立柱、桩的排列和下盖梁钢筋网布置的情况。平面图中没有把立柱的钢筋表示出来，而另用放大比例的立柱断面图表示。

钢筋成型图在这里没有列出来，读图时可根据投影图、断面图和表 11-2 对照来分析。例如，立面图中编号为①的钢筋，可对照上盖梁断面图、侧面图和表 11-2 的略图，知道是每根直径为 18mm 的 HRB400 钢筋，每根长度为 854cm；又如编号为⑥的钢筋为 20 根直径为 6mm 的 HPB235 钢筋，每根长度为 296cm。立面图中表达了 Ⅱ-Ⅱ～Ⅴ-Ⅴ 四个断面的位置，其断面图请读者自行思考。

表 11-2　　　　工程数量表（每吨钢筋总重 903.6kg，每吨混凝土总计 13.57m²）

编号	直径	略图	每根长(cm)	根数	总长(m)	质量(kg)	编号	直径	略图	每根长(cm)	根数	总长(m)	质量(kg)
1	Φ18	854	854	3	25.62	51.3	9	Φ16	575	575	42	261.00	412.4
2	Φ18	104 660 104	868	3	26.04	52.0	10	Φ22	700 20 148	868	4	34.72	104.1
3	Φ18	51 60 324 60 51	546	2	10.92	21.8	11	Φ22	794	794	2	15.88	47.6
4	Φ18	660	660	4	26.40	52.8	12	Φ22	90 50 50 50 50 50 50 91 956	956	2	19.12	57.5
5	Φ18	20 60 80 55 20	235	2	4.70	9.4	13	Φ8	95 45 105 55	300	29	87.00	34.3
6	Φ6	85 55 93 63	296	20	59.20	15.4	14	Φ8	48	48	10	4.80	1.9
7	Φ6	11-43 85 93 19-51	208-272	8	19.20	4.3	15	Φ6	30 25 38 33	126	36	45.36	10.4
8	Φ6	252	252	75	189.00	31.8	16	Φ8	80	80	4	3.20	126

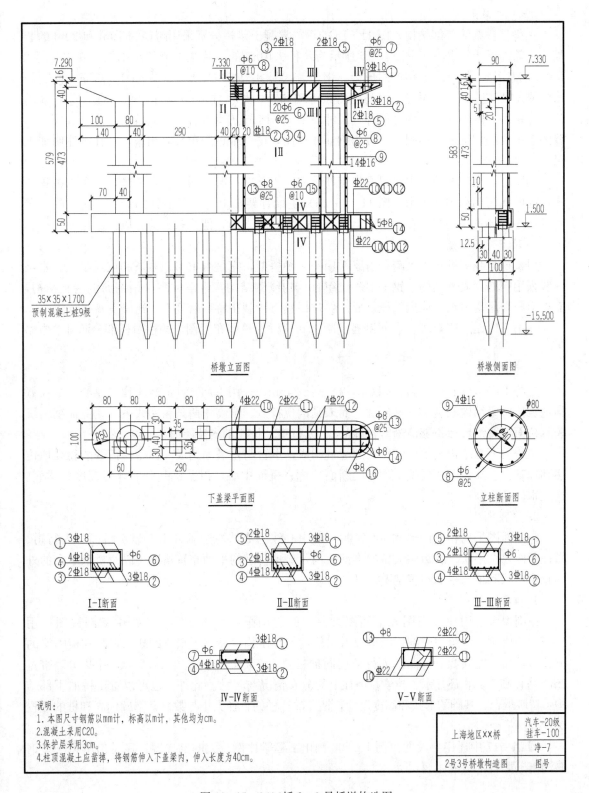

桥墩立面图

桥墩侧面图

35×35×1700
预制混凝土桩9根

下盖梁平面图

立柱断面图

Ⅰ-Ⅰ断面

Ⅱ-Ⅱ断面

Ⅲ-Ⅲ断面

Ⅳ-Ⅳ断面

Ⅴ-Ⅴ断面

说明：
1.本图尺寸钢筋以mm计，标高以m计，其他均为cm。
2.混凝土采用C20。
3.保护层采用3cm。
4.柱顶混凝土应凿掉，将钢筋伸入下盖梁内，伸入长度为40cm。

上海地区××桥	汽车-20级挂车-100
	净-7
2号3号桥墩构造图	图号

图11-15 ××桥2、3号桥墩构造图

（三）主梁图

主梁是桥梁的上部结构，图 11-13 的钢筋混凝土梁桥分别采用跨径为 10m 和 20m 的装配式钢筋混凝土 T 形梁。图 11-16 所示为跨径为 10m 的一片主梁骨架结构图，其中①号 2 根φ32 和③号 2 根φ22 的钢筋组成架立钢筋，⑧号 8 根φ8 的纵向钢筋和⑦号箍筋一同增加梁的刚度及防止梁发生裂缝。箍筋距离除跨端和跨中外，均等于 26cm。②、④、⑤、⑥均为受力钢筋。图中注出各构件的焊缝尺寸，如 8、16cm 及装配尺寸 60、78、79.7cm 等。焊缝的表示方法详见钢结构图。下方为钢筋成型图，把每根钢筋单独画出来，并详细注明加工尺寸。

画图时，在跨中断面中可以看出钢筋②和①重叠在一起，为了表示清楚，也可以把重叠在一起的钢筋用小圆圈表示。图 11-16（a）主梁骨架图上①、③号钢筋和②、④、⑤、⑥号等钢筋端部重叠并焊接在一起，但画图时故意分开来画，使线条分清，以便于读图。

11.2.5　斜拉桥

斜拉桥是我国近年来大跨径桥梁常用的一种桥型，它是由主梁、索塔和拉索组成。主梁一般采用钢筋混凝土结构、钢—混凝土组合结构或钢结构，索塔大多采用钢筋混凝土结构，而拉索则采用高强钢丝或钢绞线制成。斜拉桥具有桥型独特、跨度大、造型美观等优点。

图 11-17 是一座双塔双索面钢筋混凝土斜拉桥的总体布置图，两边引桥部分断开，省略不画。

1. 立面图

主跨 185m，两侧边跨各为 80m，桥总长 345m，采用 1∶2000 的较小比例绘制，故仅概括地表达桥梁结构的主要外形轮廓，而未画剖视符号。梁高用两条粗实线表示，上加细实线表示桥面（图缩尺后不够清晰），横隔梁、人行道、护栏都省略不画。

主跨的下部结构由承台和钻孔灌注桩构成，承台与主塔固结成一体，使荷载能稳妥地传递到地基上。立面图还反映了河床的断面轮廓、桥面中心，以及桩基础的埋置深度、梁底、通航水位的标高尺寸。

2. 平面图

与立面图采用相同的比例 1∶2000，以中心线为界，左边画外形，显示桥面、人行道、塔柱断面轮廓形状；右边掀去桥的上部结构，显示桥墩的平面布置情况，以及桥墩承台的外形轮廓形状和桩的平面布置情况。

3. 横剖视图

横剖视图常用比立面图和平面图大一些的比例画出，图中所示的跨中横剖视图采用 1∶500 的比例。从跨中横剖视图可以看出桥的上部结构：显示了箱梁的断面形状和横隔梁的形状，桥面总宽共 29m，两侧人行道连同护栏宽 1.75m，车行道宽 11.25m，中央分隔带宽 3m，塔柱高 58m，还显示了拉索在塔柱上的分布情况与尺寸。此外，也可以看出桥的下部结构：桥墩承台、基础的形状和高度尺寸，钻孔灌注桩的直径大小与数量，基础标高和桩的埋置深度等。

图 11-17 中还用更大的比例 1∶200 画出了箱梁比例放大的剖视图，显示出单箱三室钢筋混凝土梁各部分的主要尺寸。

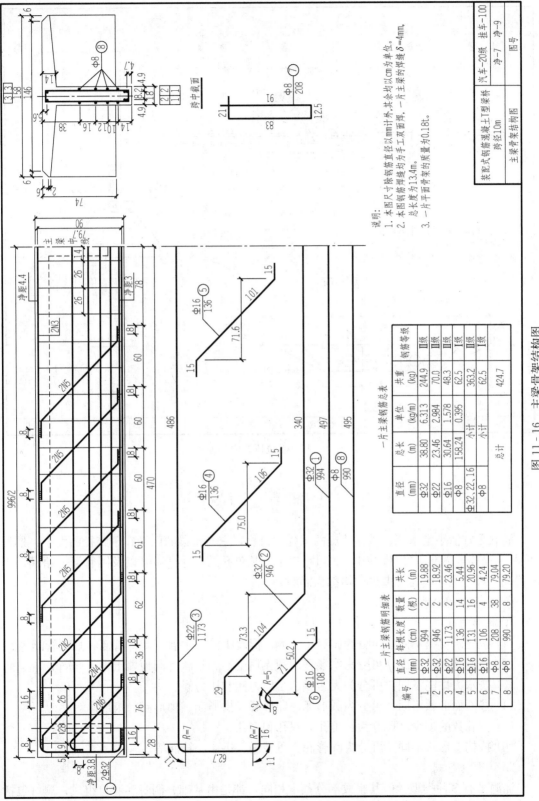

图 11 - 16 主梁骨架结构图

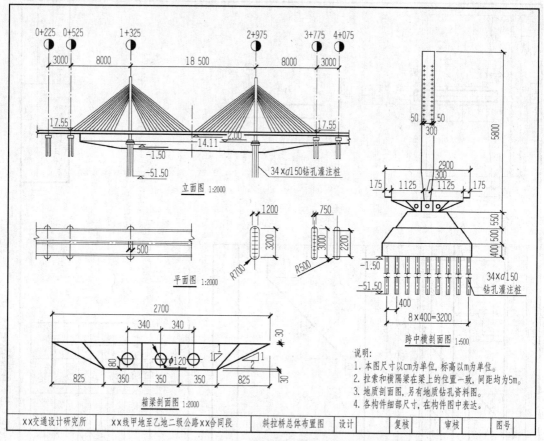

图 11-17　斜拉桥总体布置图

11.3　涵洞工程图

涵洞是宣泄小量水流、横穿路堤的工程构筑物，它与桥梁的区别在于跨径的大小。根据《公路工程技术标准》（JTG B01—2014）规定，凡单孔跨径小于 5m 以及圆管涵、箱涵，不论管径或跨径大小、孔径多少，均称为涵洞。

（一）涵洞的分类与组成

1. 涵洞的分类

（1）按建筑材料不同，可分为砖涵、石涵、混凝土涵、木涵、陶瓷管涵、缸瓦管涵等。

（2）按洞顶填土情况，可分为明涵（洞顶无填土）和暗涵（洞顶填土大于 50cm）。

（3）按水力性能不同，可分为无压涵、半压力涵和压力涵。

（4）按断面形状不同，可分为圆形涵、卵形涵、拱形涵、梯形涵、矩形涵等。

（5）按孔数的多少，可分为：单孔、双孔和多孔。

（6）按构造形式不同，可分为圆管涵、盖板涵、拱涵、箱涵等。

2. 涵洞的组成

涵洞虽有多种类型，但其组成部分基本相同，都是由基础、洞身和洞口组成，洞口包括端墙、翼墙或护坡、截水墙和缘石等部分。

（1）基础。在地面以下，起防止沉陷和冲刷的作用。

（2）洞身。建筑在基础之上，挡住路基填土，形成流水孔道的部分。洞身是涵洞的主要组成部分，其截面形式有圆形、矩形（箱形）、拱形三大类，如图11-18所示。

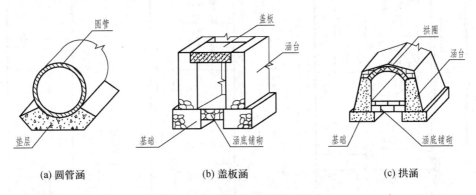

(a) 圆管涵   (b) 盖板涵   (c) 拱涵

图11-18 涵洞洞身横断面形式

（3）洞口。洞口是设在洞身两端，用于保护涵洞基础和两侧路基免受冲刷，使水流顺畅的构造，包括端墙、翼墙、护坡等。一般进、出水口均采用同一形式。常用的洞口形式有端墙式和翼墙式（又名八字墙式）两种，如图11-19所示。

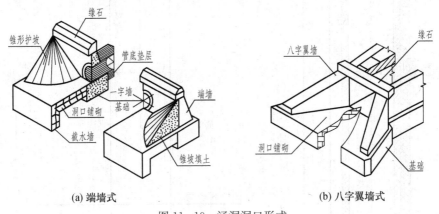

(a) 端墙式   (b) 八字翼墙式

图11-19 涵洞洞口形式

（二）涵洞工程图的表示方法

1. 涵洞工程图的图示特点

由于涵洞是窄而长的工程构造物，故以水流方向为纵向，从左向右，以纵剖视图代替立面图。为了使平面图表达清楚，画图时不考虑洞顶的覆土，常用掀土画法，需要时可画成半剖视图，水平剖切面通常设在基础顶面处。侧面图也就是洞口立面图，若进、出口形状不同，则两个洞口的侧面图都要画出，也可以用点画线分界，采用各画一半合成的进出口立面图，需要时也可增加横剖视图，或将侧面图画成半剖视图，横剖视图应垂直于纵向剖视。

2. 涵洞工程图示例

图11-20所示为钢筋混凝土圆管涵洞，比例为1:50。洞口为端墙式，端墙前洞口两侧有20cm厚干砌片石铺面的锥形护坡，涵管内径为75cm，涵管长为1060cm，再加上两边洞

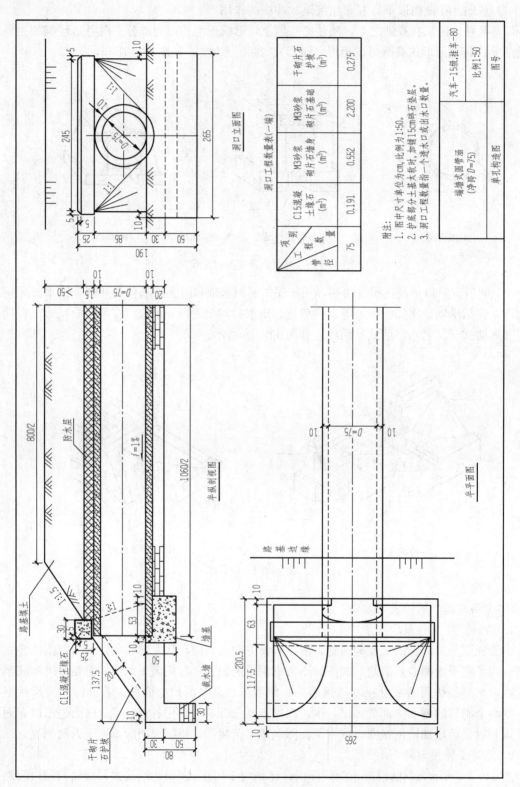

图 11-20　圆管涵洞工程图

口铺砌长度得出涵洞的总长为1335cm。由于其构造对称，故采用半纵剖视图、半平面图和侧面图来表示。

(1) 半纵剖视图。由于涵洞进出洞口一样，左右基本对称，因此只画半纵剖视图，以对称中心线为分界线。纵剖视图中表示出涵洞各部分的相对位置、构造特征以及各部分所用的材料。从图中可以看出，端墙基础断面73cm×50cm，墙身上底宽25cm、下底宽53cm、高(85+10)cm、背坡坡度3:1、缘石断面30cm×25cm、倒角5cm×5cm，洞身涵管内径75cm、壁厚10cm、涵身长1060cm，洞底铺砌厚20cm，设计流水坡度1‰，防水层厚15cm，路基覆土厚度大于50cm，属于暗涵；路基宽度800cm，洞口前铺砌厚度30cm，截水墙深80cm、宽30cm，锥形护坡顺水方向的坡度与路基边坡一致，均为1:1.5，并用干砌片石铺面20cm厚。各部分所用材料在图中用材料图例表达出来，但未表示出洞身的分段。

(2) 半平面图。为了同半纵剖视图相配合，平面图也只画一半。在平面图图中，将路基填土视为透明体，将洞身、洞口基础、端墙、缘石、洞口前铺砌和护坡的平面形状及尺寸表达出来。为了与半纵剖视图保持长对正的关系，路基边缘线应予画出，并用示坡线表示路基边坡的坡向。锥形护坡的坡面也用示坡线以放射状的方式表示，且用干砌片石符号表示铺面。

(3) 侧面图。洞口侧面图按习惯常称为洞口立面图，主要表示管涵孔径和壁厚，洞口端墙基础、墙身，缘石的侧面形状和尺寸，锥形护坡的横向坡度，以及路基边缘线的位置和路基边坡的坡向等。为使图形清晰可见，将土壤作为透明体处理，并且某些虚线未予画出，如路基边坡与缘石背面的交线和防水层的轮廓线等。

11.4 隧 道 工 程 图

为了减少土石方数量，建造在山岭、江河、海峡和城市地面以下，保证车辆平稳行使和缩短里程的工程构筑物，称为隧道。

(一) 隧道的分类与组成

1. 隧道的分类

(1) 按长度分：可分为四类，见表11-3。

表11-3 隧 道 按 长 度 的 分 类　　　　　　　　　单位：m

隧道分类	特长隧道	长隧道	中隧道	短隧道
隧道长度 L	L>3000	1000≤L≤3000	250<L<1000	L≤250

注 隧道长度系指进出洞口端墙墙面之间的距离，即两端端墙面与路面的交线同路线中线交点间的距离。

(2) 按用途分：有铁路隧道、公铁两用隧道、地铁隧道等。

(3) 按断面形状分：有圆形隧道、拱形隧道、卵形隧道、矩形隧道等。

(4) 按位置分：有傍山隧道、越岭隧道、水底隧道和地下隧道等。

(5) 按隧道内铁路线路数分：有单线隧道、双线隧道和多线隧道等。

2. 隧道的组成

隧道主要由主体结构（洞门和洞身衬砌）和附属结构（通风、防水排水、照明、安全避让等）两大部分组成。

洞门位于隧道出入口处，主要用来保护洞口土体和边坡稳定，防止落石，排除仰坡流下来的水和装饰洞口等，由端墙、翼墙及端墙背部的排水系统所组成。隧道洞门大体上可分为环框式、端墙式、翼墙式和柱式，如图 11-21 所示。

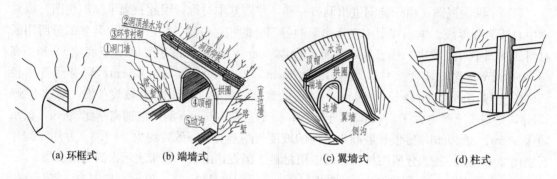

(a) 环框式　　(b) 端墙式　　　　(c) 翼墙式　　　　(d) 柱式

图 11-21　隧道洞门的形式

洞身为隧道结构的主体部分，是列车通行的通道。洞身衬砌的主要作用是承受地层压力，维持岩体稳定，阻止坑道周围地层变形的永久性支撑物，由拱圈、边墙等组成。拱圈位于坑道顶部，呈半圆形，为承受地层压力的主要部分。边墙位于坑道两侧，承受来自拱圈和坑道侧面的土体压力，边墙可分为垂直形和曲线形两种。

附属建筑物是指为工作人员、行人及运料小车避让列车而修建的避人洞和避车洞，为防止和排除隧道漏水或结冰而设置的排水沟和盲沟，为机车排出有害气体的通风设备，电气化铁道的接触网、电缆槽等。

（二）隧道工程图的表达方法

1. 隧道工程图的图示特点

隧道虽然很长，但中间断面形状很少变化，所以隧道工程图除了用平面图表示它的位置外，它的构造图主要用隧道洞门图、横断面图（表示洞身形状和衬砌）及避车洞图等来表达。

2. 隧道洞门图识读示例

现以图 11-22 所示的端墙式隧道洞门图为例来说明识读方法。隧道洞门图主要有立面图、平面图和剖面图。

（1）立面图。立面图是洞门的正立面投影，不论洞门是否对称，均应全部绘制。该图反映了洞门形式、洞门墙及其顶帽、洞口衬砌断面的形状。从图中可以看出，衬砌断面轮廓是由两个不同半径（$R=385cm$ 和 $R=585cm$）的三段圆弧和两段直边墙组成的，拱圈厚 45cm。洞口净空尺寸高为 740cm，宽为 790cm；洞门墙的上部有一条自左往右倾斜的虚线，并注有 $i=0.02$ 的箭头，这表明洞门顶部有坡度为 2% 的排水沟，箭头表示流水方向。其他虚线反映了洞门墙和隧道底面被洞口前面两侧路堑边坡和公路路面遮住的不可见轮廓线。它们被洞门前两侧路堑边坡和公路路面遮住，所以用虚线表示。

（2）平面图。平面图是隧道进口洞门的水平投影图，只画出洞门外露部分的投影，主要表示洞门墙顶帽的宽度、洞顶排水沟的构造及洞门口外两边沟的位置。

（3）1-1 剖面图。从立面图编号为 1 的剖切符号可知，1-1 剖面图是用沿隧道轴线的侧平面剖切后所得。它仅画靠近洞口的一小段，从图中可以看出洞门墙的倾斜坡度为 10:1，洞门墙的厚度为 60cm，还可以看到排水沟的断面形状、拱圈厚度及材料断面符号等。

为便于读图，图中还在三个投影图上对不同的构件分别用数字进行标记，如洞门墙①′、

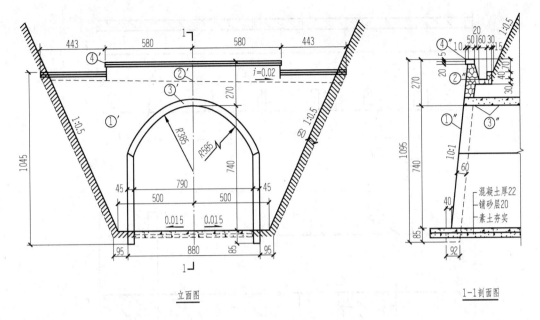

立面图

1-1剖面图

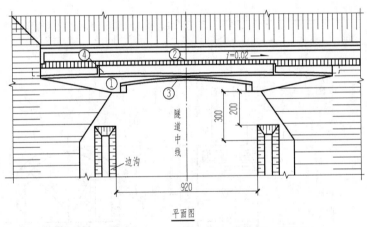

平面图

图 11-22 端墙式隧道洞门图

①′、①″，洞顶排水沟为②′、②、②″，拱圈为③′、③、③″，顶帽为④′、④、④″等。

3. 避车洞图识读示例

避车洞是供行人和隧道维修人员及维修小车避让来往车辆而设置的，它们沿路线方向交错设置在隧道两侧的边墙上。避车洞有大、小两种，通常小避车洞常每隔 30m 设置一个，大避车洞则每隔 150m 设置一个，为了表示大小避车洞的相互位置，采用平面布置图来表示，如图 11-23 所示。由于这种布置图图形比较简单，为了节省图幅，纵横方向可采用不同比例，纵方向常采用 1∶2000，横方向常采用 1∶200 等比例。

图 11-24 所示为大避车洞的构造详图，主要表达其形状、尺寸、衬砌材料及厚度，洞内地面向外做成 1% 的斜坡，以供排水用。

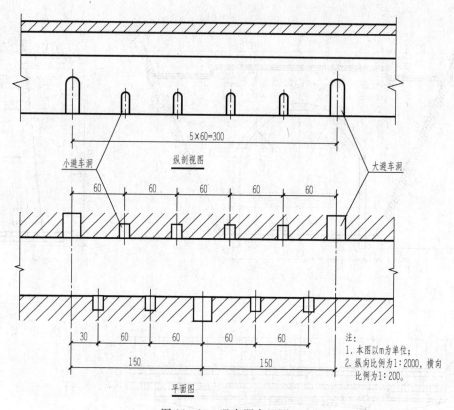

图 11-23　避车洞布置图

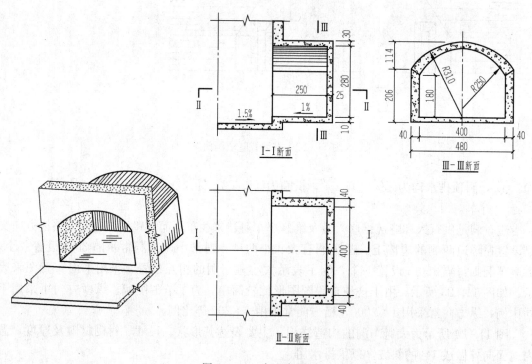

图 11-24　大避车洞详图

第12章 水利工程图

表达水利水电工程建筑物的图样称为水利工程图，简称水工图。水工图的内容包括水工图分类、视图、尺寸标注、图例符号和技术说明等，它是反映设计思想、进行技术交流、指导工程施工的重要技术资料。

12.1 概　　述

12.1.1 水工建筑物

为利用或调节自然界水资源而修建的工程设施称为水工建筑物。从综合利用水资源出发，集中修建的互相协同工作的若干个水工建筑物的综合工程称为水利枢纽。图12-1所示为某水利枢纽工程全貌。该水利枢纽兼有防洪、发电、航运、灌溉及调节上游水位的综合功能，主要由拦河坝、水电站、船闸等建筑物组成。挡水建筑物用以拦截河流，抬高上游水位形成水库。水电站则是利用上、下游水位差和水流流量进行发电的建筑物。船闸是用以克服水位差产生的船舶通航障碍的建筑物。

图12-1　某水利枢纽工程全貌

12.1.2 水利工程图的分类

一项水利工程的建造，一般要经过勘测、规划、设计、施工和验收五个阶段，每个阶段都要绘出不同要求的图样。勘测阶段应该绘出地形图、地质图，规划阶段应该绘出规划图，设计阶段应该绘出枢纽布置图、建筑物结构图、细部构造图，施工阶段应绘出建筑物施工图，验收阶段应该绘出竣工图。

每个阶段图样表达的详尽程度都不尽相同，根据图样表达的侧重点和内容的不同，水工图一般可以分为工程位置图（规划图）、枢纽布置图、建筑物结构图、施工图和竣工图。

（一）工程位置图（规划图）

工程位置图是示意性图样，主要表示水利枢纽所在的地理位置、朝向，与枢纽有关的河流、公路、铁路，以及重要的建筑物和居民的分布情况。

工程位置图的特点：

（1）图示的范围大，绘图比例小，一般为 1：5000～1：10 000，甚至更小。

（2）规划图一般画在地形图上，以符号、图例示意的方式表示建筑物。

图 12-2 为松花江流域规划图，图中示出了在河道上拟建的三个电站。

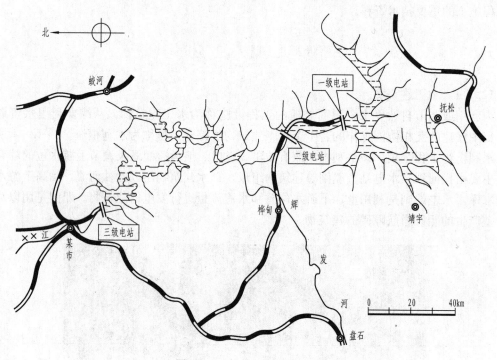

图 12-2　松花江流域规划图

（二）枢纽布置图

枢纽布置图主要表示整个水利枢纽在平面、立面的布置情况，作为各建筑物之间的定位、施工放线、土石方施工以及绘制施工总平面图的依据。图 12-18（a）所示为某水电站枢纽平面布置图。

1. 枢纽布置图的内容

（1）水利枢纽所在地区的地形、河流及流向（用箭头表示）、地理位置（用指北针表示）等。

（2）组成枢纽的各建筑物平面形状及相互位置关系。

（3）各建筑物表面与地面相交的情况。

（4）各建筑物的主要高程及其他主要尺寸。

2. 枢纽布置图的特点

（1）枢纽平面布置图必须画在地形图上，绘图比例一般为 1：500～1：1000。

（2）为了使图形主次分明，一般只画建筑物的主要结构轮廓线，次要轮廓和细部构造一般均省略不画，或采用示意图表示这些构造的位置、种类和作用。

（3）图中尺寸一般只标注建筑物的外形轮廓尺寸及定位尺寸、主要部位的高程、填挖方坡度。

（三）建筑物结构图

用来表达水利枢纽或渠系建筑中某一建筑物的形状、大小、结构和材料等内容的图样，称为建筑物结构图。图 12-17 所示为某进水闸结构图。

1. 建筑物结构图的内容

（1）建筑物整体和各组成部分的结构形状、尺寸以及使用的材料。

（2）建筑物基础的地质情况以及建筑物与地基的连接方式。

（3）建筑物与相邻建筑物的连接情况。

（4）建筑物的工作条件，如上、下游设计水位，水面曲线等。

（5）建筑物细部构造的形状、尺寸、材料及建筑物上附属设备的位置。

2. 建筑物结构图的特点

（1）把建筑物的结构形状、尺寸大小、材料及相邻结构的连接方式等都表达清楚。

（2）视图选用的比例比较大，一般为 1∶5～1∶200（在表达清楚的前提下，应尽量选用较小的比例，以减小图纸幅面）。

（四）施工图

按设计要求，用来指导施工的图样称为施工图。施工图主要表达水利工程中的施工组织、施工方法、施工程序等内容，如表达施工场地布置的施工总平面布置图、表达施工导流方法的施工导流布置图、表达建筑物基础开挖的开挖图、表达混凝土分层分块浇筑的浇筑图、表达建筑物中钢筋配置的钢筋图等。

（五）竣工图

工程完工后验收时，应根据建筑物建成后的实际情况，绘制成建筑物的竣工图，以说明实际完成的工程情况。竣工图应详细记载建筑物在施工过程中经过修改的有关情况，以便以后查阅资料、交流经验用。

12.2　水利工程图的表达方法

本节在第 6 章工程形体表达方法的基础上，结合《水电水利工程水工建筑制图标准》（DL/T 5348—2006）作一些补充和说明，以满足水工图表达的需要。

12.2.1　视图的名称与配置

（一）视图（包括剖视图、断面图）的名称和作用

1. 平面图

俯视图也称平面图，建筑物平面图的作用有：

（1）表达建筑物的平面布置情况和各组成部分的布置和相互位置关系。

（2）表达建筑物的平面尺寸和平面高程。

（3）表明剖视和断面的剖切位置、投影方向等。

2. 剖视图

水利工程图中常见的剖视有沿建筑物轴线或河流流向剖切得到的纵剖视图，其作用如下：

（1）表明建筑物沿长度方向的内部结构形状和各组成部分的相互位置关系。

（2）表明建筑物的主要部分的高程。过水建筑物还需表明水位高程。

（3）表明地形、地质和建筑材料。

3. 立面图

主视图、左视图、右视图、后视图一般称为立面图。

当视图方向与水流方向有关时，顺水流方向的视图称为上游立面图，逆水流方向的视图称为下游立面图。它们主要表达建筑物的外形。

4. 断面图

主要表达建筑物某一组成部分的断面形状和建筑材料等。

图 12-3 所示为一水闸结构图，其采用了平面图、纵剖视图、上游立面图、下游立面图和断面图的表达方法。

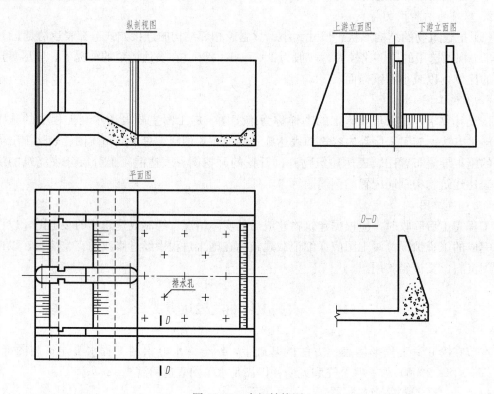

图 12-3　水闸结构图

（二）视图的配置

（1）为了看图方便，建筑物各视图应尽可能按投影关系配置。有困难时，可将视图配置在适当位置。对较大或较复杂的建筑物，因受图幅限制，可将某一视图单独画在一张图纸上。

（2）在水工图中，由于平面图反映了建筑物的平面布置和建筑物与地面的相交情况，因此平面图是比较重要的视图。布置视图时，对于过水建筑物，如水闸、溢洪道、输水隧洞等的平面图，常把水流方向选成自左向右。对于挡水坝、水电站等建筑物的平面图，常把水流方向选成自上而下，用箭头表示水流方向，如图 12-4 所示，以便区分河流的左、右岸。在水利工程中规定视向与河流水流方向一致，其左为左岸，其右为右岸。

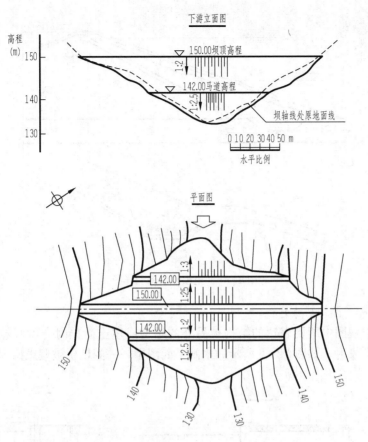

图 12-4　土坝平面图、立面图

（3）水工图中各视图常标注名称，一般统一标注在其图形上方或下方，图名下方绘制一粗横线，其长度应超出图名长度前后各 3～5mm。

12.2.2　水工图的其他表达方法

1. 详图

当水工建筑物的某部分结构因图形太小而表达不清楚时，可将该部分结构用大于原图所采用的比例画出，称为详图，如图 12-5 所示的详图 A。

详图可以画成视图、剖视图、断面图，它与被放大部分的表达方式无关。

详图的标注：在被放大的部位用细实线圆圈出，用引出符号指明详图的编号（分子）和详图所在图纸的编号（分母）；若详图画在本张图纸内，则分母用"—"表示；所另绘的详图用相同编号的字母标注其图名，如"详图 A""详图××"等，并注写放大后的比例。详图图名也可用粗实线圆（直径为 14mm）的详图编号表示，如图 12-5 中的详图 A 也可标注为Ⓐ。

2. 省略画法

对称的图形可以只画对称的一半，但必须在对称线上加注对称符号。当不影响图样表达时，根据不同设计阶段和实际需要，视图和剖视图中某些次要结构、机电设备、详细部分可省略不画，有必要时加详图索引符号另绘详图。

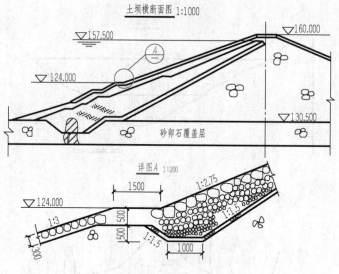

图 12-5　土坝断面图和详图

3. 掀土画法（拆卸画法）

当视图、剖视图中所要表达的结构被另外的结构或填土遮挡时，可假想将其拆掉或掀掉，然后再进行投射。如图 12-6 所示的水闸平面图中，一侧填土被假想掀掉。

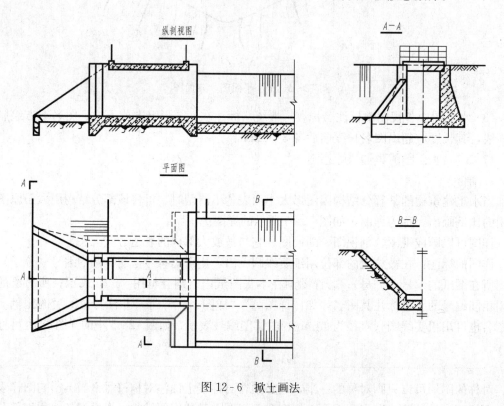

图 12-6　掀土画法

4. 展开画法

当构件或建筑物的轴线（或中心线）为曲线时，可将曲线展开成直线后，绘成视图、剖视图、断面图。这时应在图名后注写"展开"二字，或写成"展视图"。如图 12-7 所示的灌溉渠道，因干渠中心线为圆弧，可假想用圆柱面 A-A 作剖切面，其水平迹线与干渠中心线重合，画图时先把剖切圆柱面后面的部分沿径向投射到柱面上，支渠闸孔的投射方向平行该渠轴线，然后将柱面展开成平面，得到这个用展开画法画出的剖视图 A-A。

5. 合成视图

对于对称结构，可将两个相反方向的视图（包括剖视图和断面图）各画一半，并以对称线为界合成一个视图。如图 12-3 所示的水闸结构图采用上、下游视图合成画法。

6. 规定画法

对于较长或大体积的混凝土建筑物，为防止因温度变化或地基不均匀沉陷而引起的断裂现象，一般需要人为的设置分缝（伸缩缝或沉陷缝）。水工建筑物中的各种缝，如施工缝、伸缩缝、沉降缝、防震缝等，绘图时一般只用一条粗实线表示。不同材料的分界线也规定用一条粗实线表示，如图 12-8 所示。

为了增强图样的直观性，以便于识别图样表达的形体，水工图中的曲面应用细实线画出若干素线，斜坡面应画出示坡线，其画法如图 12-8 所示。

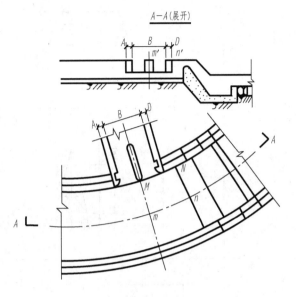

图 12-7 展开画法

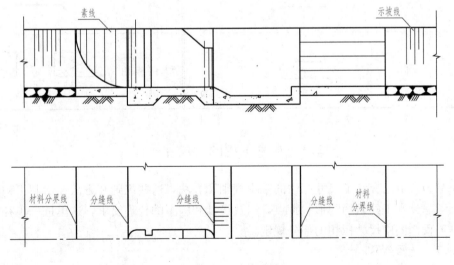

图 12-8 缝线画法

当视图的比例较小，使得某些细部构造无法在图中表示清楚，或者某些附属设施（如闸门、启闭机、吊车等）另有专门的视图表达，不需要在图上详细画出时，可以在图中相应位置画出图例，以表示出结构物的类型、位置和作用。常用的图例如表 12-1 所示。

表 12 - 1　　　　　　　　　　　水工建筑物平面图例

序号	名称	图例	序号	名称	图例
1	水流方向	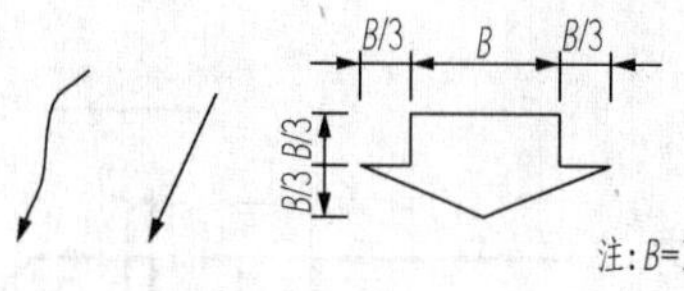 注:B=10~15mm	6	水闸	
			7	土石坝	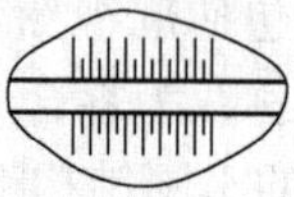
2	指北针	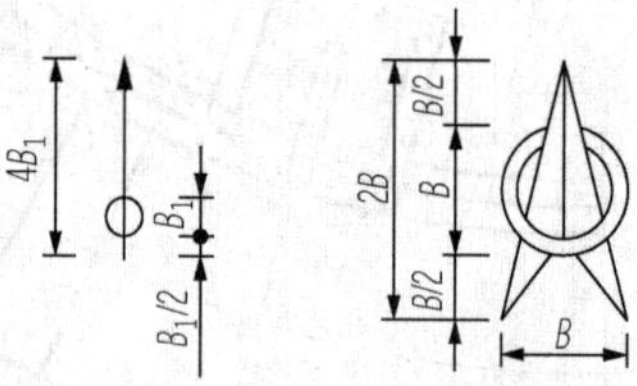 注:B_1可为6mm B=16~20mm	8	溢洪道	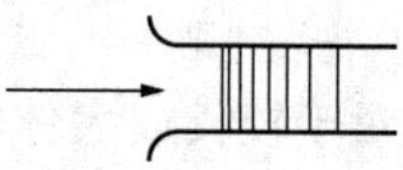
			9	堤	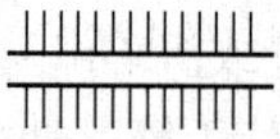
3	水电站	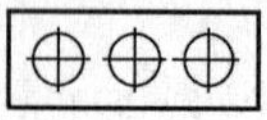 注:圆的数量为水轮机台数	10	涵洞（管）	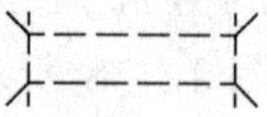
4	船闸	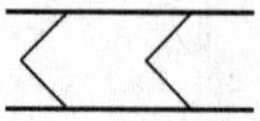	11	公路桥	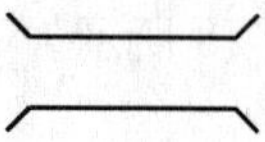
5	栈桥式码头	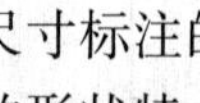	12	平板闸门	下游立面图　　上游立面图

12.3　水利工程图的尺寸标注

前面有关章节已介绍了尺寸标注的基本规则和方法，这些规则和方法在水利工程图中仍然适用。考虑到水工建筑物的形状特点，以及设计和施工的合理要求，这里进一步补充介绍水利水电工程制图中尺寸标注的部分规定。

12.3.1　一般规定

（1）水利工程图中标注的尺寸单位，除标高、桩号、规划图（流域规划图除外）、总布置图的尺寸以 m 为单位（流域规划图以 km 为单位）外，其余尺寸一律以 mm 为单位。采用其他尺寸单位时，必须在图上加以说明。

（2）封闭尺寸和重复尺寸。为了施工方便，水利工程图中允许标注封闭尺寸，既标出建筑物某一方向的全部分段尺寸，又标出总尺寸。当水工建筑物的几个视图不能画在同一张图内，或同一图纸内的几个视图离得较远，不便找到相应的尺寸时，为阅读方便，允许标注重复尺寸。

12.3.2　其他注法

1. 标高的注法

水工建筑物的高度尺寸和水位、地面高程密切相关。施工时，高度常采用水准仪测量来确定，所以建筑物的主要高度常采用标高注法；对于次要的高度尺寸，仍采用通常标注高度的方法，如图 12-14 中的高度尺寸 50 和 70。

水利工程图中的标高是以规定的海平面为基准来标注的。

在立面图和铅垂方向的剖视图、断面图中，被标注高度的水平轮廓线或其引出线均可作为标高界线。标高符号一般采用如图 12-9 所示的符号（45°等腰直角三角形），用细实线画出，其中 h 约等于标高数字高度。标高符号的直角尖端向下指，也可向上指，但必须指向标高界限，并与之接触。标高数字一律注写在标高符号的右边，如图 12-9 所示。

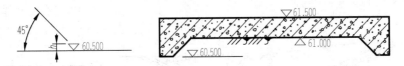

图 12-9　立面图、剖视图、剖面图标高注法

平面图中的标高应注在被注平面的范围内，当图形较小时，可将符号引出。平面图中的标高符号采用矩形方框内注写数字的形式，方框用细实线画出，如图 12-10 所示。

水面标高（简称水位）的符号如图 12-11 所示。在立面标高三角形符号所标的水位线以下加三条等间距、渐缩短的细实线表示。对于特征水位的标高，应在标高符号前注写特征水位名称。

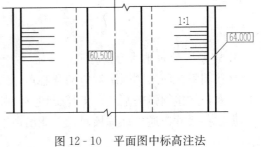

图 12-10　平面图中标高注法

图 12-11　水位注法

2. 桩号的注法

对于坝、隧道、溢洪道、渠道等较长的水工建筑物，沿轴线的长度尺寸一般用"桩号"标注，标注形式为 km±m，km 为公里数，m 为米数。起点桩号注成 0±000.000，起点桩号之前取负号，起点桩号之后取正号，如图 12-12 所示。

桩号数字一般垂直于定位尺寸的方向或轴线方向注写，且标注在同一侧；当建筑物的轴线为曲线时，桩号沿径向设置，桩号的距离应按弧长计算，如图 12-12 所示。

3. 多层结构尺寸标注

对多层结构图形，可用垂直并通过各层的引出线，按其结构层次逐层标注，如图 12-13 所示。

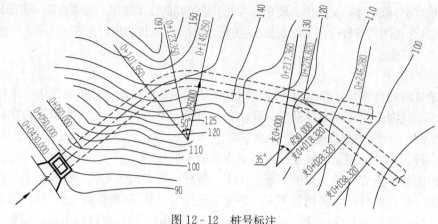

图 12 - 12　桩号标注

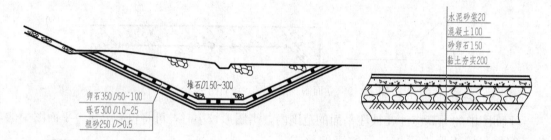

图 12 - 13　多层结构注引线标注法

4. 连接圆弧和非圆曲线的尺寸标注

连接圆弧应注出圆弧所对应的圆心角，圆心角两边指到圆弧的切点或端点。根据施工放样的需要，连接圆弧的圆心、半径、切点和圆弧端点的高程以及它们的长度方向尺寸均需注出，但这些尺寸应通过计算核对，不能出现矛盾尺寸，如图 12 - 14 所示。

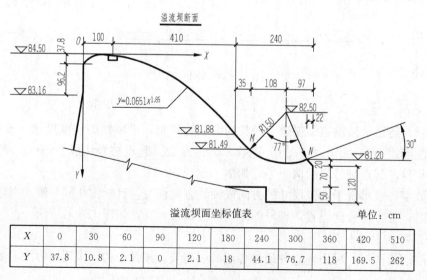

溢流坝断面

$y=0.0651x^{1.85}$

溢流坝面坐标值表　　　　　　　　单位：cm

X	0	30	60	90	120	180	240	300	360	420	510
Y	37.8	10.8	2.1	0	2.1	18	44.1	76.7	118	169.5	262

图 12 - 14　溢流坝断面图

非圆曲线通常用数学表达式来描述，用列表的方式列出曲线上若干控制点的坐标，并画出坐标系。图 12-14 所示即为按直角坐标方式标注溢流坝面控制点。图 12-15 所示为用极坐标方式标注水轮机金属蜗壳尺寸。坐标法标注可避免引出大量的尺寸界线和尺寸线，使图形简洁、清晰。

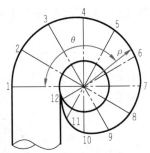

水轮机涡线几何参数　　　　　　　　　　　　　　单位：cm

参数	1	2	3	4	5	6	7	8	9	10	11	12
θ	0	30	60	90	120	150	180	210	240	270	300	330
ρ	230	225	215	205	195	185	175	165	155	140	115	85

图 12-15　水轮机蜗壳轮廓

12.4　阅读和绘制水利工程图

12.4.1　水利工程图的阅读

（一）阅读水利工程图的一般步骤和方法

1. 读图步骤

读水利工程图的步骤一般由枢纽布置图到建筑物结构图，由主要结构到其他结构，由大轮廓到小构件。在读懂各部分的结构形状之后，综合起来想出整体形状。

读枢纽布置图时，一般以总平面图为主，并和有关的视图（如上、下游立面图，纵剖视图等）相互配合，了解枢纽所在地的地形、地理方位、河流情况以及各建筑物的位置和相互关系。对图中采用的简化和示意图，先了解它们的意义和位置，待阅读这部分结构图时，再作深入了解。

读建筑物结构图时，如果枢纽有几个建筑物，可先读主要建筑物的结构图，然后再读其他建筑物的结构图。根据结构图可以详细了解各建筑物的构造、形状、大小、材料及各部分的相互关系。对于附属设备，一般先了解其位置和作用，然后通过有关的图纸作进一步了解。

2. 读图方法

首先，了解建筑物的名称和作用。从图纸上的"说明"和标题栏可以了解建筑物的名称、作用、比例等。

其次，弄清各图形的由来并根据视图对建筑物进行形体分析。了解该建筑物采用了哪些视图、剖视图、断面图、详图，有哪些特殊表达方法；了解各剖视图、断面图的剖切位置和投射方向，各视图的主要作用等；然后，以一个特征明显的视图或结构关系较清楚的剖视图为主，结合其他视图概略了解建筑物的组成部分及作用，以及各组成部分的建筑材料等。

根据建筑物各组成部分的构造特点，可分别沿建筑物的长度、宽度或高度方向把它分成几个主要组成部分。必要时还可进行线面分析，弄清各组成部分的形状。

然后，了解和分析各视图中各部分结构的尺寸，以便了解建筑物整体大小及各部分结构的大小。

最后，根据各部分的相互位置想象出建筑物的整体形状，并明确各组成部分的建筑材料。

（二）读图举例

【例 12-1】 阅读图 12-16、图 12-17 所示水闸设计图。

解　读图步骤如下：

1. 组成部分及作用

图 12-16、图 12-17 所示的水闸是一座建于土基上的渠道进水闸，它起控制渠道内的水位和灌溉流量的作用。该闸由上游连接段、闸室、消力池、下游连接段四部分组成。

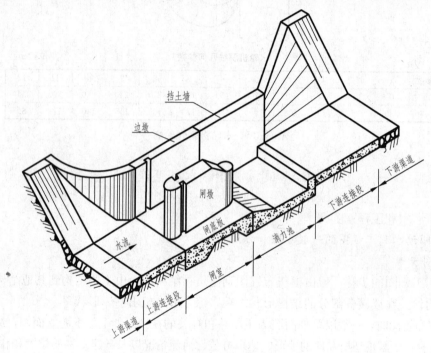

图 12-16　进水闸各组成部分

闸室的边墩、消力池采用钢筋混凝土结构。

闸室是闸的主要部分。该闸由闸底板、边墩和闸墩组成，为二孔进水闸，每孔净宽 2.8m。闸墩宽 1m、长 5m，闸墩上游端设有闸门槽。

为了使水流平顺进入闸室，在上游设置了长为 3.0m 的连接段，两侧采用钢筋混凝土结构圆柱形八字墙。

为了消除下泄水流对渠道的冲刷，采用了消力池的形式消除水流能量。消力池底板标高为 9.50m，池深 0.5m，长 5m，上游端为 1∶2 的斜坡面，下游端为一钢筋混凝土消力坎，坎顶高程为 10.00m。

下游连接段为 5m 长的一段混凝土结构，以避免流出消力池水流的剩余能量对下游渠道的冲刷。

2. 视图（见图 12-17）

平面图即俯视图，它表达进水闸的范围、平面布置情况、各组成部分水平投影的形状和大小等。平面图中的虚线表示进水闸两侧挡土墙埋入地面的情况，对称处采用掀土画法画成

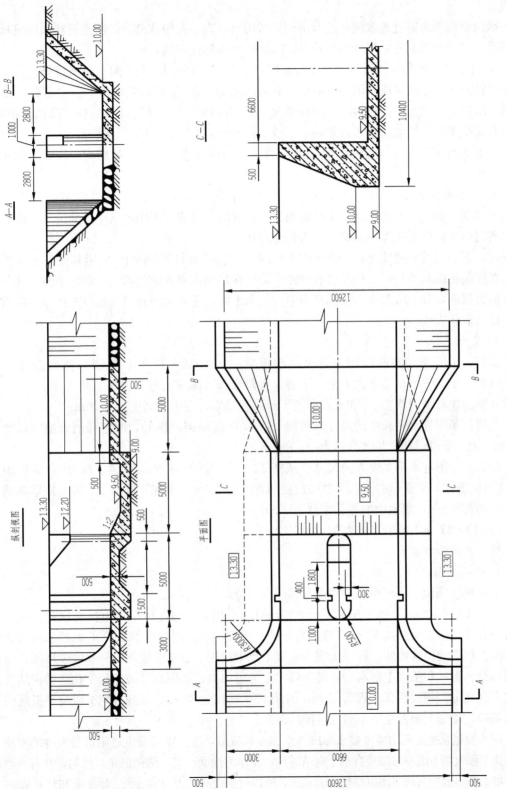

图12-17 进水闸设计图

实线。

纵向剖视图为通过进水闸中心线剖切后所得到，表达各组成部分的断面形状和建筑材料的情况。由于剖切面与水闸中心线重合，故图中可不标注剖切符号。

A-A 和 B-B 断面剖视图为一个合成视图。A-A 断面剖切在水闸上游渠道处，由上游向下游投射，表达连接段两侧圆柱翼墙、底板的结构；B-B 断面剖切在下游渠道处，由下游向上游投射，表达下游连接段的断面情况、边墙两侧的填土情况及下游连接段两侧扭面。整个合成视图较清楚地表达了进水闸上下游立面布置情况及两岸的连接情况。

C-C 断面剖切在消力池中部，表达消力池边墙断面形式、尺寸和结构。边墙为钢筋混凝土结构。

3. 其他表达方法

图样主要表达进水闸，所以在平面图、纵剖视图、合成视图中，闸室上部的工作桥及其上的闸门启闭操纵系统等均未画出，为拆卸画法。

上、下游渠道两侧坡面，消力池中 1∶2 的斜坡面均用长短相间、间隔相等的示坡线表示。在纵剖视图和 A-A、B-B 合成视图中，柱面均用由密到疏的素线表示。下游连接段两侧坡面为扭面，其上的素线在纵剖视图中画成水平线，在平面图和 A-A、B-B 合成视图中均画成放射状直线。

4. 尺寸

首先，了解进水闸设计图中各个高程尺寸。从图 12-17 知，除消力池底部高程为 9.50m 外，上、下游渠道底部，上、下游连接段底部，闸室底板等的高程均为 10.00m。整个进水闸的顶部高程均为 13.30m。通过了解高程可知，进水闸高度为 3.30m。

其次，了解进水闸长度的尺寸。从图 12-17 中的纵剖视图知，闸室和消力池的长度均为 5m，上、下游连接段长度分别为 3m 和 5m。

最后，了解进水闸宽度方向尺寸。从图 12-17 中的平面图，A-A、B-B 合成视图及 C-C 断面图知，呈梯形的上、下游渠道底部宽度为 6.6m，顶部宽度为 12.6m。闸室和消力池宽度均为 6.6m，闸室中的每孔宽度为 2.8m。

【例 12-2】 阅读枢纽布置图（见图 12-18）。

解　读图步骤如下：

1. 概括了解

通过初步阅读，了解枢纽的功能及其组成部分。

从图 12-18（a）所示的枢纽平面布置图可以看出，枢纽主体工程由拦河坝和引水发电系统两部分组成。对照图 12-18（b）所示的拦河坝的立面图和图 12-18（c）所示的溢流坝段和泄洪坝段的图样可知，拦河大坝为混凝土重力拱坝，包括溢流坝段和非溢流坝段，用于拦截河流、蓄水和抬高上游水位。溢流段位于河道中央，采用高孔溢流和中孔泄洪相结合的方式。高孔溢流坝面顶部高程为 404m，中孔底坎高程为 350m，相间排列。设有平板闸门和弧形闸门，用于上游发生洪水时开启闸门泄流。

引水发电系统是利用高坝蓄水形成的水位差和流量，通过水轮发电机组进行发电的专用工程。该工程大坝下游左右岸建有两个电站厂房，左岸为地面厂房，两侧的主厂房内，共有五台水轮发电机图。因左右两岸的电站均为引式式，所以分别设有压力引水隧洞、尾水渠和开关站等。

枢纽平面布置图   0 20 40 60m

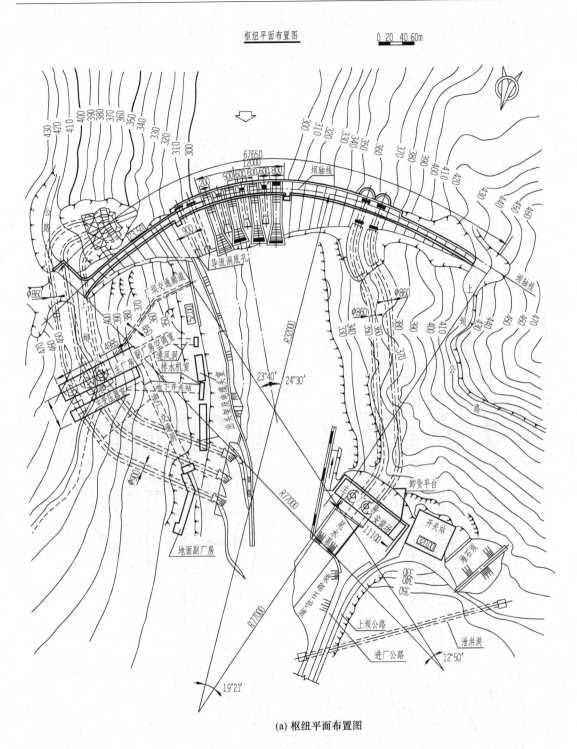

(a) 枢纽平面布置图

图 12 - 18 枢纽布置图（一）

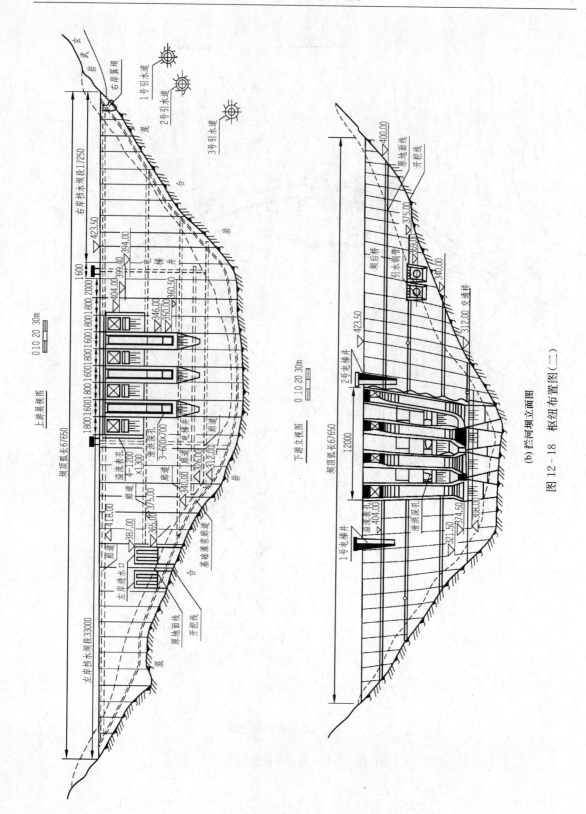

（b）拦河坝立面图

图 12－18　枢纽布置图（二）

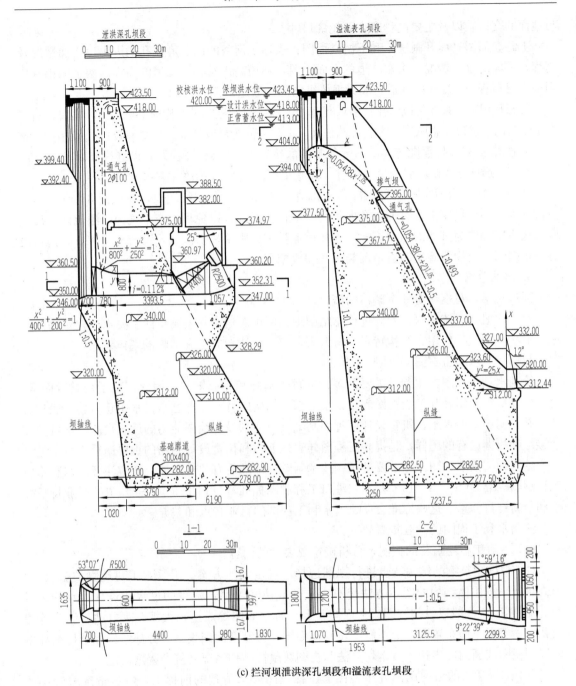

(c) 拦河坝泄洪深孔坝段和溢流表孔坝段

图 12-18　枢纽布置图（三）

2. 深入阅读

通过深入阅读各个视图、剖视图，读懂拦河大坝和电站的各个部分。

该工程由枢纽平面布置图，上、下游立面图，泄洪孔坝段剖视图等表达这个枢纽的总体布置。图中采用了较多的示意、简化、省略的表达方式。

枢纽平面布置图：表达了地形、河流、指北针、坝轴线位置、各建筑物的布置、建筑物与地面的交线，以及主要高程和主要轮廓尺寸。

上游立面图（展开画法）和下游立面图：表达了河谷断面、溢流孔的进出口立面情况及高程，坝体的分段情况，引水隧道的立面位置，坝顶高程及各层廊道的高程，两个电梯井由坝顶直通高程为 321m 的廊道，成为坝体纵向的交通通道。

从深孔坝段剖视图可以看出：泄洪孔宽 6m、高 8m，进口设有检修平板闸门，出口设有弧形工作闸门。进口呈喇叭形，左右有圆柱面，上下表面为椭圆柱面。出口有反圆弧段相接，水平呈扩散状。282m 高程设有 3m×4m 的基础灌浆廊道。326m 高程设有纵缝检修廊道。375m 高程设有交通廊道与闸门启闭机房相通。启闭机为附属设备，图中省略未画。

从溢流表孔坝段剖视图可以看出：溢流堰堰头型式为幂曲线堰面，在堰面 385m 高程处设掺气坝，两侧导墙上设有通气孔向水舌底部自然通气，以免坝面产生气蚀。溢流面下反弧段，选用抛物线与圆弧的组合方式，连接挑流鼻坝，水平呈扩散状。溢流孔宽 12m，进口设有平板闸门，此坝段廊道布置情况与深孔坝段相同。

3. 归纳总结

通过总结，对枢纽有一个整体的概念。

对上述概括了解和深入阅读进行总结归纳，便可对这个水电站枢纽主要水工建筑物的大小、形状、位置、作用、结构特点、材料等，有一个比较完整和清晰的整体概念。

12.4.2　水利工程图的绘制

绘制水利工程图样比阅读需要更多、更宽的基础和专业知识。因此，对于初学者而言，一般可以从抄绘图样和补绘视图起步，了解水工结构的特点，熟悉常见水工建筑物的表达方法，并在初步掌握水工建筑物设计原理的基础上，达到设计绘图能力的逐步提高。尽可能多地接触和阅读已有的图样，是提高工程图样表达能力和拓宽设计思路的重要途径。

绘制和阅读水工图样除了要遵循《技术制图》标准的有关规定外，还应注意《水利水电工程制图标准》（SL 73—1995）和《港口工程制图标准》（JTJ 206—1996）中的行业特色要求和最新修订信息，这些标准会反映出水利工程图的行业特点和差异。

绘制水利工程图的一般步骤如下：

（1）了解工程建筑物的概况，分析确定要表达的内容。

（2）根据建筑物的结构特点进行视图选择，确定表达方案。尽管水工建筑物类型众多、形式各异，其主体结构的图示方法仍有一定的规律和习惯：常见的过水建筑（如水闸、涵洞、船闸等），一般以纵剖视图、平面图、上下游立面图等表达；大坝、水电站、码头等建筑物，一般以平面布置图、上下游（正）立面图、典型断面图表达。分部结构和结构细部主要以剖视图或断面图表达，其剖切方法和视图数量视结构情况和复杂程度而定。

（3）选择适当的绘图比例并布置图面。在视图表达清楚的前提下，应尽量选取较小的比例。

（4）绘图时，应先画特征明显的视图，后画其他视图；先画主要部分，后画次要部分；先画大轮廓，后画细部结构。同时，画出应表达的有关符号和图例。

（5）正确、齐全、清晰、合理地标注尺寸。

（6）画断面上的建筑材料图例。

（7）填写必要的文字说明。

参 考 文 献

[1] 何斌. 建筑制图 .6 版. 北京：高等教育出版社，2011.

[2] 王晓琴，庞行志. 画法几何与土木工程制图. 2 版. 武汉：华中科技大学出版社，2006.

[3] 杜廷娜，蔡建平. 土木工程制图. 北京：机械工业出版社，2011

[4] 中国建筑标准设计研究院. 混凝土结构施工图平面整体表示方法制图规则和构造详图. 北京：中国计划出版社，2013.

[5] 陈文斌. 建筑工程制图. 北京：清华大学出版社，2011.

[6] 陈倩华，王晓燕. 土木建筑工程制图. 北京：清华大学出版社，2011.

[7] 丁建梅，昂雪野. 土木工程制图习题集. 2 版. 北京：人民交通出版社，2013.

[8] 王桂梅，刘继海. 土木工程图读绘基础. 北京：高等教育出版社，2006.

[9] 刘娟，孟庆伟. 水利工程制图. 北京：黄河水利出版社，2009.

[10] 殷佩生，吕秋灵. 画法几何及水利工程制图. 北京：高等教育出版社，2006.

[11] 吴书霞，黄文华. 建筑阴影与透视. 2 版. 北京：机械工业出版社，2009.

[12] 谭建荣，张树有，陆国栋，等. 图学基础教程. 2 版. 北京：高等教育出版社，2006.

[13] 于习法，周佶. 画法几何及土木工程制图. 南京：东南大学出版社，2013.

[14] 袁果，谢步瀛. 道路工程制图. 4 版. 北京：人民交通出版社，2014.

[15] 周爱军. 土木工程图识读. 北京：机械工业出版社，2007.